"十三五"职业教育建筑类专业规划教材

图说建筑装饰施工技术

（上）

陈　永　编著

机 械 工 业 出 版 社

本书在总结编者20年的室内设计与指导装饰施工、政府采购评标实践经验的基础上，摒弃了市面上绝大部分传统的以文字为主，但与现行市场工艺脱节的建筑装饰施工技术教材编写模式，通过现场拍摄施工图片，以创新的“图说”形式详细地讲解了建筑装饰施工的每个典型工作过程、工艺逻辑以及材料与施工等知识和技能，浅显易懂，具有适应信息时代下读图收获知识的特点。本书上册共分4个项目22个工作过程，分别为：项目一 零星拆除与水电管线布设施工，项目二 零星砌筑与墙、地砖镶贴施工，项目三 石膏板吊顶等现场木作施工，项目四 室内墙、顶面乳胶漆刷涂施工。

本书可作为职业教育院校建筑装饰施工技术专业、环境艺术设计专业、工程造价专业等相关专业用书，也可作为企业岗前培训用书，还适合作为农村剩余劳力转移的技能培训用书或者初学者自学用书。

图书在版编目（CIP）数据

图说建筑装饰施工技术．上/陈永编著．—北京：机械工业出版社，2015.9
“十三五”职业教育建筑类专业规划教材
ISBN 978-7-111-50971-4

Ⅰ.①图… Ⅱ.①陈… Ⅲ.①建筑装饰－工程施工－职业教育－教材
Ⅳ.①TU767

中国版本图书馆CIP数据核字（2015）第170910号

机械工业出版社（北京市百万庄大街22号 邮政编码100037）
策划编辑：刘思海 责任编辑：刘思海 臧程程 吴苏琴
版式设计：赵颖喆 责任校对：肖 琳
封面设计：马精明 责任印制：乔 宇
保定市中画美凯印刷有限公司印刷
2015年11月第1版第1次印刷
184mm×260mm·13.75印张·334千字
0001—3000册
标准书号：ISBN 978-7-111-50971-4
定价：49.00元

凡购本书，如有缺页、倒页、脱页，由本社发行部调换
电话服务 网络服务
服务咨询热线：010-88379833 机工官网：www.cmpbook.com
读者购书热线：010-88379649 机工官博：weibo.com/cmp1952
教育服务网：www.cmpedu.com
封面无防伪标均为盗版 金书网：www.golden-book.com

前言 PREFACE

根据中国装饰行业门户网站初步数据统计和专家分析得知，家居类装饰是目前国内建筑装饰最大的市场。全国从事装饰工程的队伍中，从事家居装饰工作的人数占总人数的一半以上。同时，编者分析总结自己 20 年的室内设计与指导装饰施工、政府采购评标的实践经验，发现中、高职甚至本科及以上学历的毕业生主要从事家居室内设计与装饰施工。虽然家居装饰项目工作量小，但装修程序最为全面，每个家居项目硬装施工都要历经“零星拆除与水电布管线工程→零星砌筑与镶贴工程→现场木作工程→涂裱工程→木作与水电安装工程”等，硬装竣工验收后才能进行后期的软装工程，而且近些年来，业主对施工质量要求也越来越高，甚至高于一般公共装修的要求，因此，家居装饰公司为了招揽业务，开始在施工质量上狠下功夫，按国家规范要求进行施工，甚至大部分公司自行制定了高于国家规范的企业施工标准，所以本书总结编者 20 年的实践经验，将家居装修市场上目前在用的甚至是最前沿的装饰施工工艺整理成书，希望对行业发展做出自己应有的贡献。

本书基于装饰施工的典型工作过程，按照家居装饰施工工艺顺序组织编写，拍摄了大量现场施工实景和材料图片，按需整理并对施工图片配以简明扼要的文字说明，以“图说”形式详细讲解了建筑装饰施工的知识和技能要求。本书图文并茂，浅显易懂，具有适应信息时代下读图收获知识的特点，以期达到职业院校学生、企业员工、农村剩余劳力和初学者看得直观、学得简单、用得顺手的目标。

在编写过程中，编者参考了一些装饰材料专业网站找寻新型装饰材料与施工工艺，同时，还得到常州几家装饰工程有限公司的大力帮助从而得以在众多施工现场拍摄施工图片，在此一并表示衷心的感谢。由于编者知识和能力有限，不足之处在所难免，敬请读者朋友批评指正。

编者

目 录 CONTENTS

项目一 零星拆除与水电管线布设施工

按装饰施工工艺，正式进场施工前，装饰公司和业主都需要进行各自的开工准备，待施工进场后，先按施工图纸进行零星拆除、清理垃圾，接下来进行水、电管线的布设施工。

典型工作过程一 进驻施工现场前的准备工作

一、业主的准备

装饰公司进驻工地开始施工前，要告知业主进行以下准备：

首先，业主到小区所在物业公司办理装修手续。

另外，业主需带上自己的房产证、房屋结构图和装饰公司提供的局部非承重墙体等零星拆除的图样（图 1-1），到所在地指定的房屋安检部门办理局部非承重墙体的拆除审批，鉴定中心工作人员一般会提前一天通知申请人到现场查勘、鉴定，申请人应积极配合并提供查勘、鉴定条件，共同做好现场查勘、鉴定工作。一般情况下，现场查勘、鉴定合格后，业主能在一周后拿到墙体改动审批证。两证齐全后，业主告知装饰公司，即可正式进场施工。

另外，如果有业主需要用铝合金封闭阳台、安装中央空调、铺设地暖等，需要提前与设计师沟通，尽快确定铝合金颜色、中央空调及地暖厂家，以便影响后续施工而延误工期。

二、装饰公司的准备

在业主办理各种手续的同时，装饰公司应根据项目的设计风格、业主的施工要求等具体内容，安排适合的项目经理和施工工人。

接着，被安排的项目经理要掌握项目的整套施工图纸和项目预算清单，熟悉项目施工内容、具体的造型、用料、报价等，做到项目施工前的心中有数，并记录图样和预算清单上不明确的部分，等待开工前再与设计师详细沟通，解决不明确的问题。

装饰公司接到业主两证齐全的通知后，带上装饰公司的营业执照复印件、施工工人的身份证复印件等，到项目所在的物业公司办理装修入场手续和装修工人的出入证。

最后，与业主确定最终进场施工日期，等待正式进场施工。

典型工作过程二　非承重墙体零星拆除、铲墙皮

按约定的开工日期，业主、装饰公司设计师、项目经理、部分工人和施工监理等人员会聚项目施工现场，安放好施工用具，然后举行开工仪式，即进入正式施工阶段。

一、设计师技术交底、项目经理施工标记

首先，装饰公司的设计师拿出施工图给项目经理进行技术交底，确认施工的具体内容，同时，项目经理会用记号笔在施工基层上标注需要施工的部位、尺寸等基本信息，以便安排工人进行施工，规范的整套施工图纸中都包括非承重墙的墙体改动图，如图 1-1 所示。

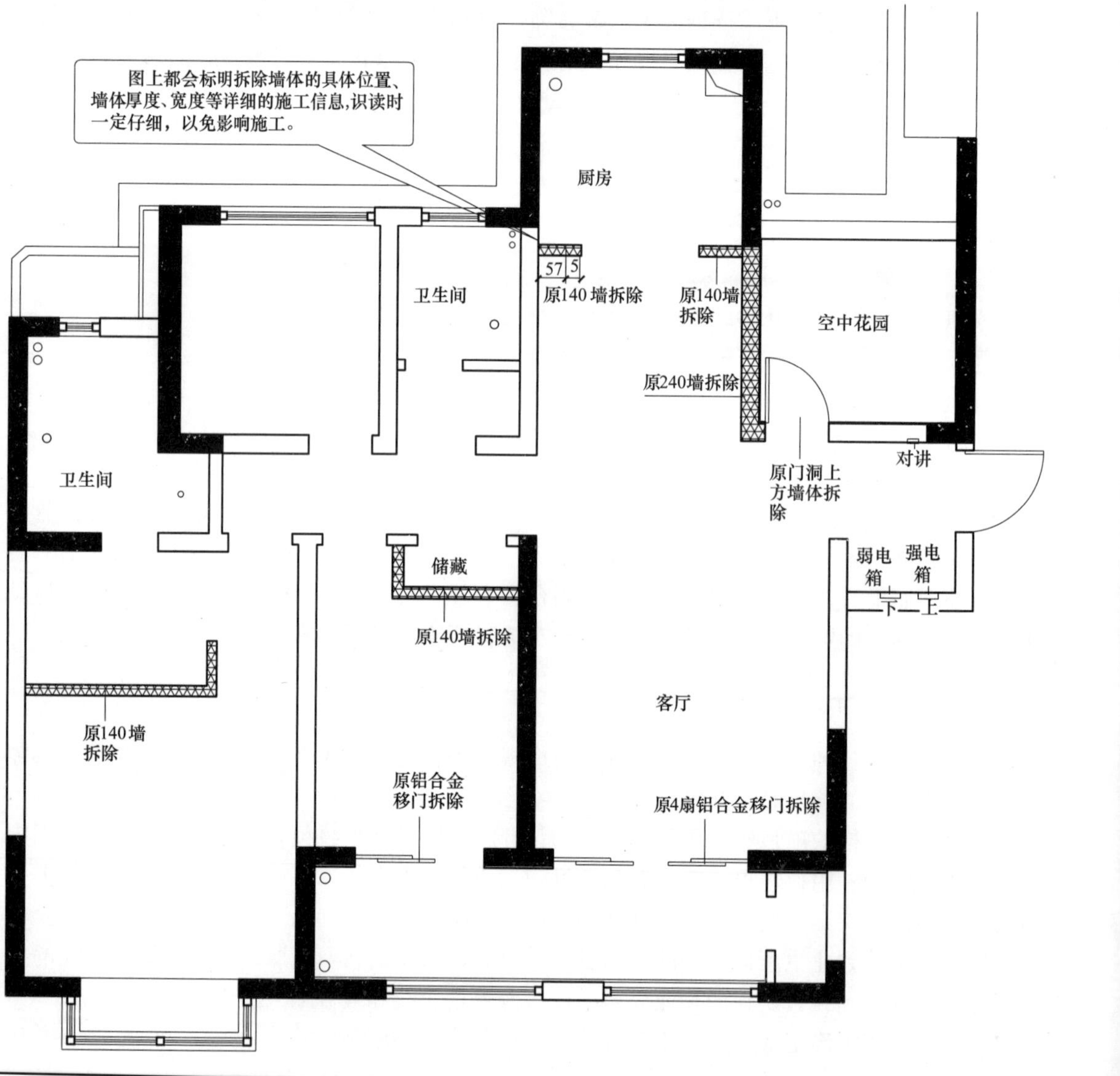

图 1-1　原墙体局部拆除示意图

二、施工现场水电检查、已有成品保护

设计师交底并确定施工内容无遗漏后，接下来，项目经理和施工人员将进行以下工作：

1）检查项目施工现场是否通水、通电。

2）用公司专用保护膜（膜上都会印刷公司名称、电话等基本信息）保护施工工地上已有的门、窗等容易破损的构部件，如图 1-2 所示。一来可以减免施工过程对该构部件成品的损害，二来也是公司的一个宣传。

图 1-2　进户门、阳台门、窗等成品的专业保护

3）装好项目经理和工人自用洗手盆和自用马桶（临时马桶），如图 1-3 所示。多年前工地上使用陶瓷简易马桶，现在使用塑料简易马桶。

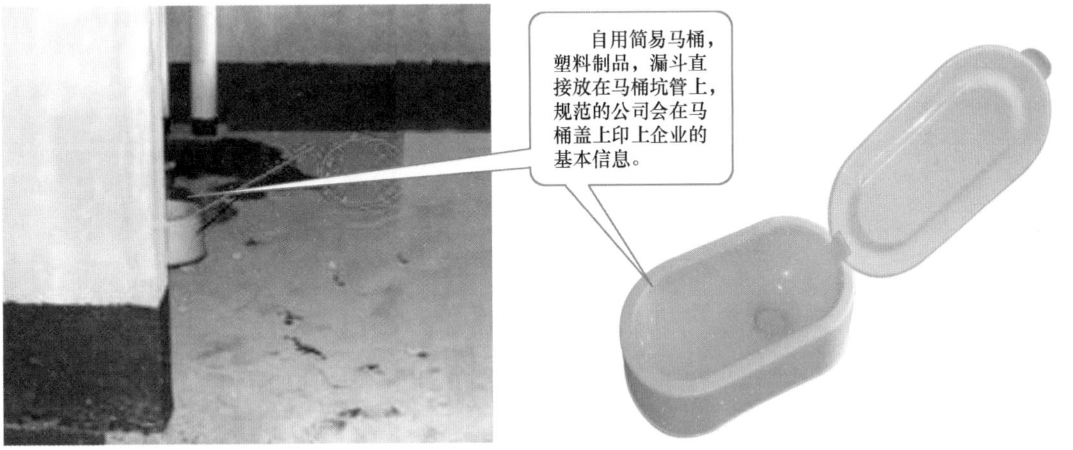

自用简易马桶，塑料制品，漏斗直接放在马桶坑管上，规范的公司会在马桶盖上印上企业的基本信息。

图 1-3　安装自带简易马桶

4）洒水检查各房间的地漏，确认无堵塞后，封堵所有地漏，用专用盖子盖住下水管等管道口，如图 1-4 所示，以防施工过程中建筑垃圾或其他物体落入下水管中，造成管道堵塞。

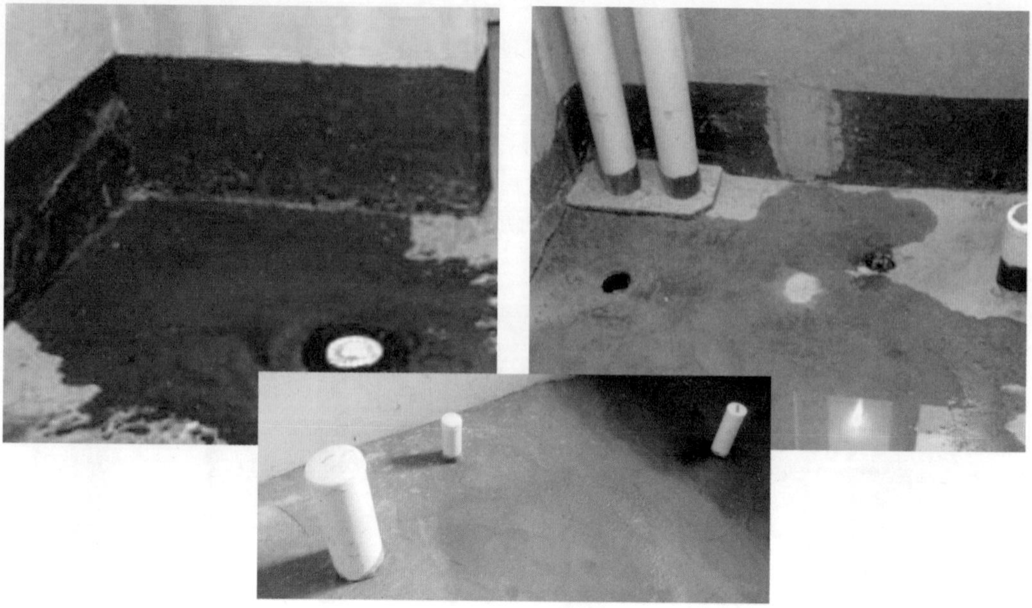

图 1-4　检查地漏、封堵下水管道

三、非承重墙体零星拆除、铲墙皮

上述工作完成后，项目经理就会安排工人进行墙体敲拆。

1. 工具、用具准备

项目经理和敲墙工人带到施工现场的敲墙工具，如图 1-5 所示。

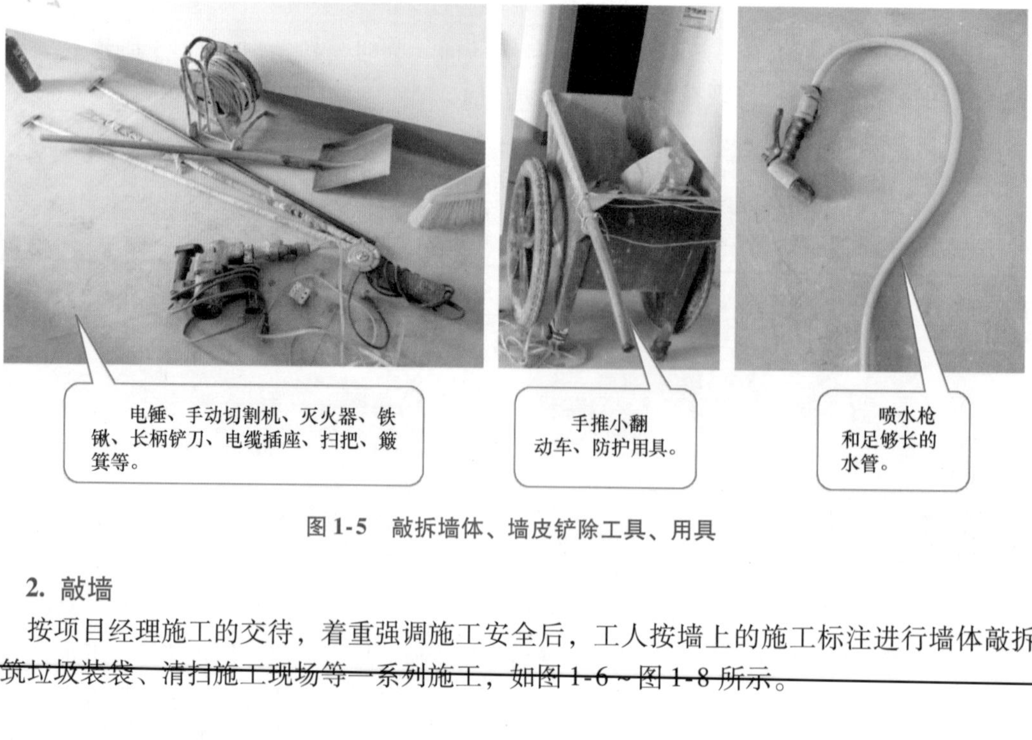

电锤、手动切割机、灭火器、铁锹、长柄铲刀、电缆插座、扫把、簸箕等。
手推小翻动车、防护用具。
喷水枪和足够长的水管。

图 1-5　敲拆墙体、墙皮铲除工具、用具

2. 敲墙

按项目经理施工的交待，着重强调施工安全后，工人按墙上的施工标注进行墙体敲拆、建筑垃圾装袋、清扫施工现场等一系列施工，如图 1-6 ~ 图 1-8 所示。

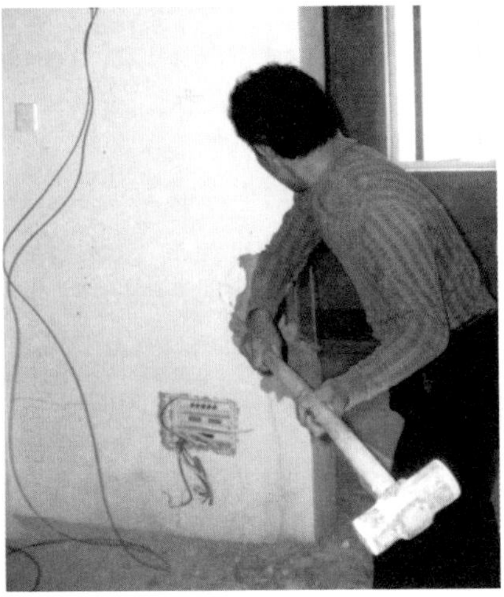

图 1-6　原墙体局部拆除示意图

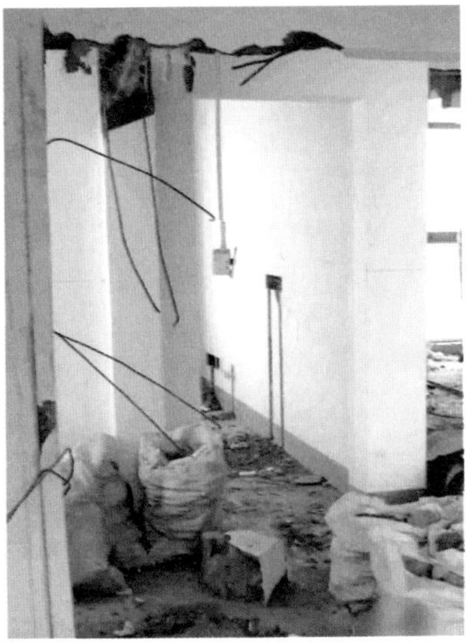

图 1-7　袋装垃圾示意图

图 1-8　敲除并清理垃圾后示意图

3. 铲墙皮（铲除墙面、顶面已有的乳胶漆装饰层）

现在很多商品房都在房屋交付前对水泥毛坯房墙面进行简单的乳胶漆装修，这层乳胶漆装修，俗称墙皮。有乳胶漆装修的商品房空间效果明显比水泥墙面的毛坯房好，如图 1-9 所示。但简单的乳胶漆装修腻子、乳胶漆用料和施工质量都存在明显的问题，经验表明，90%的房子都会出现腻子层松散、掉粉严重等现象。如果在项目施工现场用尖物（如钥匙等）刮割乳胶漆腻子层，腻子层坚硬，无掉粉等现象，则没有必要铲除乳胶漆饰面层，只需在原面层上刷墙锢，之后重新批嵌腻子施涂乳胶漆即可。否则，必须全部铲除。目前市场上装饰公司都要求新房装修前铲除墙皮，铲除后刷墙锢，之后重新批嵌质优的腻子、施涂优质的乳胶漆，以满足施工质量要求，如图 1-10 ~ 图 1-12 所示。

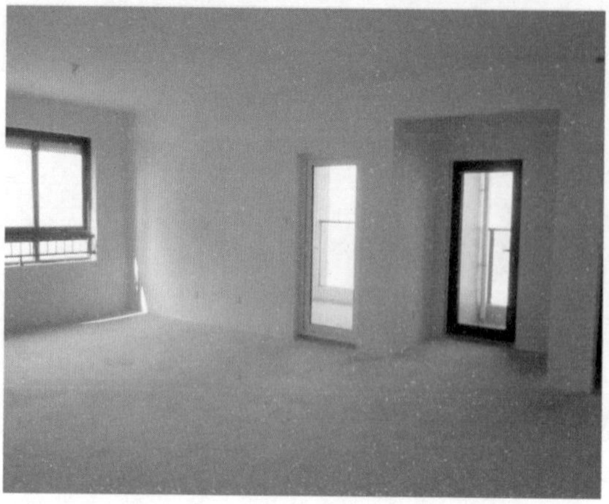

图 1-9　有乳胶漆装饰层的毛坯房

喷水设备一端一定要紧固在水龙头上，防止喷洒过程中接口漏水，影响后续施工。

图 1-10　紧固水管至水龙头上

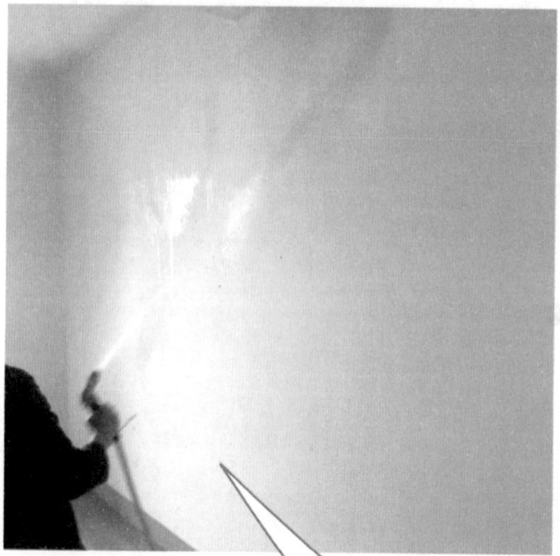

在墙体上喷洒清水时，应自上而下，力求喷洒均匀，确保地面无明显积水，防止水漏到下面楼层（这会很麻烦）。喷洒一定面积后，即可进行铲除施工。

图 1-11　向墙面喷水

必须注意，铲除原墙腻子层时，不能破坏腻子层底部的网格布，否则，会造成后续乳胶漆施涂后面层的开裂。另外，为了确保施工质量更优，有的装饰公司要求在重新批嵌腻子之前，在墙面上重铺网格布，但这样做的工程造价较高，若经济条件允许，建议采用这种方法。

图 1-12　铲除已浸湿乳胶漆

铲除墙皮的过程中，对如铝合金窗框等细小局部的成品保护，如图 1-13 所示。重复上述施工操作，直至顶面、墙面乳胶漆装饰层全部铲除，如图 1-14 所示。

四、施涂墙、地锢

清理完现场后，基层表面应坚实、无浮灰和油渍，开始刷涂墙锢和地锢（是一种聚合物混凝土界面处理剂），如图 1-15、图 1-16 所示。

图 1-13　铲墙皮时，新装铝合金窗框的局部保护

图 1-14　乳胶漆装饰面层全部铲除的空间

施工前仔细查看聚合物混凝土界面处理剂外包装上注明的品名、种类、生产日期、储存有效期、使用说明等，一定要按施工说明进行施工，用辊刷涂布在基层，涂布一至两遍。墙锢和地锢可以避免地面起沙、起尘，刷了墙锢和地锢的工地现场看起来比较整洁。聚合物混凝土界面处理剂还有一个重要的作用，它可以使基层密实，提高光滑基层界面附着力，增强墙、地面上铺砖或者乳胶漆等所用材料与墙面地面的附着力，从而其黏结强度高且防止空鼓。

图 1-15　墙锢辊涂中

图 1-16　地锢施涂后效果

五、弹画施工水平等基准线

施涂墙锢和地锢并等其干透后，即可在墙面弹画水平施工标准线、阴角阳角标准线等。目前，使用激光水平仪找平，墨斗弹线，如图 1-17、图 1-18 所示。

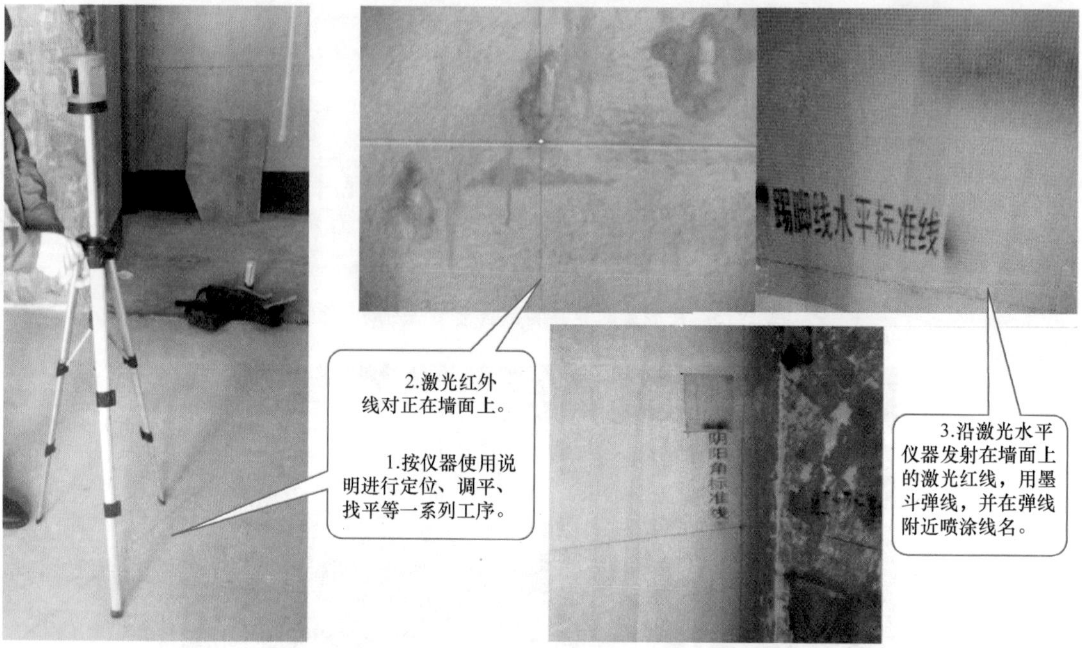
2.激光红外线对正在墙面上。
1.按仪器使用说明进行定位、调平、找平等一系列工序。
踢脚线水平标准线
阴阳角标准线
3.沿激光水平仪器发射在墙面上的激光红线，用墨斗弹线，并在弹线附近喷涂线名。

图 1-17　激光水平仪找平　　　　**图 1-18　施工基准线弹画示意**

另外，如果有业主需要用铝合金封闭阳台，出于财产安全和防盗考虑，可以在墙体敲除后、装饰公司水电工未进场前完成安装，因为水电施工进场会有很多工具、电线等。铝合金封闭阳台必须由专业铝合金施工人员施工，由于安装铝合金不是装饰公司施工的项目，在此不作介绍。

典型工作过程三　水、电管线布设施工

上述施工结束后，即进入水、电管线布设施工。水、电管线布设施工应遵循“先开槽，后布线；先布电，后布水”的原则。

一、管线开槽

1. 工具、用具准备

水、电布线施工常用工具、用具包括电锤、钢锯、钳具、专用热熔机、剪刀等，如图 1-19 所示。

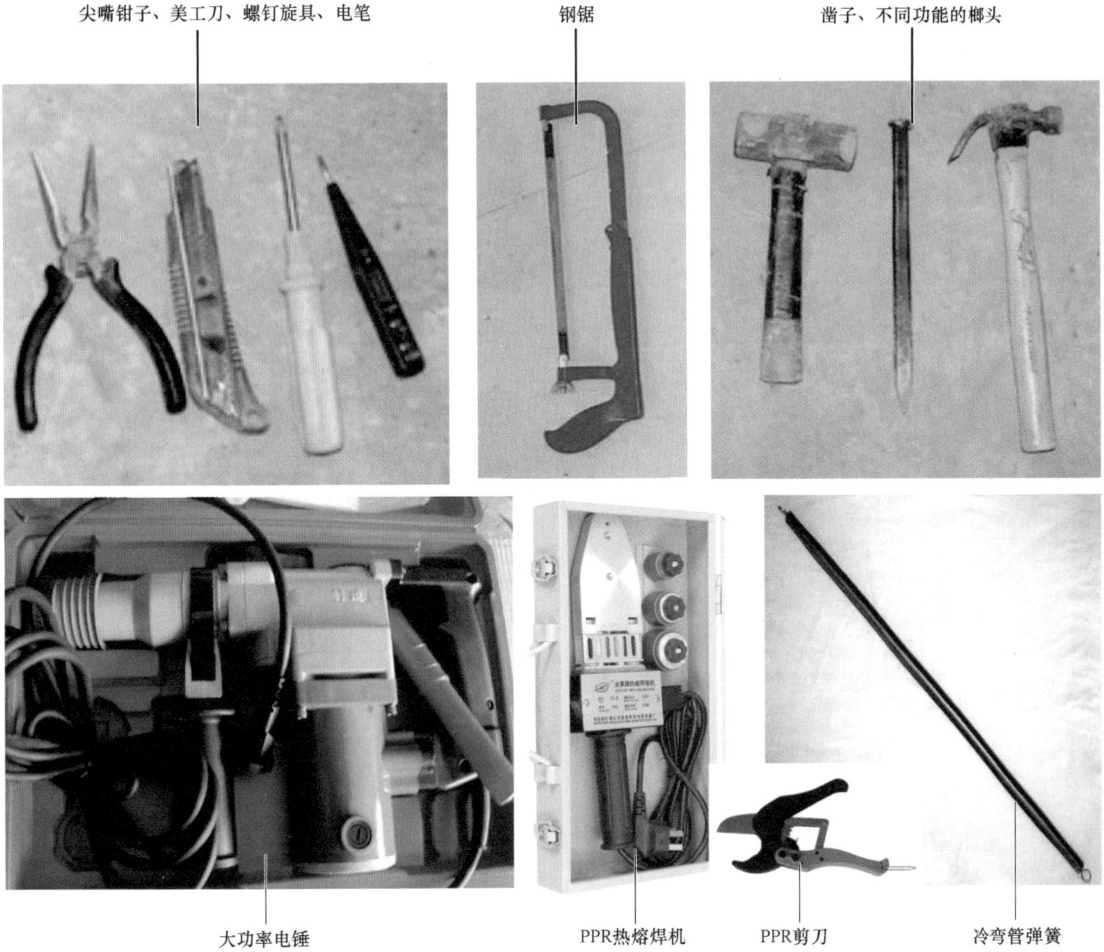

图 1-19　水、电布线施工常用工具、用具

2. 现场准备

水电施工员会凭借施工经验，将所需设备分批带到施工现场，如图 1-20 所示。有些先到的设备，水电工师傅会将工具、用具安放在不易碰到的地方。一般情况，都会放在飘窗上。

3. 设计师技术交底、水电工标记

设计师必须到项目施工现场给项目经理和水电施工员进行技术交底。如果该项目需要安装家用中央空调，设计师还要给专业空调安装公司工人进行定位交底，规范的整套施工图样应该都会有开关布置图、插座布置图、家用中央空调定位图等，如图 1-21 ~ 图 1-26 所示。

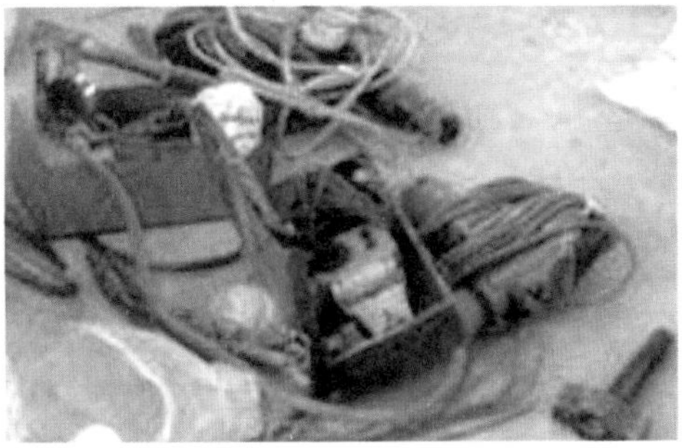

图 1-20　初次带至施工现场的水、电施工工具、用具

设计师拿施工图按施工规范进行交底，同时，水电施工员按交底内容在墙上用木工铅笔或有色粉笔标画出开关、插座、管线等的位置，如图 1-27 所示，直至完成所有任务。

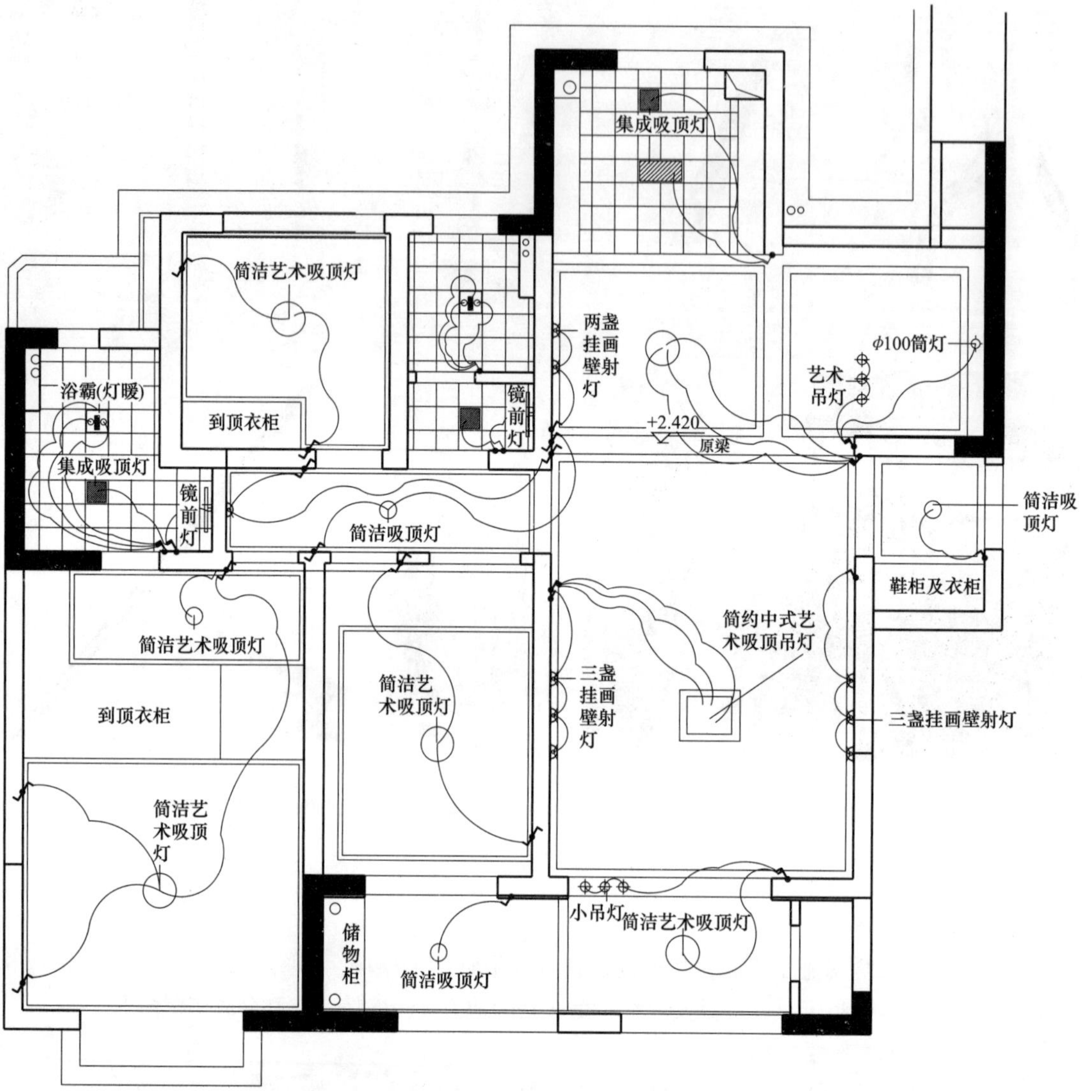

图例	说明
	一联单控开关
	三联单控开关
	双联双控开关

图例	说明
	双联单控开关
	一联双控开关
	连接线

图 1-21　开关布置图

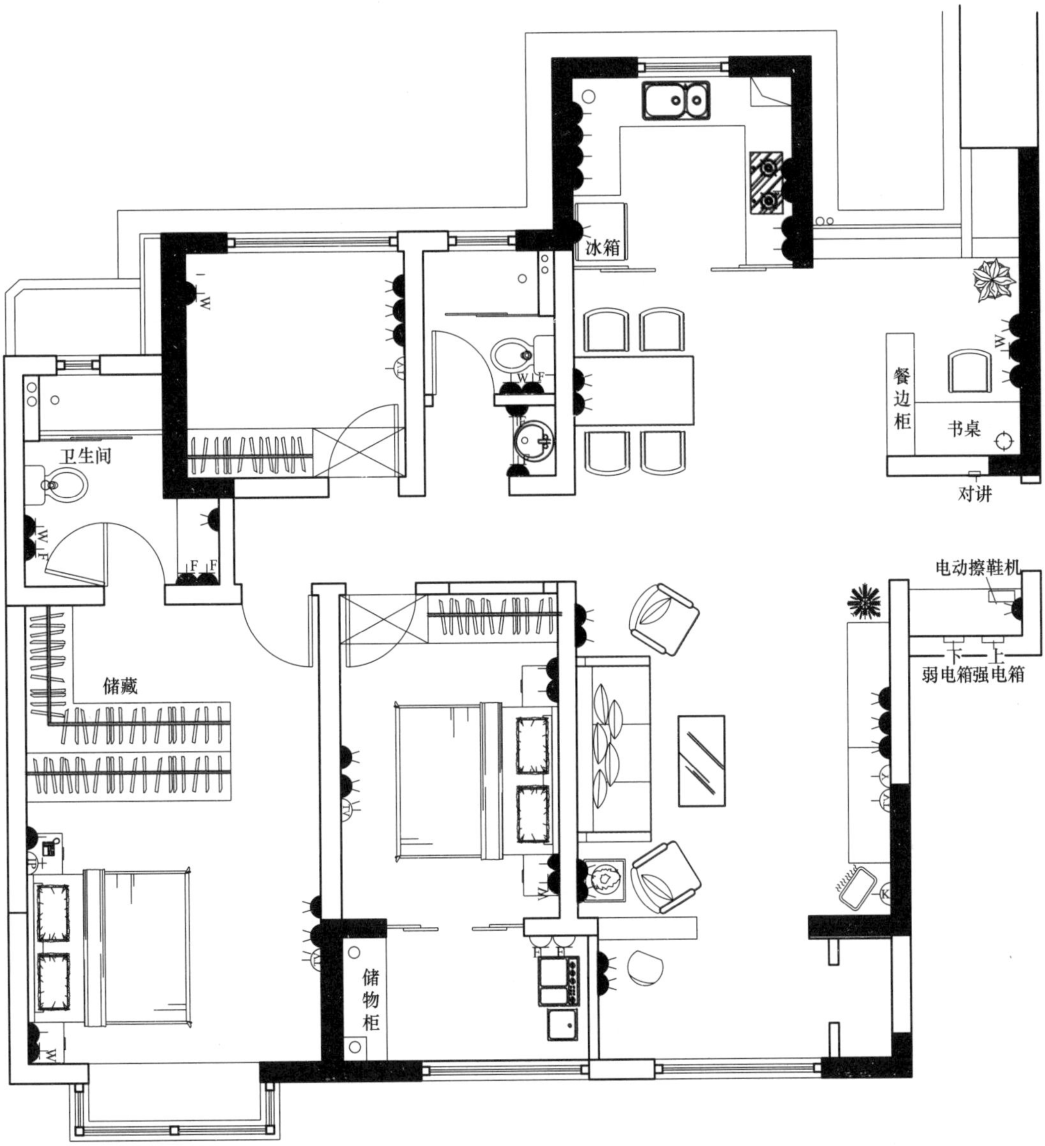

图例	说明
	13A供电源插座 (H=850～1000)
	13A供电源插座 (H=300)
	空调插座
	音响插座
	防溅水插座

图例	说明
	电视插座
	电话插座
	宽频插座
	电脑网络插座

图 1-22　插座布置图

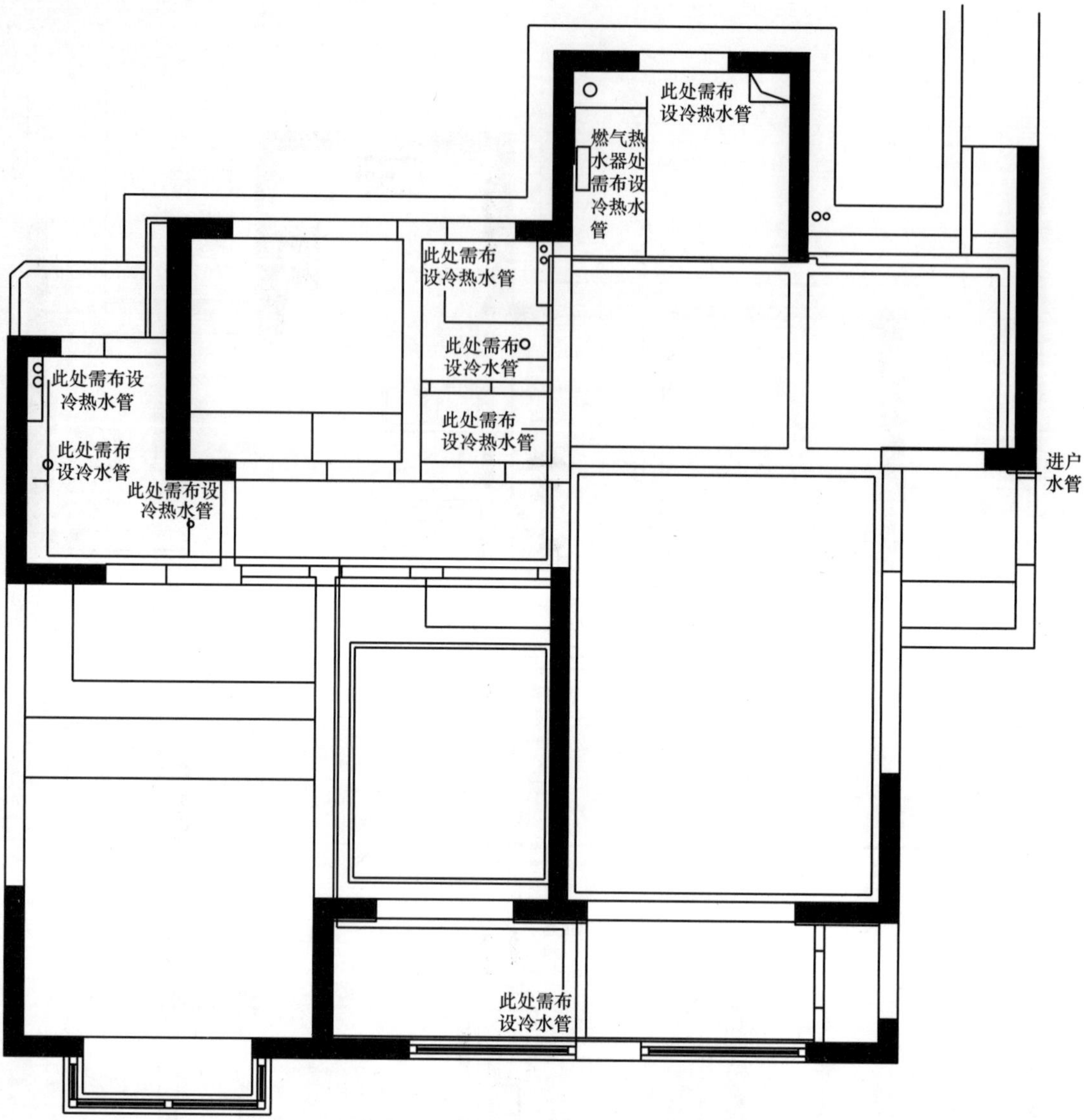

图 1-23　水管走向布置示意图

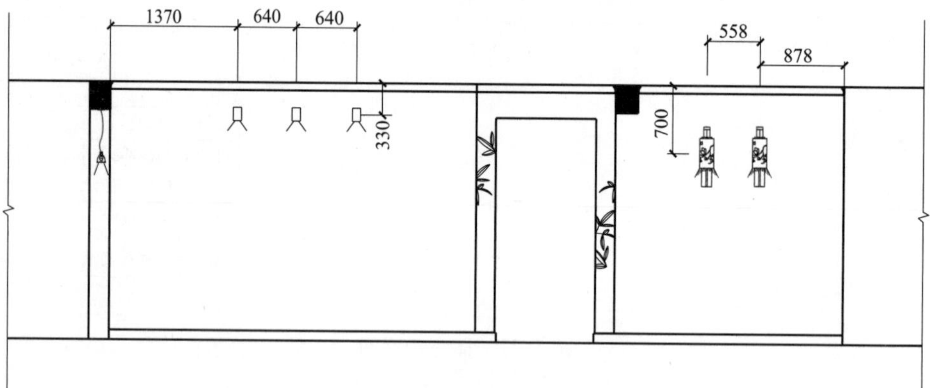

图 1-24　客厅、餐厅、走廊西立面壁灯定位高度和尺寸图

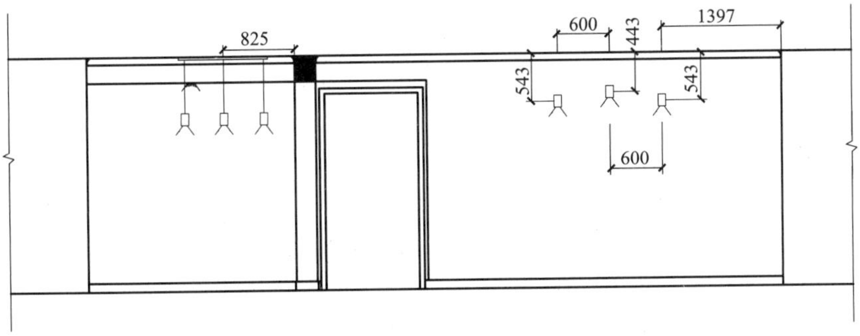

图 1-25　客厅、餐厅东立面壁灯定位高度和尺寸图

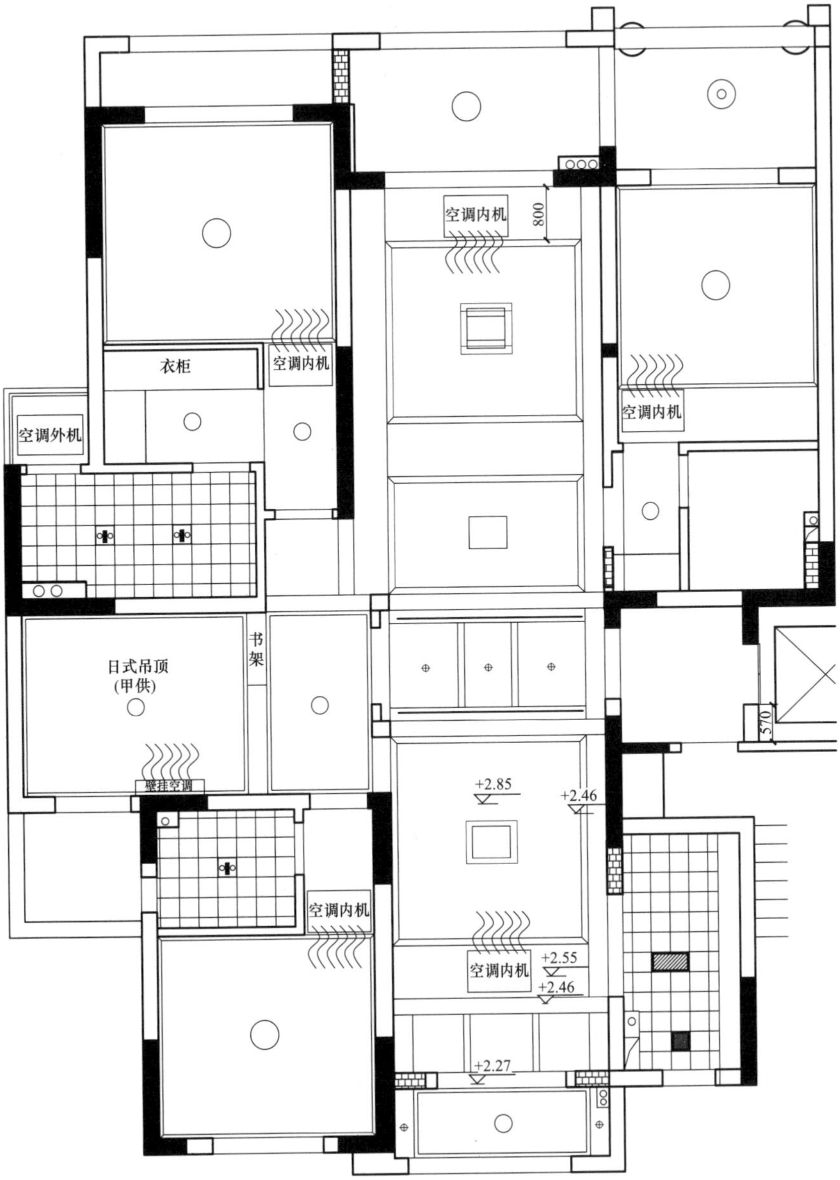

图 1-26　家用中央空调、壁挂空调定位图

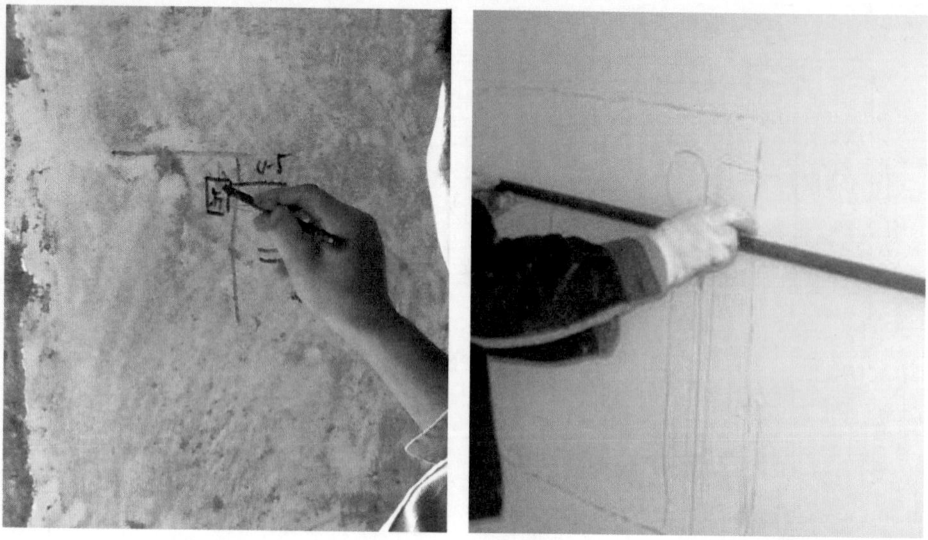

图 1-27　水电施工员按技术交底标记施工位置、施工项目

上述过程涉及的水电施工规范与验收标准如下所述，详细内容参见典型工作过程四。

1）强电线管走墙，弱电线管走地，或者地面强弱电线管走地，但必须分开 300mm 以上。

2）电源插座距地面一般为 300mm，开关距地面一般为 1400mm，如有特殊需求则按特殊情况处理（如壁挂式空调插座）。

3）水管尽可能走墙（目前长三角、珠三角等不少地区“走顶、走墙”）；冷热水管安装应左热右冷，正常间距 100 ~ 150mm，线卡间距不小于 800mm；PPR 水管墙面开槽深度不低于 30mm。

4）所有施工用线必须穿入管中埋墙敷设，线槽应横平竖直，空心楼板除外（空心楼板用护套线），强弱电不能穿入同一根管内。

5）同一室内的电源、电话、电视等插座面板应在同一水平标高上，高差应小于 5mm。

6）煤气管（天然气管），必须走明管，不能封死，如需移管必须由燃气公司进行操作；电线管、热水管、煤气管相互间应保持一定距离，不得紧靠。

4. 安装家用中央空调

施工交底、定位后，可由专业公司先安装中央空调，电线预留足够长，安装后，室内机要防尘保护，如图 1-28 所示。在施工界面允许的情况下，也可以等装饰公司开槽施工完，与装饰公司的水电施工员布设管线的同时交叉安装、施工。由于安装中央空调不是装饰公司施工的项目，在此不做介绍。

5. 开槽施工

家用中央空调安装后，装饰公司开槽施工，原则上，先墙面开槽，后地面开槽。

1）工人进行必要的防粉尘保护，如图 1-29 所示。

2）对照施工图复核施工基层上的标记，确定无误、无遗漏后，水电施工员按施工规范进行水电开槽施工，如图 1-30 所示。这种用手持电动切割机墙基层开槽的施工方法是目前工地上常用的施工方法，但会造成扬尘、污水等污染。所以，发明了如图 1-31 所示的边切割边吸尘的电动切割机切割基层。

图 1-28　专业公司安装家用中央空调并防尘保护

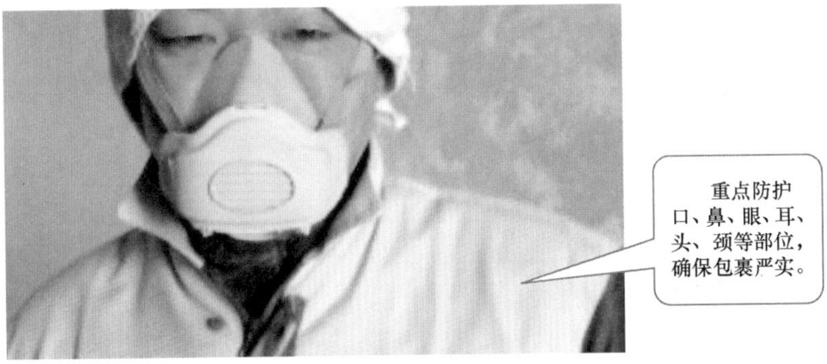

重点防护口、鼻、眼、耳、头、颈等部位，确保包裹严实。

图 1-29　水电工防尘保护

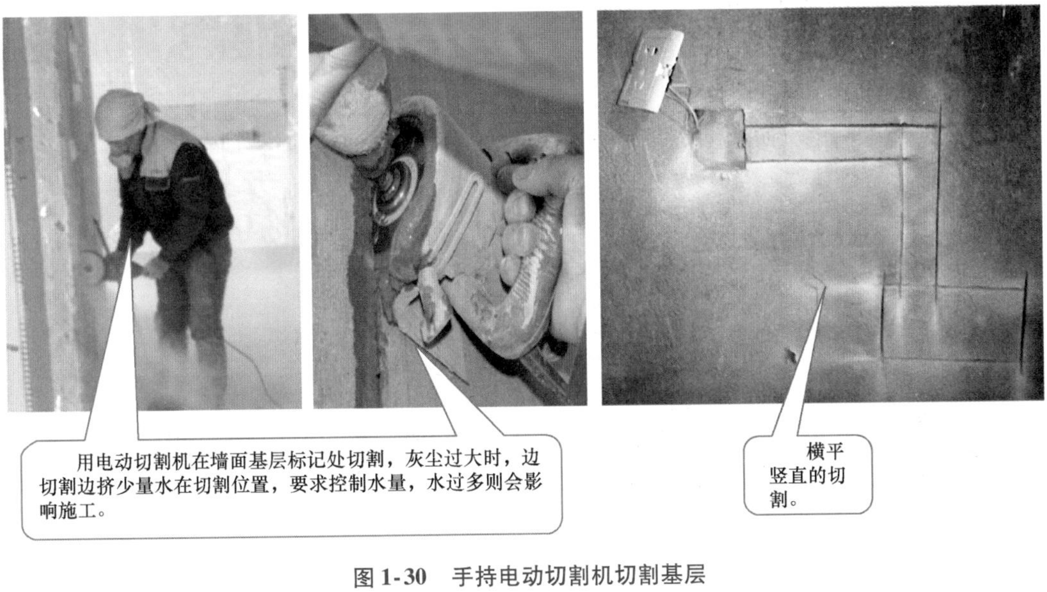

用电动切割机在墙面基层标记处切割，灰尘过大时，边切割边挤少量水在切割位置，要求控制水量，水过多则会影响施工。
横平竖直的切割。

图 1-30　手持电动切割机切割基层

3）电锤凿槽，如图 1-32 所示。

4）清理槽内碎屑，清扫地面并装袋垃圾，如图 1-33 所示。

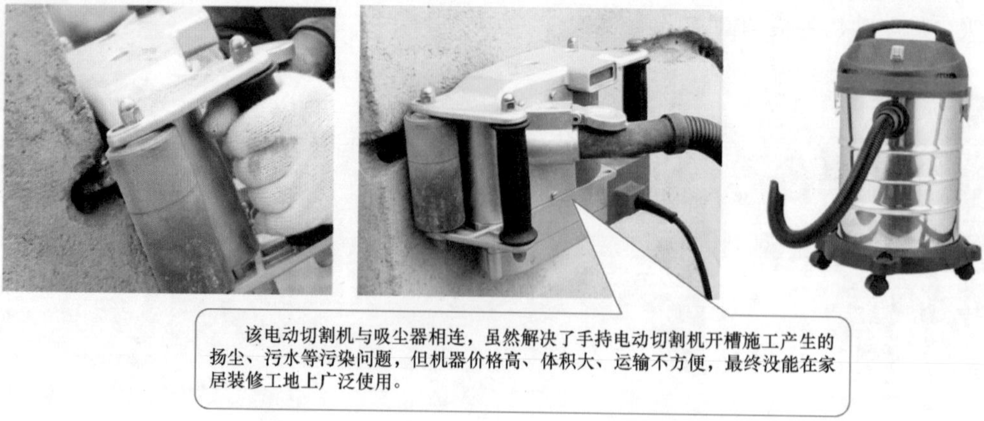

该电动切割机与吸尘器相连，虽然解决了手持电动切割机开槽施工产生的扬尘、污水等污染问题，但机器价格高、体积大、运输不方便，最终没能在家居装修工地上广泛使用。

图 1-31　边切割边吸尘的电动切割机切割基层

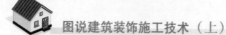

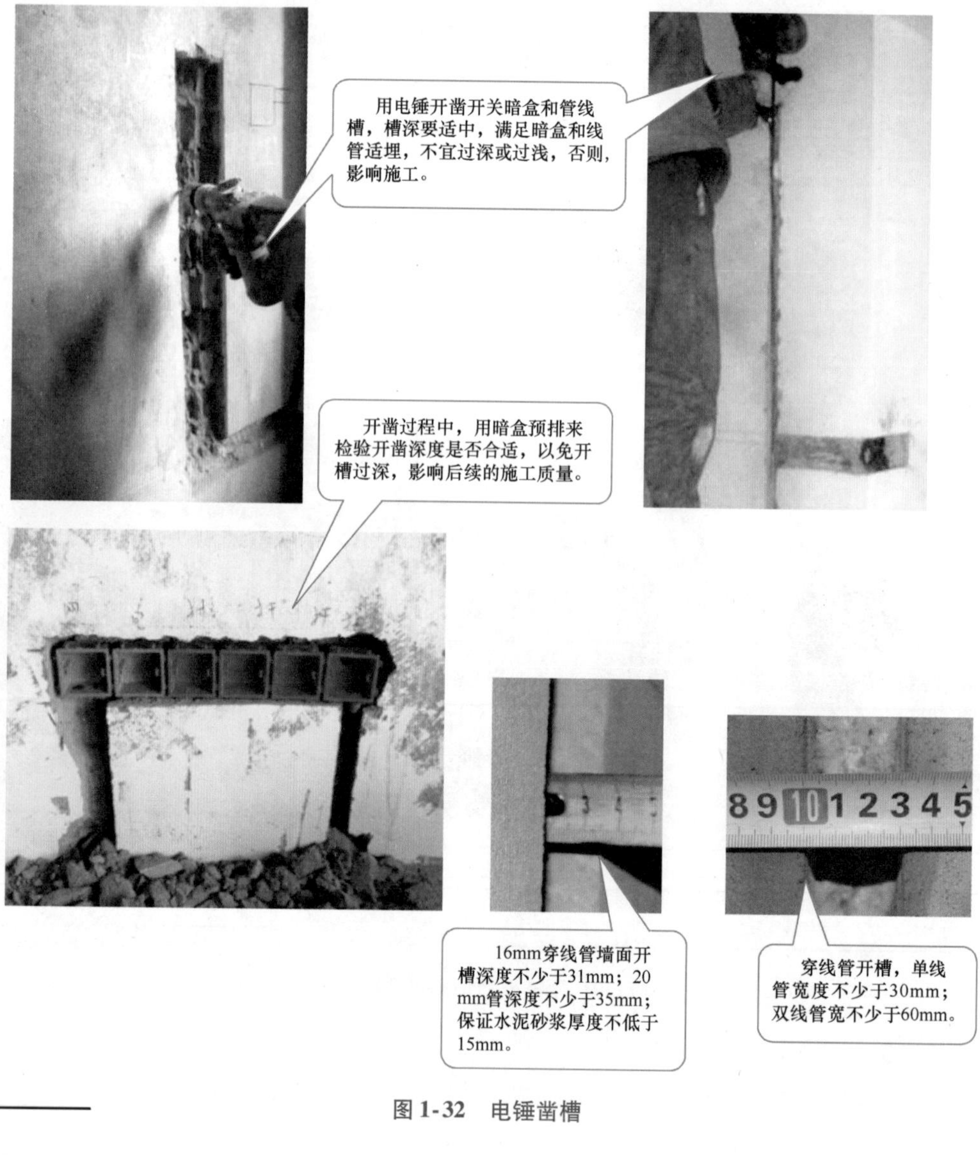

用电锤开凿开关暗盒和管线槽，槽深要适中，满足暗盒和线管适埋，不宜过深或过浅，否则，影响施工。
开凿过程中，用暗盒预排来检验开凿深度是否合适，以免开槽过深，影响后续的施工质量。
16mm穿线管墙面开槽深度不少于31mm；20mm管深度不少于35mm；保证水泥砂浆厚度不低于15mm。
穿线管开槽，单线管宽度不少于30mm；双线管宽不少于60mm。

图 1-32　电锤凿槽

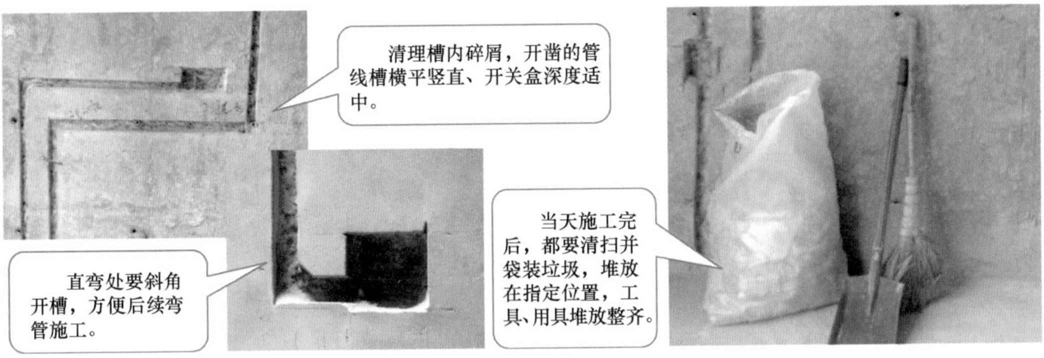

清理槽内碎屑，开凿的管线槽横平竖直、开关盒深度适中。
直弯处要斜角开槽，方便后续弯管施工。
当天施工完后，都要清扫并袋装垃圾，堆放在指定位置，工具、用具堆放整齐。

图 1-33 清理并袋装垃圾

5）地面基层弹线，如图 1-34 所示。

6）沿线开槽，方法同墙面开槽施工。清扫线槽、地面并装袋垃圾后，得到如图 1-35 所示的效果。

7）上述施工后，项目施工现场需要张贴施工进度表、警示牌等。找一面相对空旷、完整且无需施工的墙面张贴施工进度表等。另外，找一面显眼的墙面上张贴禁止吸烟警示牌。最后，装饰公司凭经验在施工现场规划出一些材料堆放区，并在就近的墙面标示出来，如图 1-36 所示。

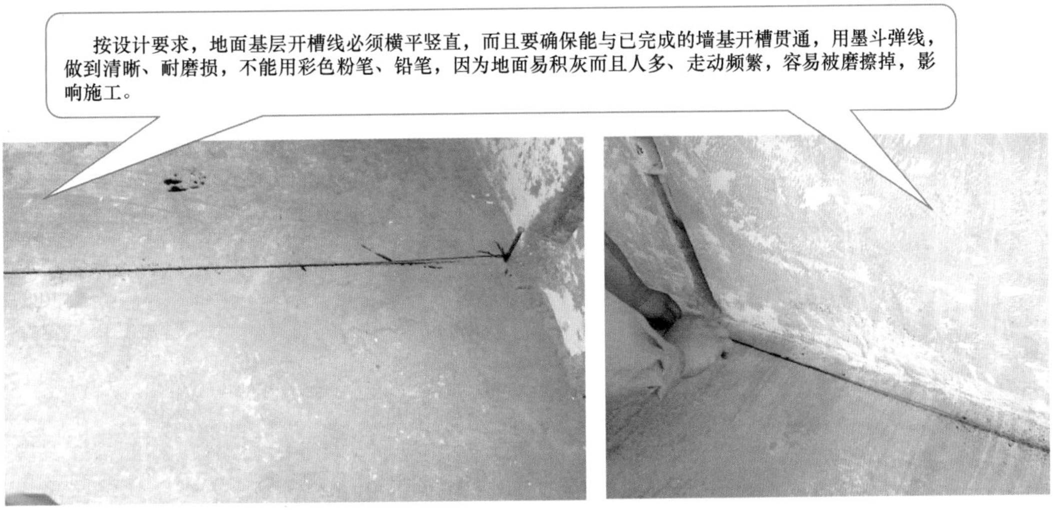

按设计要求，地面基层开槽线必须横平竖直，而且要确保能与已完成的墙基开槽贯通，用墨斗弹线，做到清晰、耐磨损，不能用彩色粉笔、铅笔，因为地面易积灰而且人多、走动频繁，容易被磨擦掉，影响施工。

图 1-34 地面基层墨斗弹线

二、布设管线

开槽施工的同时，水电工会根据现场工作量，预估水、电管线施工所需材料并开具材料清单，由项目经理或装饰公司依据材料清单购置配货，或交给业主购置，搬运至施工现场安放好。

1. 材料准备

1）电用材料主要包括电线、网络线、电视线、电话线、暗盒、PVC 线管及其连接配件（直接、90°弯头、三通、锁母、管扣）等，如图 1-37 ~ 图 1-41 所示。

开槽深度为粉刷层厚度，严禁切割到楼板基层，开凿的管线槽横平竖直。

图 1-35　地面开槽清理后

图 1-36　张贴施工进度表、警示牌等

不同规格的电线。常用电线有三种不同的颜色，其中一种应为黄绿双色线。
网络线、有线电视线等。

图 1-37　电用线类材料

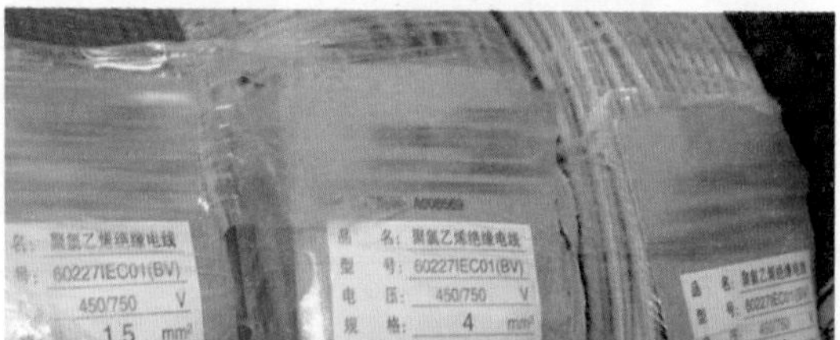

常用电线规格有1.5、2.5、4BV(平方)线，有国标和非标之分，宜选用国标电线施工；外包装上都有标明合格的1.5BV(平方)线，电线直径为1.38mm；2.5BV(平方)线，电线直径为1.78mm；4BV(平方)线电线直径为2.25mm，可以用游标卡尺测量，误差在0.05mm之内都可以接受。
截取一段电线反复弯曲，观察绝缘表皮。如果断裂、起皱、发白,则说明质量不合格；用电线的铜芯在白纸上摩擦几下，如果白纸上留下明显的黑色印记,则说明铜的杂质含量高，质量不合格。

图 1-38　电线

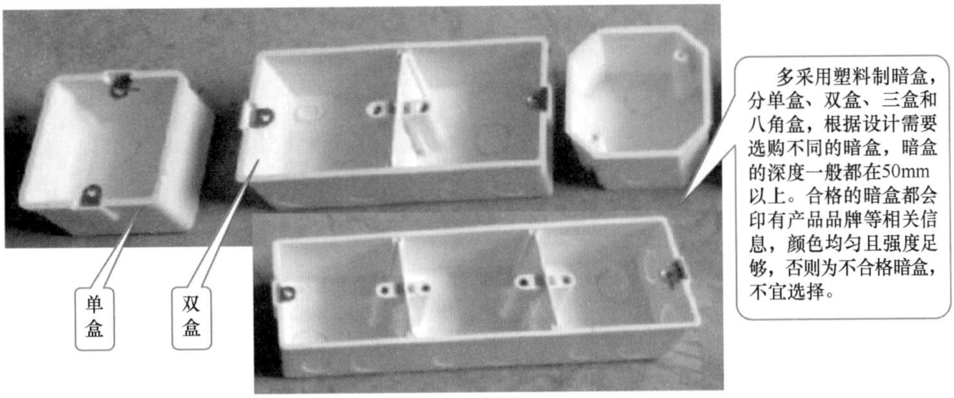

多采用塑料制暗盒，分单盒、双盒、三盒和八角盒，根据设计需要选购不同的暗盒，暗盒的深度一般都在50mm以上。合格的暗盒都会印有产品品牌等相关信息，颜色均匀且强度足够，否则为不合格暗盒，不宜选择。
单盒
双盒

图 1-39　塑料暗盒

常用PVC穿线管,其外直径尺寸为16mm，有地方又称4分管，每根长度有4m、6m、8m之分，也可定制长度，但家居装修施工常用4m长，因为运输、施工方便。

图 1-40　PVC 穿线管

2）水用材料主要包括常选 6 分（*DN*25）PPR 热水管及其配件、保温管等，如图 1-42 所示。

2. 管线布设施工

（1）电管线布设施工

1）固定底盒前，先对开槽处浇水，如图 1-43 所示，但不宜浇水过多；然后，用尖头钢抹清理易掉物，如图 1-44 所示。

2）固定暗盒。常用水泥砂浆固定暗盒，如图 1-45a 所示。目前，有的工人会用石膏粉腻子固定暗盒，如图 1-45b 所示。以编者经验看来，用石膏粉腻子固定暗盒比水泥砂浆固定暗盒节约不少时间，因为石膏粉腻子干燥时间比水泥砂浆干燥时间短很多。

3）布设 PVC 线管。

① 直线管布设。短距离直线管布设，当两个暗盒在同一条直线上，且直线距离较短时，PVC 线管布设方法，如图 1-46 所示。

长距离直线管布设，当两个暗盒在同一条直线上，且暗盒间距离超过一根 PVC 线管的长度时，要用直接连接件插接来延长管线的施工长度，如图 1-47 所示。

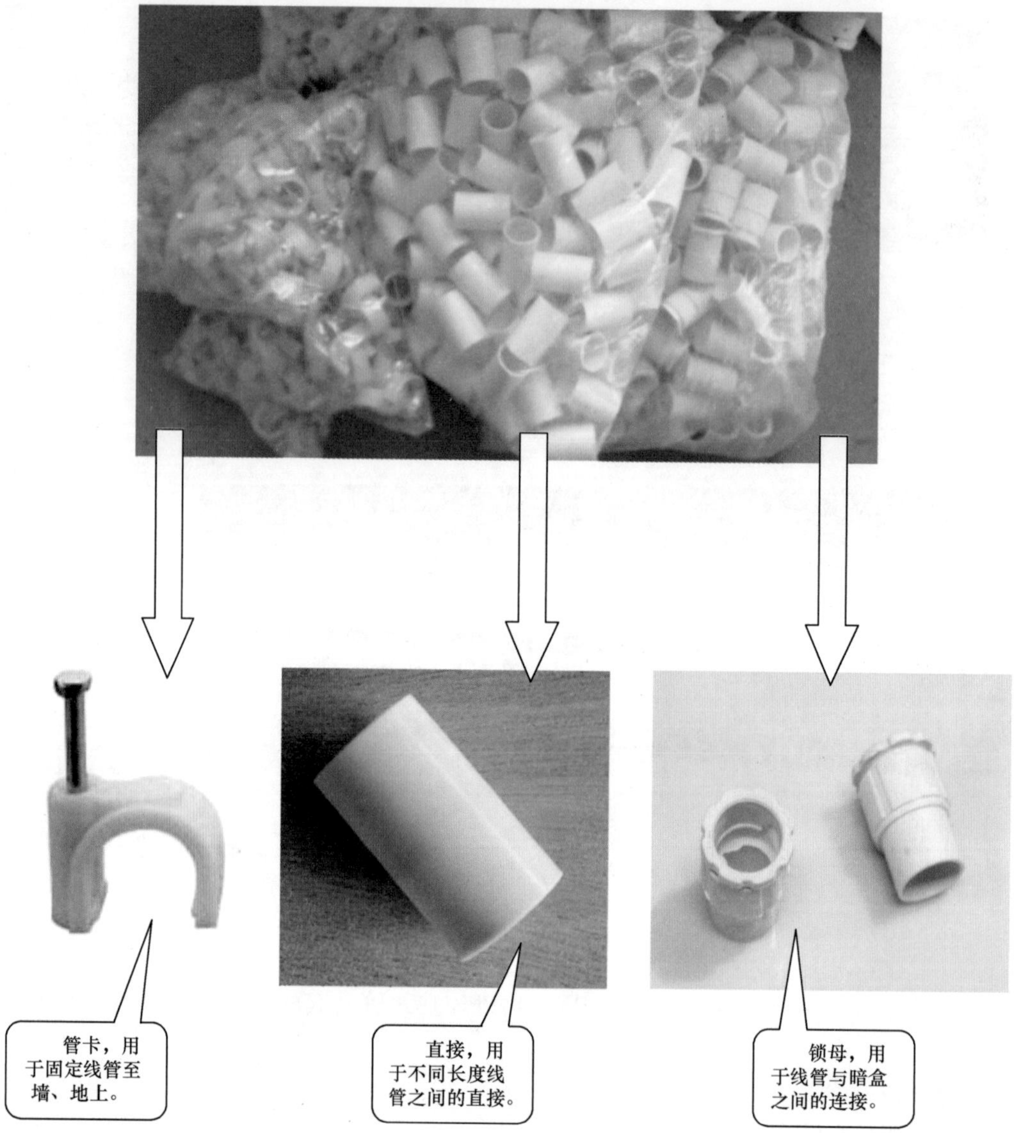

管卡，用于固定线管至墙、地上。
直接，用于不同长度线管之间的直接。
锁母，用于线管与暗盒之间的连接。

图 1-41　PVC 穿线管连接配件

线管布设过程中，为节约材料，可以将不同小段 PVC 线管用直接连接件连接使用，如图 1-48 所示。

② 带直弯角的线管布设。由于施工规范要求 PVC 线管布设施工后要确保横平竖直，所以一面墙上或不同墙面上错位的两个暗盒间的开槽必然会出现直弯，但遇到这种情形时，常采用弯管弹簧弯曲 PVC 穿线管后再布设，如图 1-49 所示。带直弯角的线管布设在槽内后，应立即用线卡将其固定，如图 1-50 所示（图 1-50a 中，不同小段 PVC 线管用直接连接件连接使用）。否则，在重力作用下，PVC 弯角处会外离墙面进而影响其两端相连的暗盒，甚至会拉坏暗盒而影响施工。

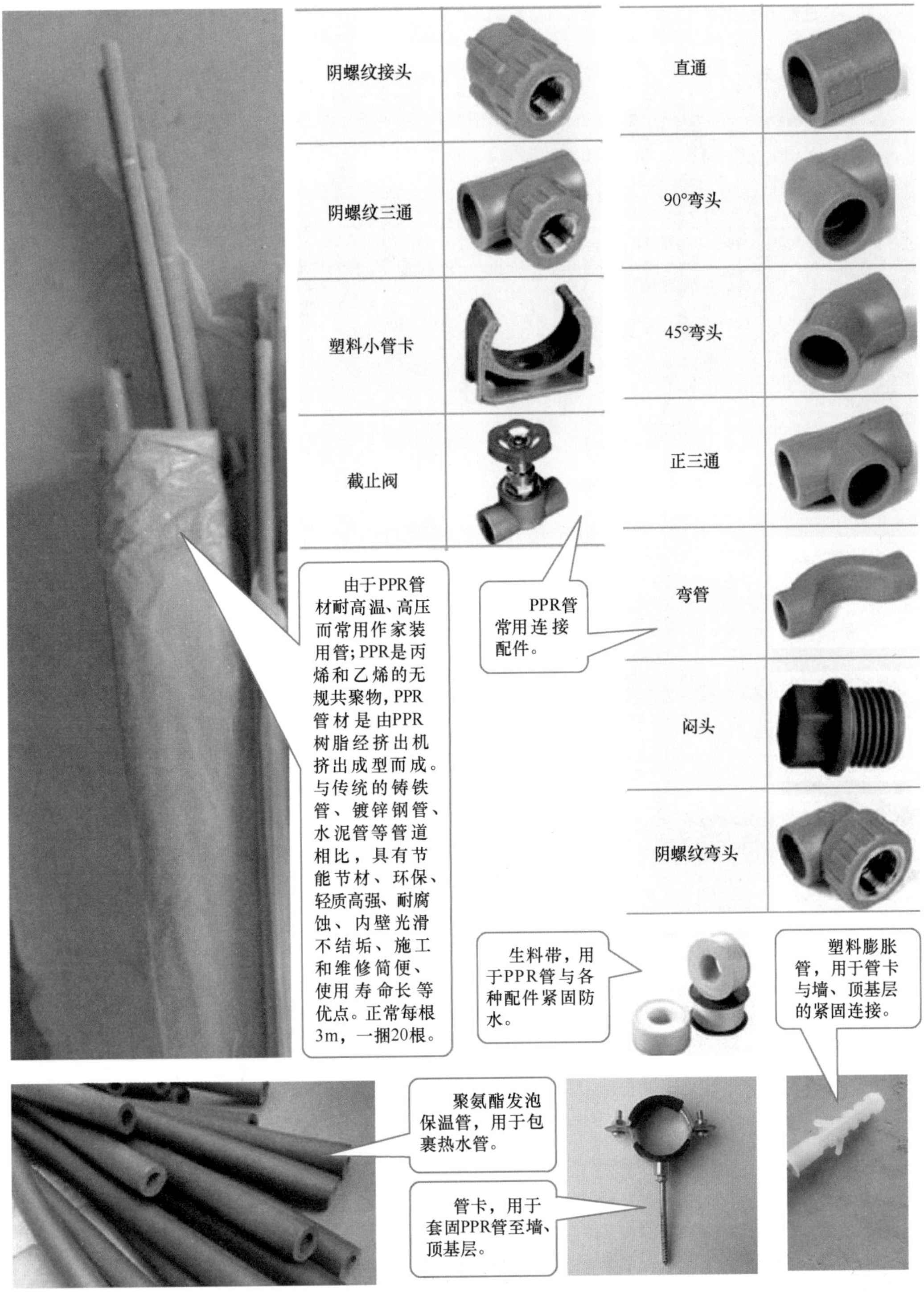

阴螺纹接头
阴螺纹三通
塑料小管卡
截止阀
直通
90°弯头
45°弯头
正三通
弯管
闷头
阴螺纹弯头
由于PPR管材耐高温、高压而常用作家装用管；PPR是丙烯和乙烯的无规共聚物，PPR管材是由PPR树脂经挤出机挤出成型而成。与传统的铸铁管、镀锌钢管、水泥管等管道相比，具有节能节材、环保、轻质高强、耐腐蚀、内壁光滑不结垢、施工和维修简便、使用寿命长等优点。正常每根3m，一捆20根。
PPR管常用连接配件。
生料带，用于PPR管与各种配件紧固防水。
塑料膨胀管，用于管卡与墙、顶基层的紧固连接。
聚氨酯发泡保温管，用于包裹热水管。
管卡，用于套固PPR管至墙、顶基层。

图1-42　PPR水管及其接配件

这样施工可以清除槽内灰尘、易掉物，增加水泥砂浆与原墙的黏结力，能有效固定暗盒，也可以防止后续修补在槽内的水泥砂浆脱落、开裂。

图 1-43　浇水至预布设施工处

图 1-44　剔除易掉物

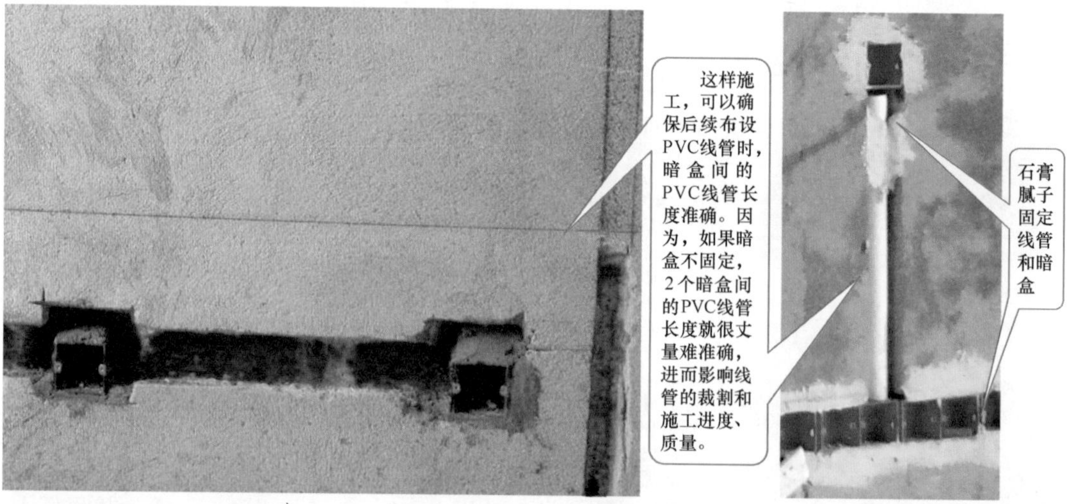

这样施工，可以确保后续布设PVC线管时，暗盒间的PVC线管长度准确。因为，如果暗盒不固定，2个暗盒间的PVC线管长度就很丈量难准确，进而影响线管的裁割和施工进度、质量。
石膏腻子固定线管和暗盒
a)
b)

图 1-45　固定暗盒

a）水泥浆固定暗盒　b）石膏粉腻子固定暗盒

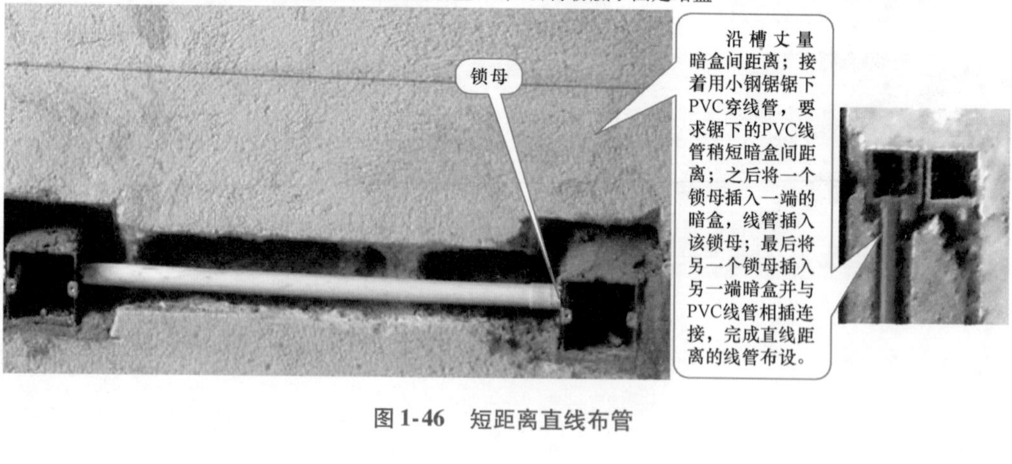

锁母
沿槽丈量暗盒间距离；接着用小钢锯锯下PVC穿线管，要求锯下的PVC线管稍短暗盒间距离；之后将一个锁母插入一端的暗盒，线管插入该锁母；最后将另一个锁母插入另一端暗盒并与PVC线管相插连接，完成直线距离的线管布设。

图 1-46　短距离直线布管

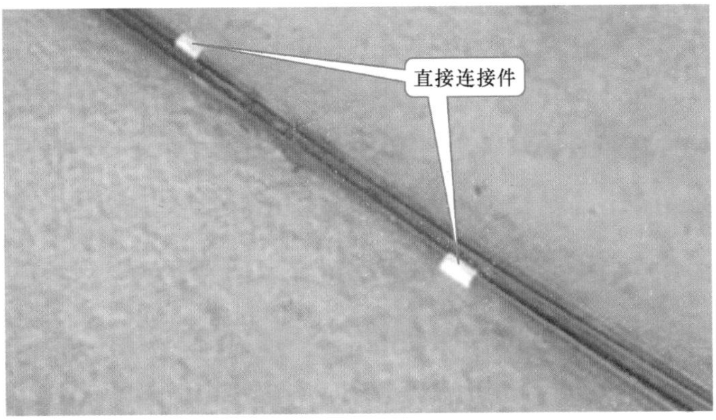

图 1-47　长距离直线布管

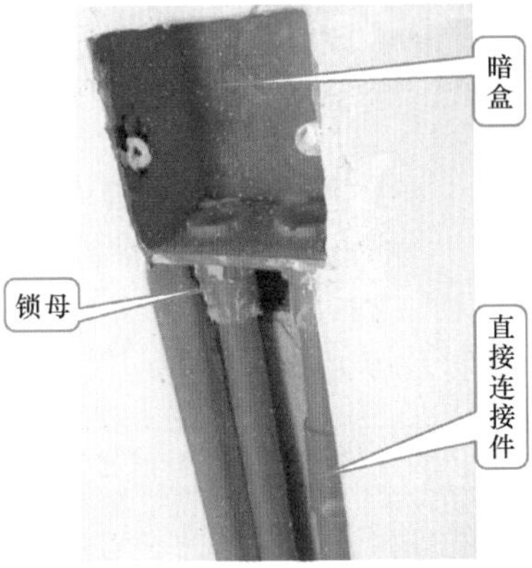

图 1-48　直接连接件的使用

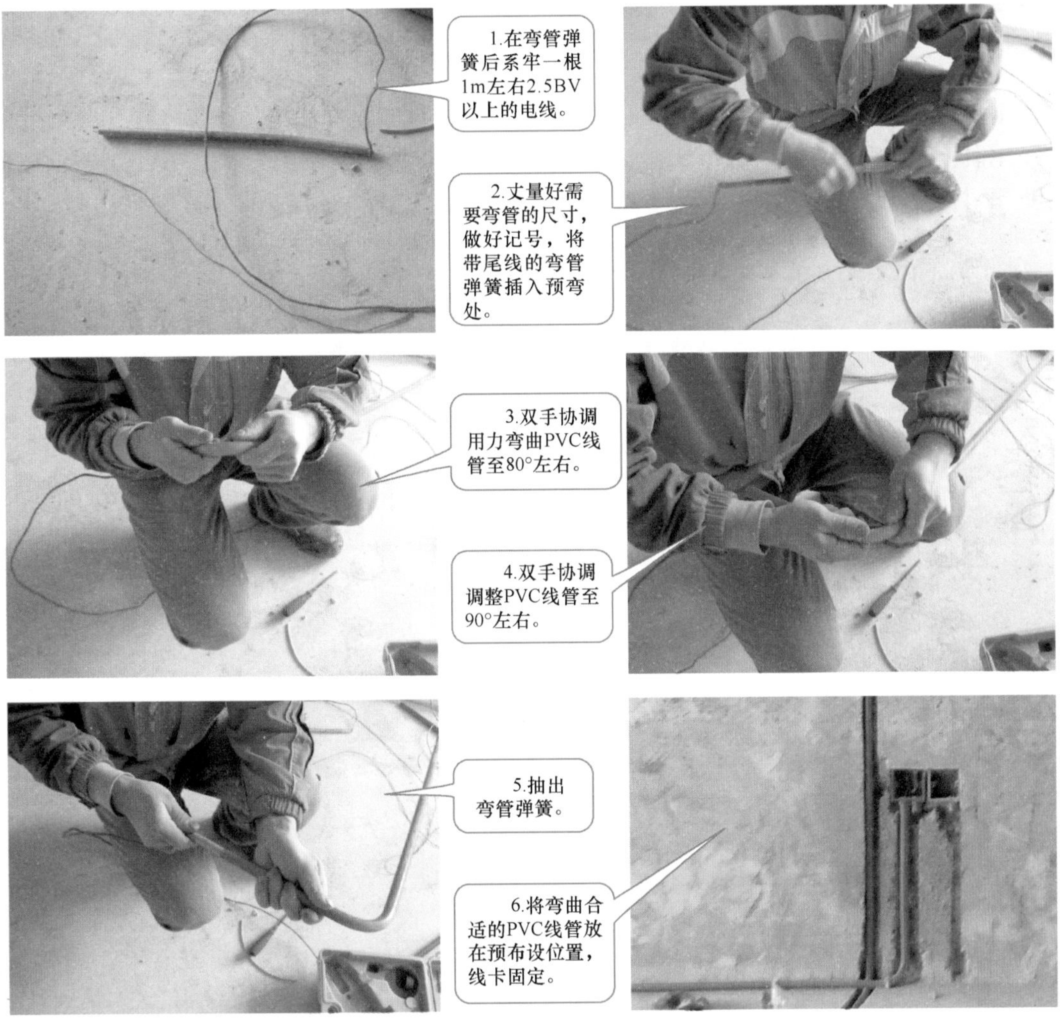

1.在弯管弹簧后系牢一根1m左右2.5BV以上的电线。
2.丈量好需要弯管的尺寸，做好记号，将带尾线的弯管弹簧插入预弯处。
3.双手协调用力弯曲PVC线管至80°左右。
4.双手协调调整PVC线管至90°左右。
5.抽出弯管弹簧。
6.将弯曲合适的PVC线管放在预布设位置，线卡固定。

图 1-49　带直弯角线管的布设施工

a)　　b)

图 1-50　及时固定带直弯角的线管在槽内

4）PVC 线管中穿入电线。该施工过程应按施工规范和验收标准要求进行施工，详细内容见本项目的典型工作过程四。

按规范使用颜色：地线用黄/绿双色线，零线用蓝色线，火线用红色线，照明开关的控制线用白色线；照明用电线为 1.5BV，插座用线为 2.5BV，接地用线为 2.5BVR，空调及特大功率用线为 4BV。空调及大功率电器应单独走线；电线管内不得有接头。

按照上述规范，根据设计要求，选定照明、插座等位置所用电线，任选墙面一处开始穿线施工，如图 1-51 所示。

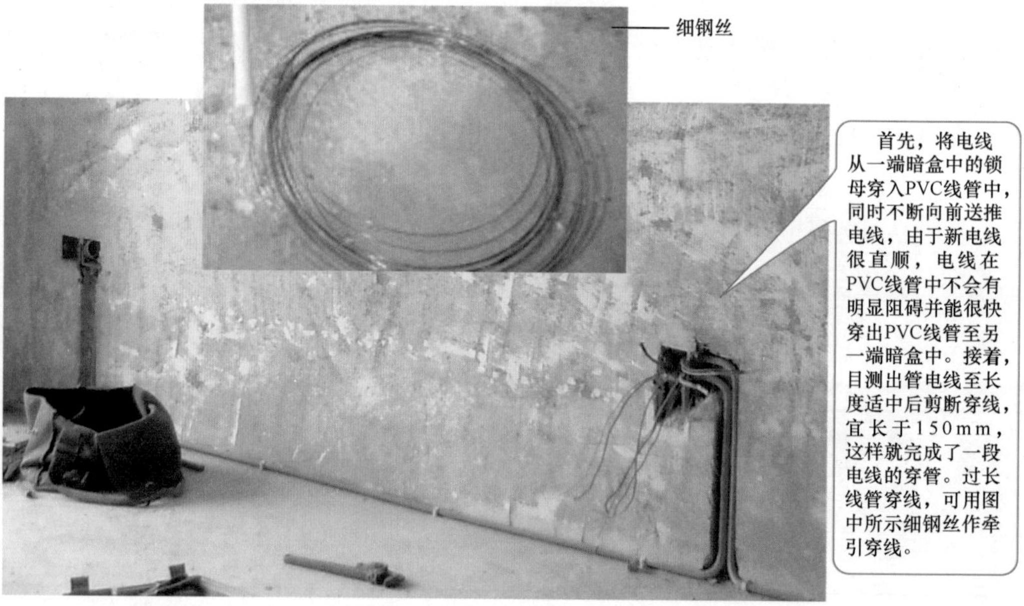

细钢丝
首先，将电线从一端暗盒中的锁母穿入PVC线管中，同时不断向前送推电线，由于新电线很直顺，电线在PVC线管中不会有明显阻碍并能很快穿出PVC线管至另一端暗盒中。接着，目测出管电线至长度适中后剪断穿线，宜长于150mm，这样就完成了一段电线的穿管。过长线管穿线，可用图中所示细钢丝作牵引穿线。

图 1-51　PVC 线管中穿入电线

重复上述穿线施工方法，直至完成所有墙面、地面、顶面上电线的穿管。期间，强弱电交汇的地方要包裹锡箔纸，如图 1-52 所示。顶棚的线路施工时，首先按设计要求定位灯具位置，然后进行布管、穿线等一系列施工，要求灯位盒必需使用塑料八角接线盒，并预留足够长的电线，如图 1-53 所示。

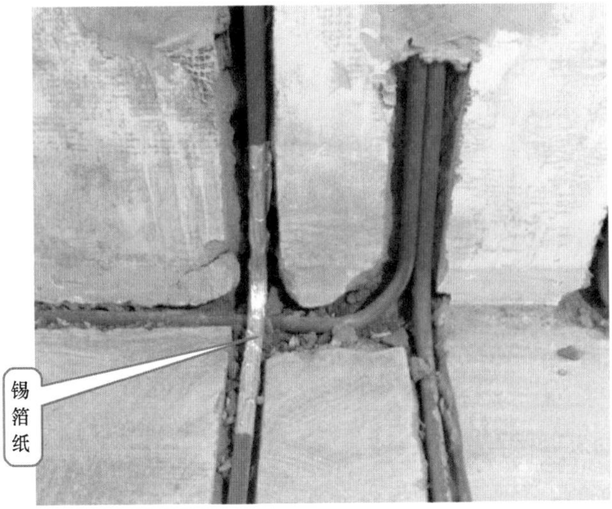

图 1-52 强弱电线管交叉处裹锡箔纸

图 1-53 顶棚电线穿管布设施工

所有电线穿管后，最终要归并至强电箱处，如图 1-54 所示。因为进户线都排在强电箱内，室内所有线路都在强电箱内完成接通，为满足后续施工要求，首先要在强电箱内接通照明线路、开关线路、插座线路等，由于空调线路暂时用不到，可等到最后施工阶段连通，但必须将空调用外露电线弯卷成圈，塞放在强电箱内，如图 1-55 所示。

图 1-54 强电箱处的穿线处理

图 1-55 接通后续施工必需的路线，处理暂时不需接通的线路

后续施工必需使用的几路电线接通后，用电笔检测已接通线路所有开关、插座是否通电，并将带电的外露线头用绝缘胶布包好，以免发生触电危险，如图 1-56 所示。更加规

范的工地上，有的将明露电线头包裹绝缘胶布后再用螺丝刀柄卷成弹簧圈，如图 1-57 所示，有的将明露电线头包裹绝缘胶布后再套上塑料压线帽，如图 1-58 所示。

正常情况，上述施工完成后，就可以进行下序的水管布设施工，但随着装饰市场竞争的日益加剧，不少上规模的装饰公司力求通过更加规范的施工和现场管理来赢取客户，所以他们会更注意现场施工的细节，比如，将绝缘后的线头埋入暗盒中，外面盖贴装饰公司特制的即时贴，即时贴的大小正好盖贴住暗盒，如图 1-59 所示。

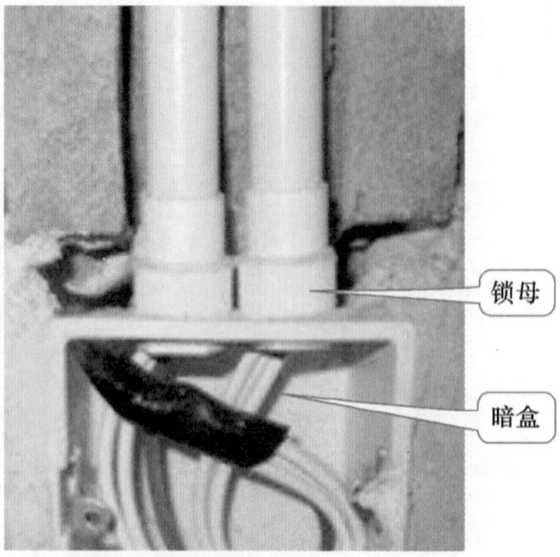

图 1-56　外露线头的绝缘处理

图 1-57　外露线头绝缘处理后的卷线

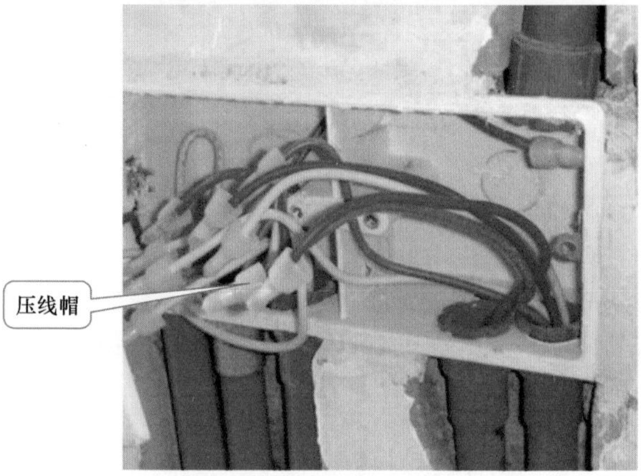

图 1-58　外露线头绝缘处理后的压线帽

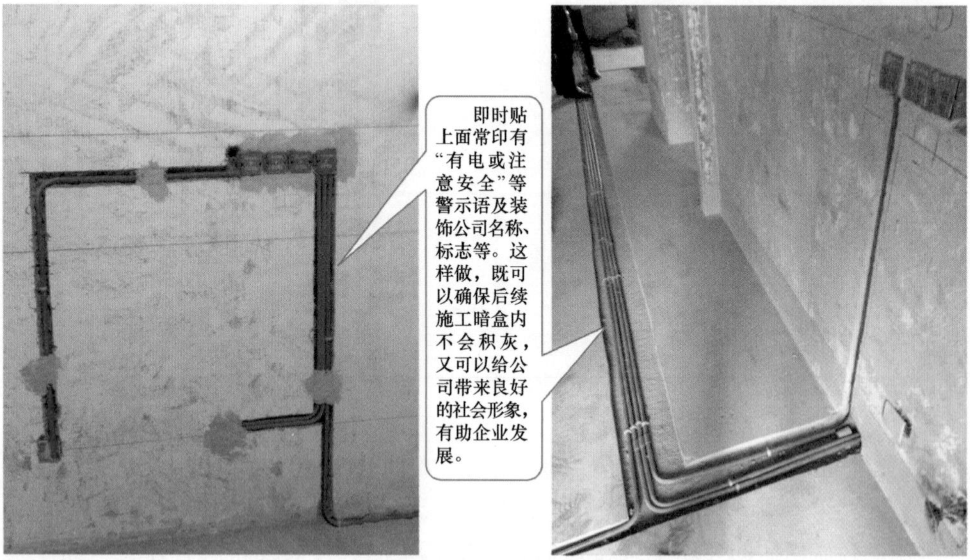

即时贴上面常印有“有电或注意安全”等警示语及装饰公司名称、标志等。这样做，既可以确保后续施工暗盒内不会积灰，又可以给公司带来良好的社会形象，有助企业发展。

图 1-59　暗盒的保护处理

（2）水管布设施工　水管布设是隐蔽工程的重要部分，一般情况，厨房、客厅等空间的水管布设最好“走顶、走墙、不走地”，在已开槽内按《住宅装饰装修工作施工规范》（GB 50327—2001）布设施工，具体施工过程如下。

1）施工前的准备。检查所使用的手持式热熔机及加热头是否能正常使用，如图1-60所示。另外，还需检查剪刀或割刀及使用的电源、电线是否正常和安全；如果是新购热熔机，使用前，要先正确安装，如图1-61所示。

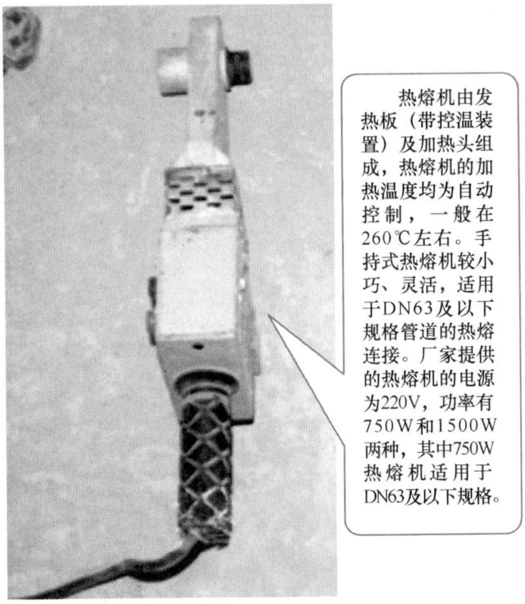

热熔机由发热板（带控温装置）及加热头组成，热熔机的加热温度均为自动控制，一般在260℃左右。手持式热熔机较小巧、灵活，适用于DN63及以下规格管道的热熔连接。厂家提供的热熔机的电源为220V，功率有750W和1500W两种，其中750W热熔机适用于DN63及以下规格。

图1-60　手持式热熔机使用前的检查

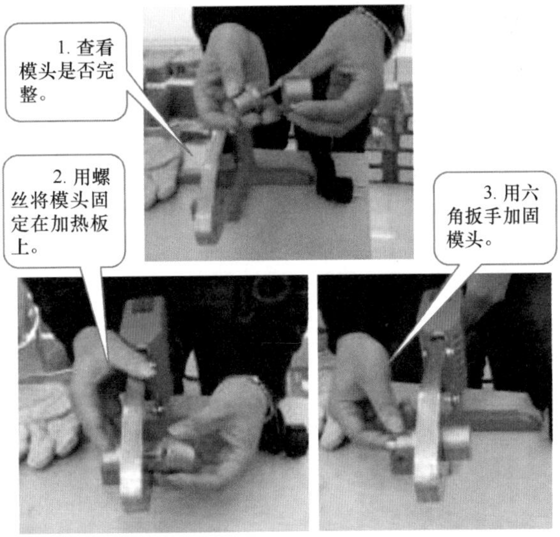

1. 查看模头是否完整。
2. 用螺丝将模头固定在加热板上。
3. 用六角扳手加固模头。

图1-61　新购手持式热熔机使用前的安装

2）PPR水管的连接施工。对照施工图（图1-23），按照交底时确认的水龙头位置、水管走向等，进行施工。

① 热熔工具接通220V的电源，绿灯指示灯亮，表明工作温度达到施工要求。

② 切割PPR水管，如图1-62所示。

③ 量画熔接深度，如图1-63所示。

④ 热熔PPR水管与水管配件，如图1-64所示。

⑤ 熔接PPR水管与水管配件，如图1-65所示。

正常情况下，PPR水管与水管配件熔接后，应在其结合面的周围形成均匀的凸缘熔接圈，很像双眼皮，如图1-66所示。

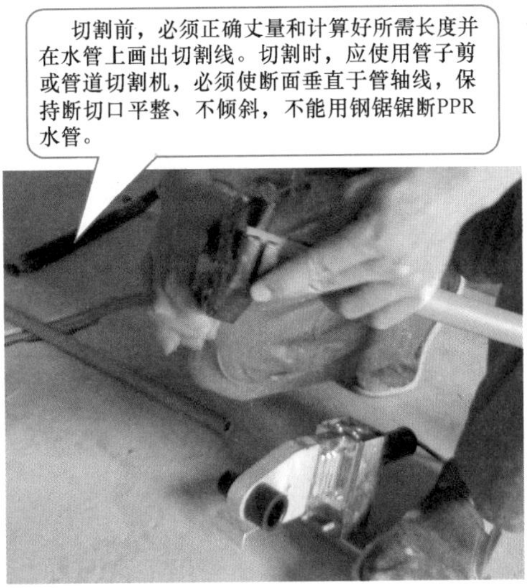

切割前，必须正确丈量和计算好所需长度并在水管上画出切割线。切割时，应使用管子剪或管道切割机，必须使断面垂直于管轴线，保持断切口平整、不倾斜，不能用钢锯锯断PPR水管。

图1-62　量好尺寸后切割PPR水管

按图样设计要求，用上述施工方法熔接出不同长度的熔接件，如图1-67所示。

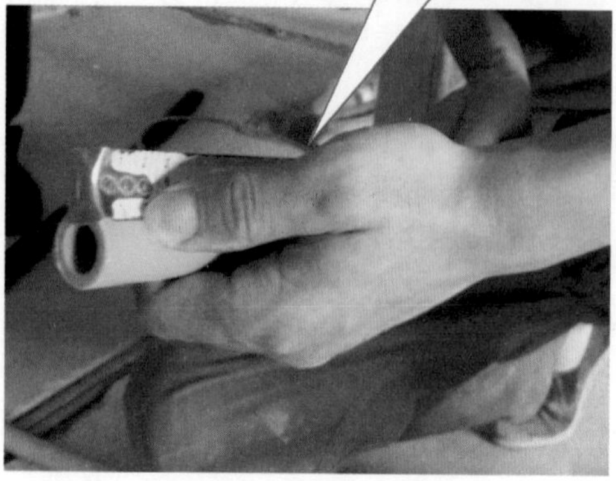

用记号笔在已切割的PPR水管表面画出热熔连接深度线。

图 1-63 在切割后 PPR 水管上量画热熔线

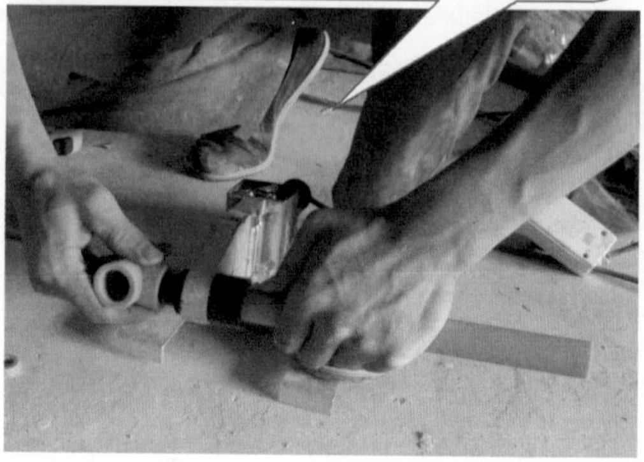

PPR水管与水管配件的连接断面和熔接面必须清洁、干燥、无油污；然后，将水管与水管配件分别从热熔机的两端同时垂直插入热熔焊头，插入到所标记的连接深度，水管与水管配件同时加热，加热温度控制在260℃，温度太高易将管壁烫变形，加热时间参照热熔机技术参数。

图 1-64 PPR 水管与配件同时热熔

达到规定的加热时间后，一般情况为热熔5~7s后迅速将水管与水管配件从热熔机上同时取下，迅速无旋转且笔直均匀地插入到所标深度，并维持一段时间。在规定的加工时间内，刚熔接好的接头允许立即校正，但不得旋转。在规定的冷却时间内，应扶好水管与水管配件，使它不受扭、受弯和受拉，应符合相关热熔机的技术要求。

图 1-65 PPR 水管与配件热熔后连接

当熔接件满足一定施工量的要求后，就可以将不同长度的熔接件一件连着一件进行熔接布设，需要熔接布设的水管位于不同施工基层、部位时，有着不同的施工方法：

① 在地面或顶棚的平整面上施工时，可采用如图 1-68 所示的施工方法施工。

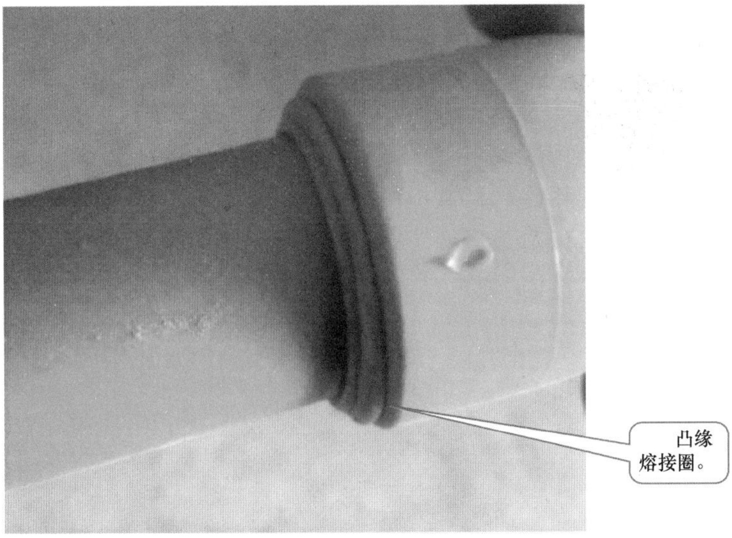

图 1-66　PPR 水管与配件合格热熔的凸缘圈

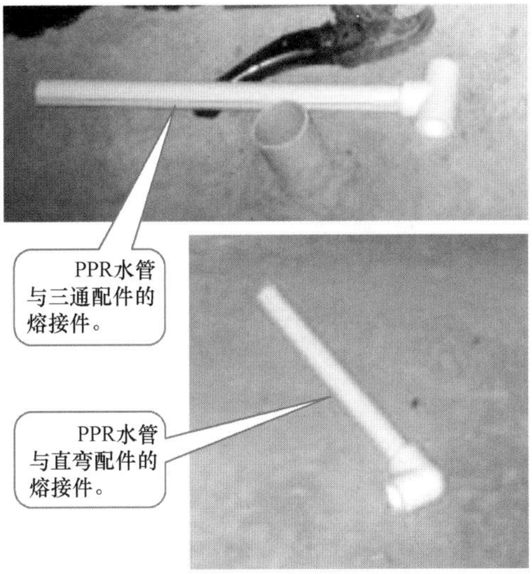

图 1-67　PPR 水管与配件熔接出
不同长度的熔接件

② 在墙面开槽处施工时，由于所开管槽窄且深的原因，热熔机无法在窄缝中完成不同熔接件的熔接，所以必须先将管卡钉入线槽，管卡间间距要符合施工规范，如图 1-69 所示；接着，按如图 1-70 所示的熔接方法将小段熔接件整体熔接，待全部熔接完成后，再将其套放在管槽中并卡在管卡上，直至完成任务。此施工过程要求每段尺寸必须准确，最好两个工人协调操作。

在后续的熔接布设过程中，当遇到熔接过桥、三通时，要注意管线的走向，如图 1-71、图 1-72 所示。

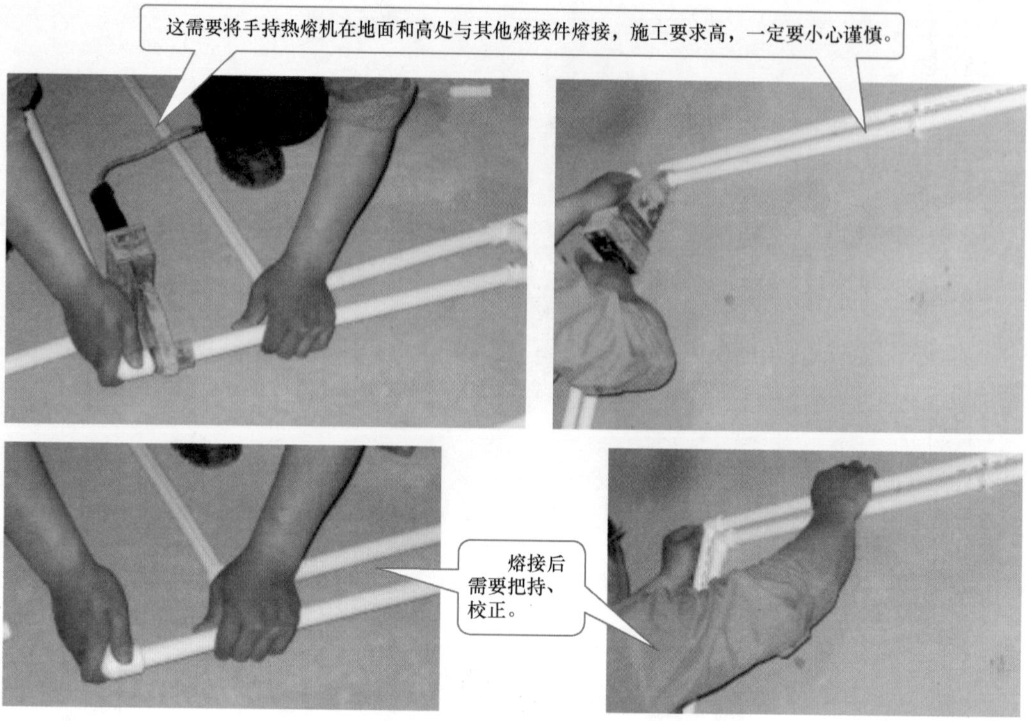

这需要将手持热熔机在地面和高处与其他熔接件熔接，施工要求高，一定要小心谨慎。
熔接后需要把持、校正。

图 1-68　平整地面、墙面上 PPR 的熔接施工

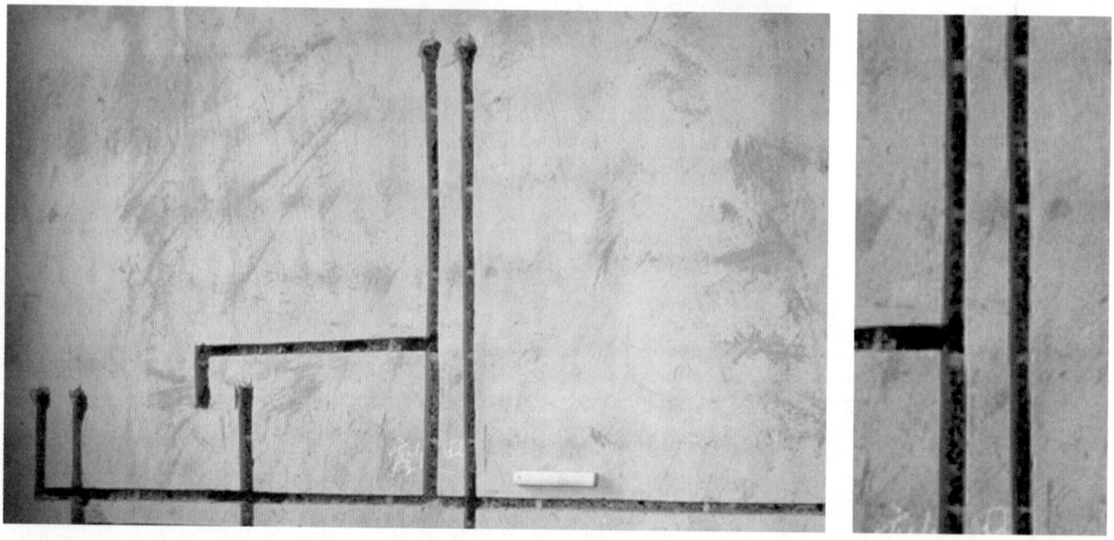

图 1-69　开管槽处内钉牢管卡

在地面铺设水管时，当遇到两根水管垂直布置时，需要使用过桥配件，丈量准确尺寸后，用电锤凿掉地面粉刷层至满足施工要求，如图 1-73 所示；然后，用如图 1-68 所示的施工方法完成该处的熔接施工，并确保两根水管垂直布设满足施工要求，如图 1-74 所示。

图 1-70　整体熔接小段熔接件

图 1-71　PPR 水管与三通配件热熔连接

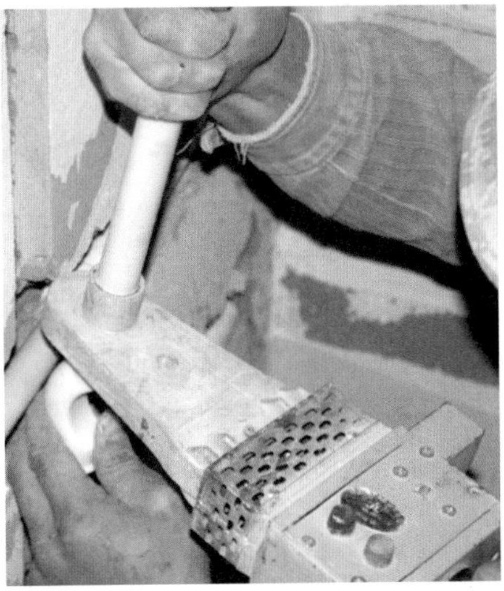

图 1-72　PPR 水管与过桥配件热熔连接

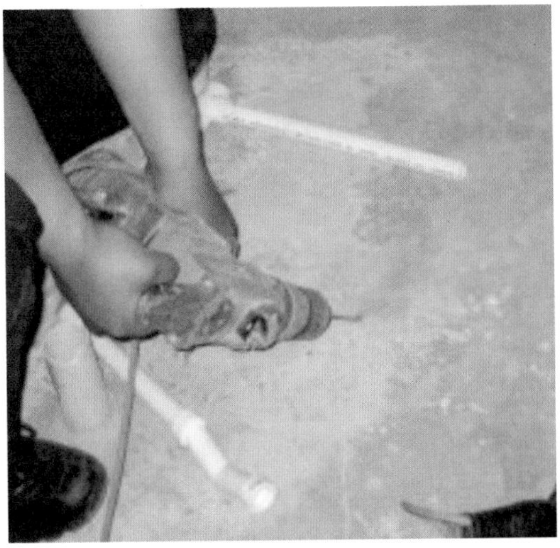

图 1-73　开凿过桥所需地面

图 1-74　熔接过桥后的水管搭接

按照上述施工方法，反复操作，直至剩下最后一段（即需要与进户 PPR 水管熔接的一段）。期间，将走顶布设的水管包裹保温套管，然后用管卡钉接牢固在顶面或墙面上，如图 1-75、图 1-76 所示；还要随时用闷头将外丝弯头堵紧，既防止漏水，又防止施工过程中有较大颗粒污物掉入 PPR 水管内而影响施工质量。闷头丝口缠上生料带，再把闷头拧紧，如图 1-77 所示。煤气管道单独布设，如图 1-78 所示。

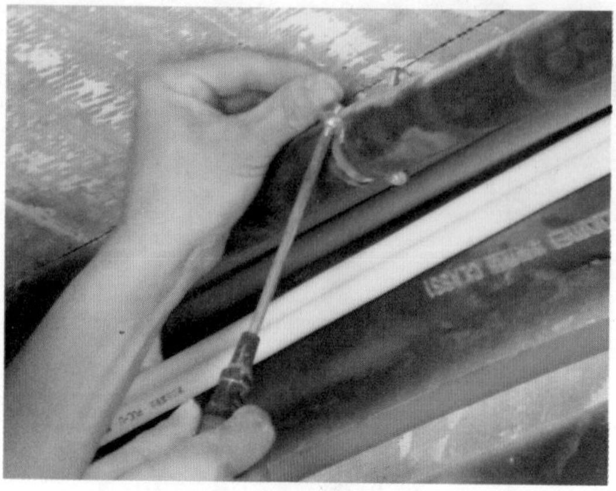

图 1-75　保温套装 PPR 水管和钉接在顶面上

图 1-76　保温套装 PPR 水管和钉接在侧墙面上

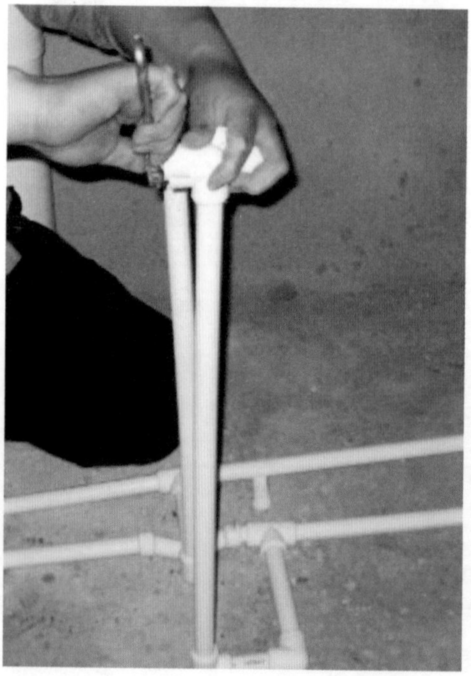

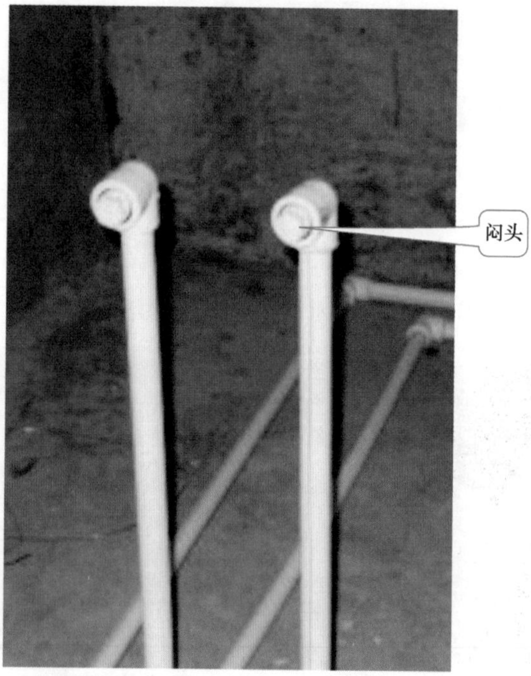

图 1-77　用闷头封堵外丝弯头

上述施工完成后，关掉进户总水阀，将进户 PPR 水管的管口处理干净并干燥，接着，用上述 PPR 水管的熔接方法完成该项目所有水管的熔接布设施工。

接下来，按如图 1-79 所示方法，用软管连接贯通室内所有水管，并将其他水管所有闷

图 1-78　单独排放的煤气管

头封好。开始对水管试压验收，如图 1-80 所示，用试压泵测水压 8 ~ 10MPa，30min 后看压力表，正常的情况是水压回落 0.05MPa，所有管道、阀门、接头无渗水、漏水现象，表示验收为合格。否则，视为不合格，则需查找原因处理至符合施工要求。

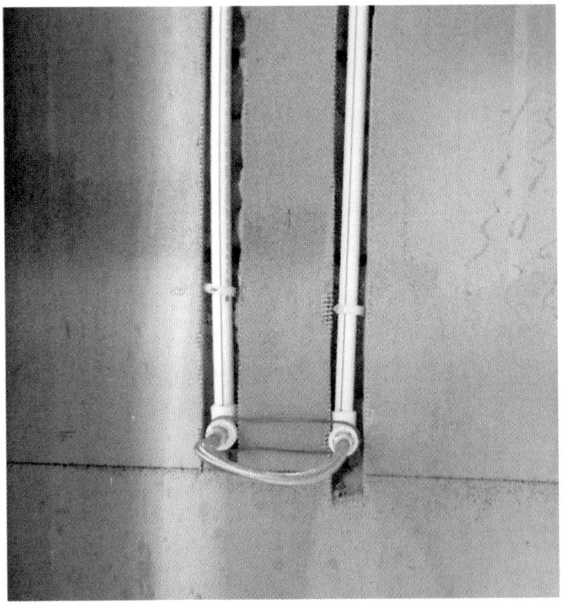

图 1-79　用软管连接贯通室内所有管道

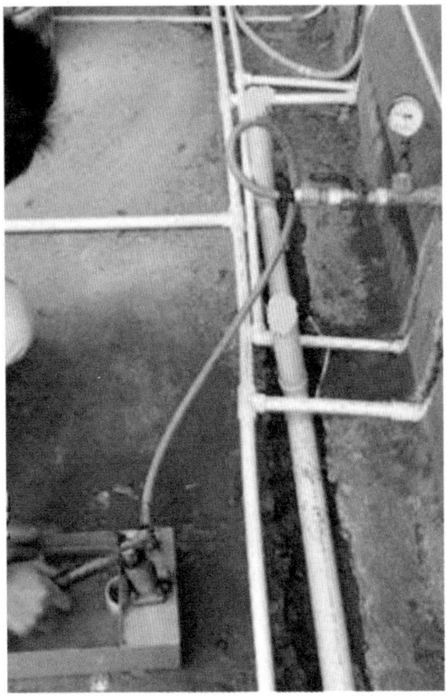

图 1-80　水管试压验收

另外，如果有业主需要铺设地暖（地暖安装由专业公司进行施工），而施工界面又允许的情况下，可以与装饰公司的水电管线施工同时进行。由于铺设地暖不是装饰公司施工的项目，在此不作介绍。

典型工作过程四　水、电管线布设施工的竣工验收

上述施工完成后，需要进行质量验收，如发现有质量缺陷要及时整修至符合质量要求，整体验收合格后才能进行下一道工序的施工。目前，江苏省建筑装饰施工质量验收常用两种标准，一是国家验收标准，二是江苏省地方标准。国标是2001年发布的，地方标准是在国际基础上发布的，如江苏省地方标准是在国标基础上于2007年发布的。验收过程中，可以根据需要选择不同的验收标准进行验收，两个标准中有关水电施工验收标准摘录如下：

一、国家规定验收标准

国家验收标准《住宅装饰装修工作施工规范》（GB 50327—2001）中规定管道、电气施工规范，验收其竣工可遵循以下有关规范的摘录：

15　卫生器具及管道安装工程

15.1　一般规定

15.1.1　本章适用于厨房、卫生间的洗涤、洁身等卫生器具的安装以及分户进水阀后给水管段、户内排水管段的管道施工。

15.1.2　卫生器具、各种阀门等应积极采用节水型器具。

15.1.3　各种卫生设备及管道安装均应符合设计要求及国家现行标准规范的有关规定。

15.2　主要材料质量要求

15.2.1　卫生器具的品种、规格、颜色应符合设计要求并应有产品合格证书。

15.2.2　给水排水管材、件应符合设计要求并应有产品合格证书。

15.3　施工要点

15.3.1　各种卫生设备与地面或墙体的连接应用金属固定件安装牢固。金属固定件应进行防腐处理。当墙体为多孔砖墙时，应凿孔填实水泥砂浆后再进行固定件安装。当墙体为轻质隔墙时，应在墙体内设后置埋件，后置埋件应与墙体连接牢固。

15.3.2　各种卫生器具安装的管道连接件应易于拆卸、维修。排水管道连接应采用有橡胶垫片排水栓。卫生器具与金属固定件的连接表面应安置铅质或橡胶垫片。各种卫生陶瓷类器具不得采用水泥砂浆窝嵌。

15.3.3　各种卫生器具与台面、墙面、地面等接触部位均应采用硅酮胶或防水密封条密封。

15.3.4　各种卫生器具安装验收合格后应采取适当的成品保护措施。

15.3.5　管道敷设应横平竖直，管卡位置及管道坡度等均应符合规范要求。各类阀门安装应位置正确且平正，便于使用和维修。

15.3.6　嵌入墙体、地面的管道应进行防腐处理并用水泥砂浆保护，其厚度应符合下列要求：墙内冷水管不小于10mm、热水管不小于15mm，嵌入地面的管道不小于10mm。嵌入墙体、地面或暗敷的管道应作隐蔽工程验收。

15.3.7　冷热水管安装应左热右冷，平行间距应不小于200mm。当冷热水供水系统采

用分水器供水时，应采用半柔性管材连接。

15.3.8　各种新型管材的安装应按生产企业提供的产品说明书进行施工。

16　电气安装工程

16.1　一般规定

16.1.1　本章适用于住宅单相入户配电箱户表后的室内电路布线及电器、灯具安装。

16.1.2　电气安装施工人员应持证上岗。

16.1.3　配电箱户表后应根据室内用电设备的不同功率分别配线供电；大功率家电设备应独立配线安装插座。

16.1.4　配线时，相线与零线的颜色应不同；同一住宅相线（L）颜色应统一，零线（N）宜用蓝色，保护线（PE）必须用黄绿双色线。

16.1.5　电路配管、配线施工及电器、灯具安装除遵守本规定外，尚应符合国家现行有关标准规范的规定。

16.1.6　工程竣工时应向业主提供电气工程竣工图。

16.2　主要材料质量要求

16.2.1　电器、电料的规格、型号应符合设计要求及国家现行电器产品标准的有关规定。

16.2.2　电器、电料的包装应完好，材料外观不应有破损，附件、备件应齐全。

16.2.3　塑料电线保护管及接线盒必须是阻燃型产品，外观不应有破损及变形。

16.2.4　金属电线保护管及接线盒外观不应有折扁和裂缝，管内应无飞边，管口应平整。

16.2.5　通信系统使用的终端盒、接线盒与配电系统的开关、插座，宜选用同一系列产品。

16.3　施工要点

16.3.1　应根据用电设备位置，确定管线走向、标高及开关、插座的位置。

16.3.2　电源线配线时，所用导线截面面积应满足用电设备的最大输出功率。

16.3.3　暗线敷设必须配管。当管线长度超过15m或有两个直角弯时，应增设拉线盒。

16.3.4　同一回路电线应穿入同一根管内，但管内总根数不应超过8根，电线总截面面积（包括绝缘外皮）不应超过管内截面面积的40%。

16.3.5　电源线与通信线不得穿入同一根管内。

16.3.6　电源线及插座与电视线及插座的水平间距不应小于500mm。

16.3.7　电线与暖气、热水、煤气管之间的平行距离不应小于300mm，交叉距离不应小于100mm。

16.3.8　穿入配管导线的接头应设在接线盒内，接头搭接应牢固，绝缘带包缠应均匀紧密。

16.3.9　安装电源插座时，面向插座的左侧应接零线（N），右侧应接相线（L），中间上方应接保护地线（PE）。

16.3.10　当吊灯自重在3kg及以上时，应先在顶板上安装后置埋件，然后将灯具固定在后置埋件上。严禁安装在木楔、木砖上。

16.3.11　连接开关、螺口灯具导线时，相线应先接开关，开关引出的相线应接在灯中心的端子上，零线应接在螺纹的端子上。

16.3.12　导线间和导线对地间电阻必须大于0.5MΩ。

16.3.13　同一室内的电源、电话、电视等插座面板应在同一水平标高上，高差应小于5mm。

16.3.14　厨房、卫生间应安装防溅插座，开关宜安装在门外开启侧的墙体上。

16.3.15　电源插座底边距地宜为300mm，平开关板底边距地宜为1400mm。

二、江苏省规定验收标准

江苏省地方标准《住宅装饰装修服务规范》（DB 32/T 1045—2007），是在国家规范《建筑装饰装修工程质量验收规范》（GB 50210—2001）的基础上，根据江苏经济发达地区装修的标准制定的，有一定示范性，江苏省地方标准DB 32/T 1045—2007《住宅装饰装修服务规范》中规定墙、地砖镶贴的验收规范摘录如下：

D.2　给排水管道

D.2.1　基本要求

D.2.1.1　施工后管道应畅通无渗漏。改造后给水管道必须按表1-1要求进行加压试验检查，如采用嵌装或暗敷时，必须对隐蔽项目检查合格后方可进入下道工序施工。

D.2.1.2　排水管道应在施工前对原有管道作检查，确认畅通后，进行临时封堵，避免杂物进入管道。

D.2.1.3　管道采用螺纹连接时，其连接处应有外露螺纹，安装完毕应及时用管卡固定，管卡安装必须牢固，管材与管件或阀门之间不得有松动。

D.2.1.4　采用PPR管时，同种材质的给水聚丙烯管及管配件之间，应采用热熔连接，安装应使用专用热熔工具。暗敷墙体、地坪面层内的管道不得采用丝扣或法兰连接。给水聚丙烯管与金属管件连接，应采用带金属嵌件的聚丙烯管件作为过渡，该管件与塑料管采用热熔连接，与金属管件或卫生洁具五金配件采用丝扣连接。

D.2.1.5　采用PPR管道敷设安装时应做到：

a）室内明装管道，宜在土建粉饰完毕后进行，安装前应正确预留孔洞或预埋套管。

b）管道嵌墙暗敷时，宜预留凹槽，嵌墙暗管墙槽尺寸的深度大于20mm，宽度大于40mm。凹槽表面必须平整，不得有尖角等突出物，管道试压合格后，墙槽用M7.5级水泥砂浆填补密实。

c）管道安装时，不得有轴向扭曲，穿墙或穿楼板时，不宜强制校正。给水聚丙烯管与其他金属管道平行敷设时应有一定的保护距离，净距离不宜小于100mm，且聚丙烯管宜在金属管道的内侧。

d）管道穿越楼板时，应设置钢套管，套管高出地面50mm，并有防水措施，管道穿越屋面时，应采用严格的防水措施。穿越前端应设固定支架。

e）热水管道穿越墙壁时，应设置钢套管，冷水管穿墙时，可预留洞，洞口尺寸较水管外径大50mm。

D.2.1.6　安装的各种阀门位置应符合设计要求，并便于使用及维修。

D.2.1.7　金属热水管必须作保温处理。

D.2.1.8　使用的给水管道必须符合环保要求。

D. 2. 2 验收要求和方法

管道排列应符合设计要求，管道安装应按表 1-1 的规定进行。

表 1-1 管道验收要求及方法

序号	项 目	要 求	验收		项目分类
			量具	测量方法	
1	改造后的给水管道必须进行加压试验	无渗漏	试压泵	试验压力 0.6MPa，金属及其复合管恒压 10min，压力下降不应大于 0.02MPa，塑料管恒压 1h，压力下降不应大于 0.05MPa	A
2	给排水管材、管件、阀门、器具连接	安装牢固，位置正确，连接处无渗漏		通水观察	A
3	管道间间距	给水引入管与排水排出管的水平净距≥1m，给水管与排水管平行敷设时，距离≥0.5m，交叉铺设时垂直净距≥0.15m；给水管与燃气管平行敷设，距离≥50mm，交叉敷设，距离≥10mm	钢卷尺	测量	A
4	龙头、阀门、水表安装	安装平整，开启灵活，运转正常，出水畅通，左热右冷		通水观察	A
5	管道安装①	热水管应在冷水管左侧，冷热水管间距≥30mm	钢卷尺	观察、测量	A

①当小区采用集中供暖时，管道安装为套内热水器出水的冷热水管的管道安装按 GB 50327 的规定。

D. 3 燃气管道

严禁擅自移动燃气表具，燃气管道应一律采用明管敷设。

D. 4 电气

D. 4. 1 基本要求

D. 4. 1. 1 每户应设分户配电箱，配电箱内应设置电源漏电断路保护器，该保护器应具有过载、短路、漏电保护等功能，其漏电动作电流应不大于 30mA，动作时间不大于 0. 1s。

D. 4. 1. 2 空调电源插座、厨房电源插座、卫生间电源插座、照明电源均应设计单独回路，其他大功率电源插座也可根据需要设计单独回路。各配电回路断路器均应具有过载和短路保护功能。

D. 4. 1. 3 电气导线的敷设应按装修设计规定进行施工，配线时，A 相宜用黄色、B 相宜用绿色、C 相宜用红色，零线（N）宜用蓝色，接地保护线应用黄绿双色线（PE），同一住宅内配线颜色应统一。三相五线制配电设计应均荷分布。

D. 4. 1. 4 室内布线应穿管敷设，管内导线总截面积不应超过管内径截面积的 40%，管内不得有接头和扭结。管壁厚度不小于 1. 0mm，各类导线应分别穿管（不同回路、不同电压等级或交流直流的导线不得穿在同一管道中）。

D. 4. 1. 5　分路负荷线径截面的选择应使导线的安全载流量大于该分路内所有电器的额定电流之和，各分路线的合计容量不允许超过进户线的容量。插座导线铜芯截面应不小于 $2.5mm^2$，灯头、开关导线铜芯截面应不小于 $1.5mm^2$。

D. 4. 1. 6　接地保护应可靠，导线间和导线对地间的绝缘电阻值应大于 0. 5MΩ。

D. 4. 1. 7　电热设备不得直接安装在可燃构件上，卫生间插座宜选用防溅式。

D. 4. 1. 8　吊平顶内的电气配管，应采用明管敷设，不得将配管固定在平顶的吊杆或龙骨上。灯头盒、接线盒的设置应便于检修，并加盖板。使用软管接到灯位的，其长度不应超过 1. 2m。软管两端应用专用接头与接线盒，灯具应连接牢固，导线保护管采用 PVC 管时，壁厚应大于 1mm，保护管弯头应大于 90°，不得使用直角管、三通管。在施工过程中应对保护管进行有效保护，使之不被压扁、脱开。严禁用木榫固定，并符合 GB 50303—2002 中 19. 1. 1 和 19. 1. 2 的规定。金属软管本身应做接地保护。各种强、弱电的导线均严禁在吊平顶内出现裸露。

D. 4. 1. 9　照明灯开关不宜装在门后，开关距地高度宜为 1. 3m 左右，相邻开关应布置匀称，安装应平整、牢固。接线时，相线进开关，零线直接进灯头，相线不应接至螺口灯头外壳。

D. 4. 1. 10　插座离地面应不低于 200mm，相邻插座应布置匀称，安装应平整、牢固。1m 以下插座宜采用安全插座。线盒内导线应留有余量，长度宜长于 150mm。电源插座的接线应左零右相，接地应可靠，接地孔应在上方。电气开关、插座与燃气管间距应不小于 150mm。

D. 4. 1. 11　导线与燃气管、水管、压缩空气管间隔距离应按表 1-2 的规定进行。

表 1-2　导线与燃气管、水管、压缩空气管间隔距离　（单位：mm）

位置	导线与燃气管、水管	导线与压缩空气管
同一平面	≥100	≥300
不同平面	≥50	≥100

D. 4. 1. 12　考虑到住宅内智能化发展，装修时布线应预留线路，各信息点的布线应尽量周到合理，并便于更换或扩展。

D. 4. 2　验收要求和方法

D. 4. 2. 1　工程竣工后应提供电气线路走向位置图，并按上述要求逐一进行验收，应在验收后方可进入下道工序施工。

D. 4. 2. 2　电气验收应按表 1-3 的规定进行。

表 1-3　电气验收要求及方法

序号	项　目	要　求	验收		项目分类
			量具	测量方法	
1	漏电断路保护器	符合 D. 4. 1. 1 的要求	漏电检测专用工具或仪器	通电后插座全检	A
2	室内布线	符合 D. 4. 1. 4 的要求		目测全检	A
3	绝缘电阻	符合 D. 4. 1. 6 的要求	兆欧表或绝缘电阻测试仪	各回路全检	A

（续）

序号	项　目	要　求	验收		项目分类
			量具	测量方法	
4	电热设备	符合 D. 4. 1. 7 的要求		目测全检	A
5	电气配管、接线盒	符合 D. 4. 1. 8 的要求	钢卷尺	观察测量全检	A
6	灯具、开关、插座	符合 D. 4. 1. 9 和 D. 4. 1. 10 的要求	电笔、专用测试器通电试亮	通电试亮全检	A
7	导线与燃气、水管、压缩空气管的间距	符合表 1-2 的要求	钢卷尺或直尺	测量全检	A

水电验收合格后，清理施工现场，留待后续施工。

由于水电工程是隐蔽工程，后续装饰施工会将管线全部遮盖，所以为确保日后水电维修方便，水电完工且验收合格后，规范的装饰公司会向业主提供管线布设路线的光盘。

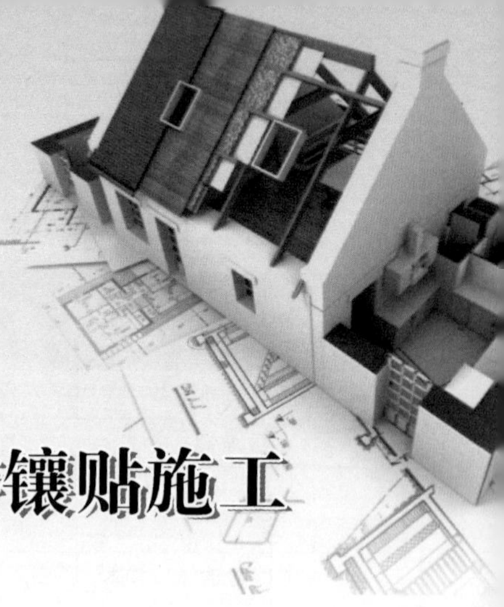

项目二 零星砌筑与墙、地砖镶贴施工

按装饰施工工艺逻辑，水电施工完成后，瓦工可以进场进行包括零星砌筑、粉刷和墙、地砖镶贴等的施工。正常情况下，先砌筑、粉刷，后镶贴施工。

典型工作过程一 零星砌筑与墙、地砖镶贴前的准备工作

一、装饰公司的准备

1. 识读施工图

施工前，装饰公司项目经理需要了解施工的具体内容，以便日后给瓦工进行施工技术交底，规范的整套施工图样中应包括墙体、包柱等零星砌筑图，如图2-1所示。

2. 辅料准备

项目经理根据读图后了解的施工内容、工程量，在瓦工进场施工前，一定要结合施工现场的面积大小、零星砌筑与镶贴的工程量、房屋安全等因素，将适量的32.5级普通硅酸盐水泥、中粗砂（选江砂而不能使用河砂）、普通黏土砖等搬进施工现场，堆放在提早安排好的位置上，如图2-2所示。砌筑大面墙体时，也可以选用空心砖（图2-3）或加气混凝土砌块（图2-4），它们的规格尺寸比普通黏土砖大，应根据施工现场的需要有针对性地选购，考虑一次购进水泥、黄砂的数量和普通黏土砖的块数。

3. 现场准备

上述准备完成后，项目经理再次检查工地现场是否符合零星砌筑、粉刷和墙地砖镶贴施工的要求，水、电等是否接通，是否有必备的工作插座，若不符合，则按施工要求进行准备直至适合施工。

二、业主准备

业主的准备就是配合装饰公司准备装修每个阶段所需的物品，确保顺利施工。装修分全包和基础半包装修。全包就是所有装饰材料都由装饰公司购置，业主只需购买家具、家电等

的一种施工方式；基础半包装修就是业主购置墙地砖、地板等主材，装饰公司购置辅料完成装修施工的一种形式。不同承包施工形式，业主的准备工作有所不同：若是基础半包装修，项目经理在识读施工图了解施工内容和工程量后，会及时告知业主在此阶段要尽快购置墙、地砖等并附给业主主材购置的数量清单，提醒业主墙、地砖的选购量要多于实际施工面积，并于镶贴施工前购置并堆放在施工现场；若是全包装修，业主只需提供墙地砖的花色即可。为确保最好的装饰效果，正常情况下，无论哪种装修方式，设计人员都应陪同业主去专业市场选购符合设计要求、质优的墙地砖等。业主在选用墙、地砖时应可采用“看、擦、掂、听、试”方法。

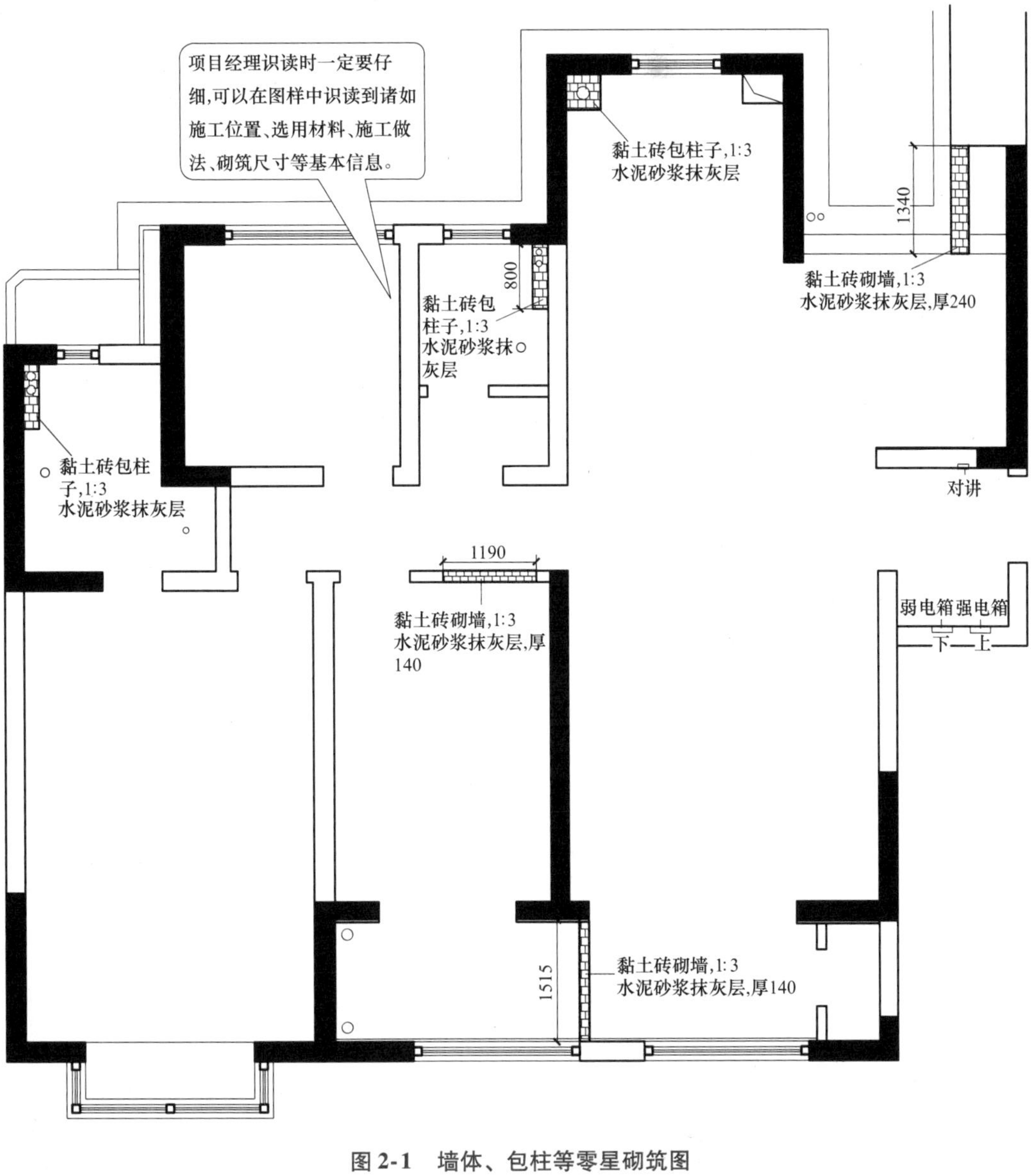

图 2-1　墙体、包柱等零星砌筑图

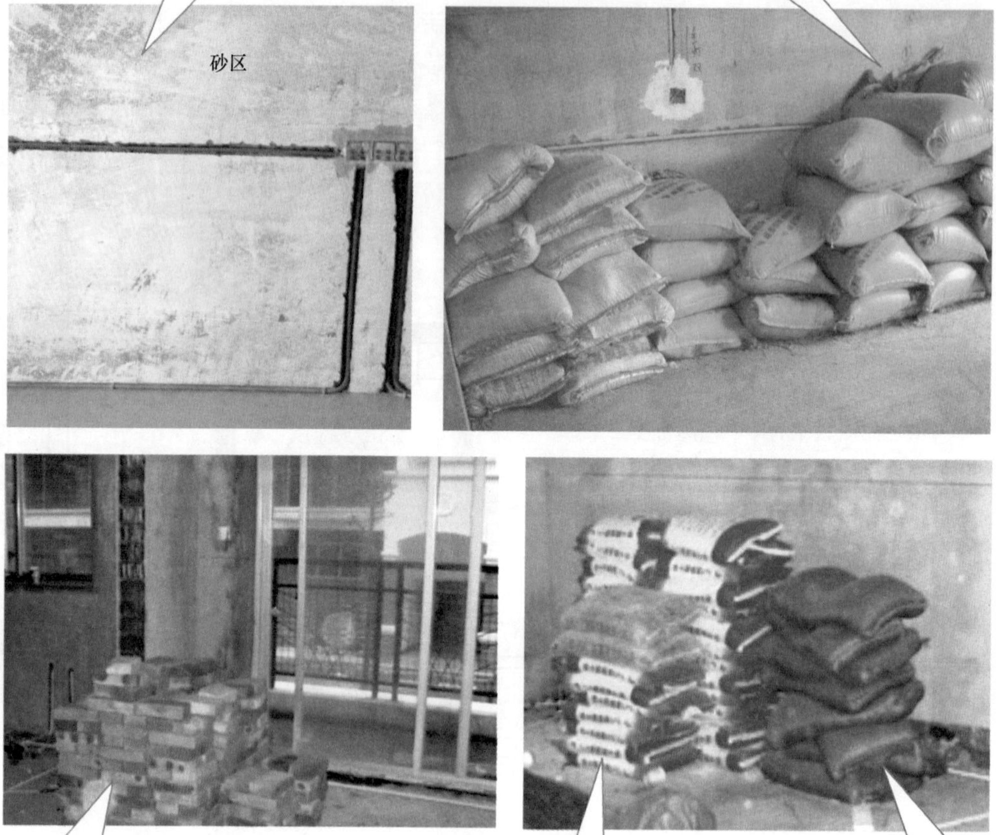

辅料搬进施工现场后，宜堆放装饰公司提前安排好的堆放点（墙上有标志注明），这些堆放点选择时是以确保无碍现场施工和房屋质量安全、尽可能接近施工点的位置为准则，要求黄砂袋装，沿墙分散堆放，进场的水泥放于干燥位置处。
砂区
普通黏土砖标准规格为长240mm、宽115mm、厚53mm。经验得知，1m³体量砖砌墙体的标准砖用量为512块（含10mm的灰缝）。
墙地砖铺贴专用黏结剂，分通用型、强力型和超强力型，根据饰面砖的规格、自重选用。常选通用型。
经验表明，在100 m²左右2室2厅1厨1卫的房子中，客厅、餐厅地面需要铺设地砖，厨卫阳台等需要铺贴墙、地砖。这种情况下，到施工完工时需要购置3～5次水泥和黄砂。

图 2-2　辅料进场与堆放示意图

图 2-3　空心砖

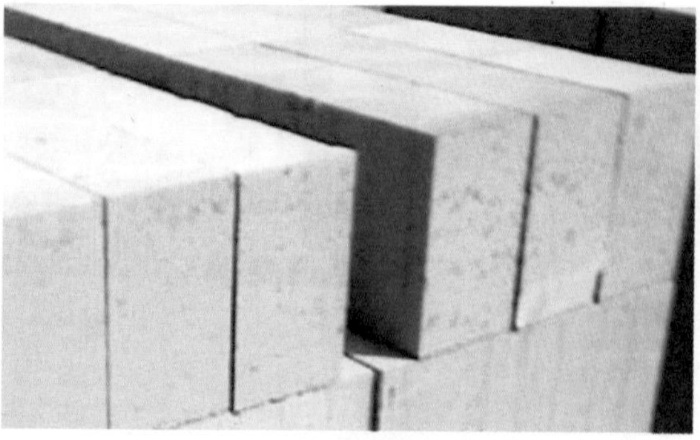

图 2-4　加气混凝土砌块

1）看。看墙地砖的花色，一般来说，好的产品花色图案细腻、逼真，而质量差的瓷砖花色图案会有缺色、断线、错位等；看瓷砖表面是否有斑点、裂纹、转碰、波纹、剥皮、缺釉等问题，尺寸是否一致；看瓷砖背面的颜色，釉面砖的背面颜色是红色的（陶质），而玻化砖背面是乳白色的；看底坯是否密实无小孔，底坯越密实则表明质量越好；看釉面砖是否为正规厂家生产。

2）擦。手指用力擦底坯上没有滑石粉的部位，擦后看手指上是否有底坯色粉，密实、硬度大的底坯不会掉粉，反之，容易擦掉的，则表明底坯质量较差。

3）掂。对于小规格的面砖，可以放在手中掂量，如同一规格、底坯密度高的面砖，手感都比较沉，反之，手感较轻。大规格的地砖，则可以采取双手紧握面砖上提，来掂量面砖的分量。

4）听。敲击釉面砖后，声音浑厚且回音绵长如敲击铜钟，手上能感觉到强共振，则底坯硬度大、密实、强度高，其抗拉力就强；反之，声音沉闷甚至能敲掉小块陶土，则为质量差的釉面砖。

5）试。测试平直度。单片砖用直尺测量四角是否垂直。任选相同规格、型号的4块面砖，在购物现场进行“十”字对缝摆放在平整的地面，能较为精确地检查出每块面砖尺寸规格误差的大小、面砖的平整度和面砖四边的顺滑度等。应选择尺寸规格误差小、平整度好、四边顺滑无破损的面砖；测试釉面砖底坯的强度，底坯强度很高的釉面墙砖，可以将其一头架空放置，成年男人单脚踩而不断裂（编者在经营装饰公司选购釉面砖时也亲自尝试过多次）。

一般情况下，选购量要多于实际计算量的10%左右。因为从选购墙、地砖到施工完毕需要一段时间，如果不购置足量，当数量不够需要再添置面砖时，就可能出现缺货现象，从而造成色差等问题。多购置的面砖，不能浸水或污损，以免不能退换给经销商。

有经验的设计师或工人能准确计算出所需片数。如选购200mm×300mm的墙砖，每平方米所需墙砖17片，选购300mm×300mm的地砖，每平方米所需墙砖11片，选购600mm×600mm的地砖，每平方米所需墙砖2.8片。

典型工作过程二　墙体等零星砌筑、粉刷施工

正常情况下，先包管砌筑、后墙体砌筑，先砌筑后粉刷。

一、工具、用具的准备

施工前各项准备完成后，装饰公司安排的瓦工会带上主要工具、用具来到施工现场，如图2-5所示。

手持电动切割机，用于釉面砖上的45°倒角切割、开关插座孔洞切割等；铁锹和塑料小灰桶用于搅拌和搬运水泥砂浆；小尖钢抹子、瓦刀用于墙体砌筑；钢抹子用于砖墙砌筑后水泥砂浆抹灰；木抹子或塑料抹子用于水泥砂浆抹灰后的面层刮糙；铝合金靠尺用于抹灰时阳角顺直和面层平整，也用于釉面墙砖镶贴的支托，还用于面砖镶贴时的平整度靠检；木工铅笔用于找划施工水平基准线、标注切割符号等；铅锤用于确保砖砌墙体的垂直度；塑料大水盆用于浸泡釉面砖等。

红外线激光水平仪，目前，施工现场的施工找平多采用红外线激光水平仪找平、定位、弹线，操作方便快捷，改变了传统U形橡胶水管现场找平的做法，提高了工作效率。

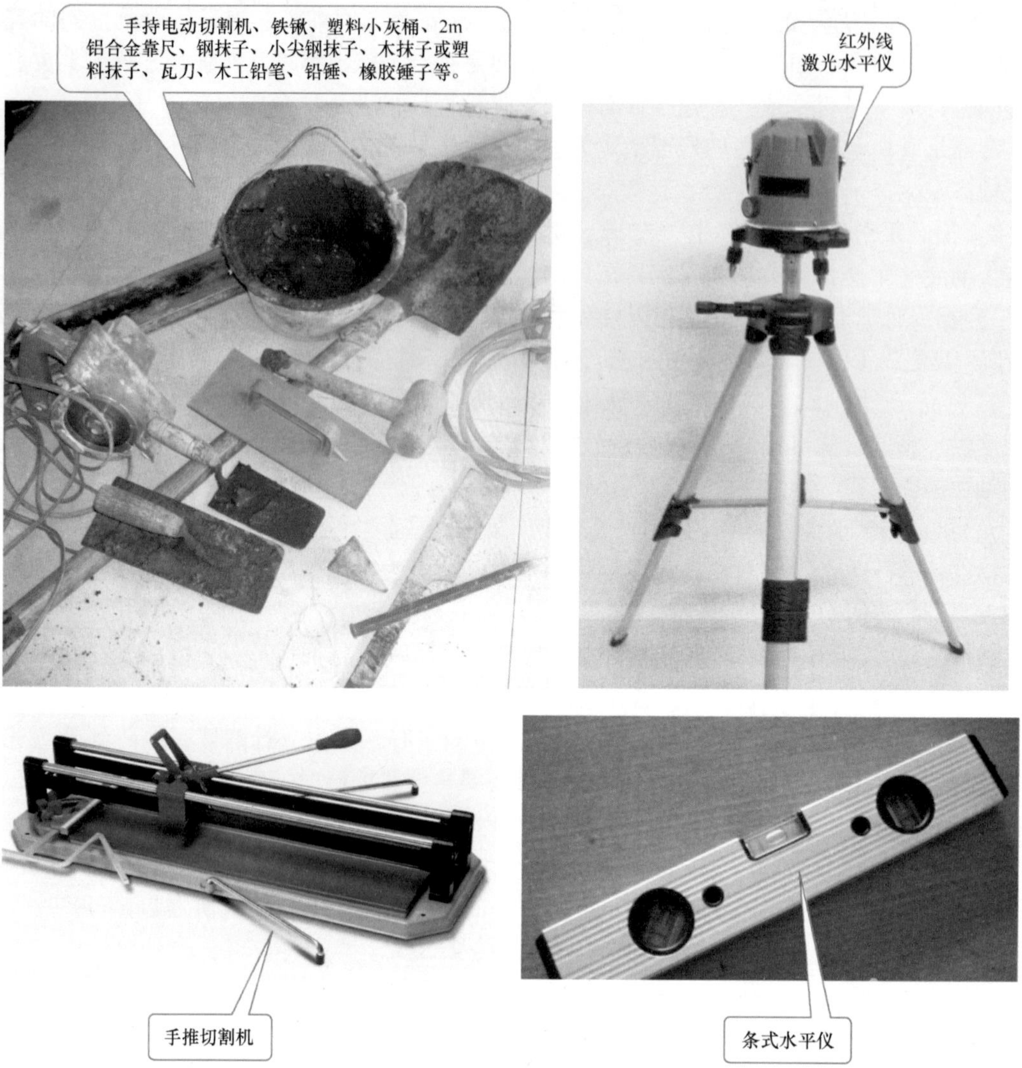
手持电动切割机、铁锹、塑料小灰桶、2m铝合金靠尺、钢抹子、小尖钢抹子、木抹子或塑料抹子、瓦刀、木工铅笔、铅锤、橡胶锤子等。
红外线激光水平仪
手推切割机
条式水平仪

图 2-5　主要镶贴工具、用具

手推切割机，用于电动切割机不能很好完成切割的各类墙地砖，尤其适用大片玻化砖、超厚瓷砖等的切割，无需电源，无粉尘，无噪声，环保；最大切割长度 800mm，最大切割厚度 15mm；一划一按，2s 完成切割，工效比电动切割机高 5 ~ 10 倍；切割质量好，精度高，无切割损耗，降低装修成本，提高敷设瓷砖接缝的美观性。

条式水平仪，在施工过程中，用于检测面层的平整度和垂直度，使用时应轻放在被检测面，要确保被检测面无污物。

二、零星砌筑、粉刷施工

项目经理拿着施工图给瓦工进行施工技术交底，告知施工内容、地点等，瓦工确认无误后，便着手施工。先砌墙、后包柱，还是先包柱、后砌墙，可按工人的施工习惯和现场来定。

要严格执行按图施工的原则，砌筑前，要复核现场尺寸，仔细核对施工图标注的尺寸、用材，如尺寸等误差过大，一定要联系设计师到现场，根据现场情况，设计师进行变更设计。

1. 墙、柱体砌筑施工

（1）搅拌砌筑砂浆　砌筑砂浆为干硬性砂浆，按 1∶3 ~ 1∶5 的比例配制，要求干湿度适中、配合比正确，具体方法如图 2-6、图 2-7 所示。

参照施工的工程量，凭经验将袋装黄砂开袋倒置在距离砌筑点不远的空地上。
参照施工的工程量，凭经验将袋装水泥开袋倒置在距离黄砂堆放处的边上。

图 2-6　开袋备置水泥、黄砂

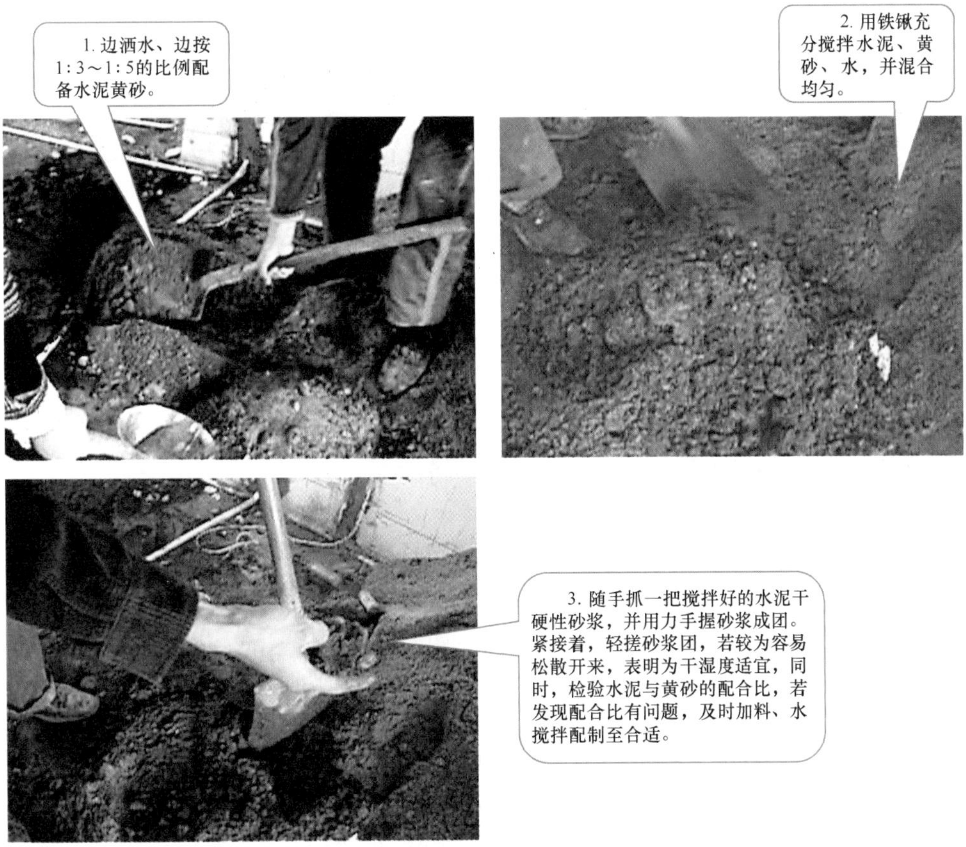

1. 边洒水、边按1∶3～1∶5的比例配备水泥黄砂。
2. 用铁锹充分搅拌水泥、黄砂、水，并混合均匀。
3. 随手抓一把搅拌好的水泥干硬性砂浆，并用力手握砂浆成团。紧接着，轻搓砂浆团，若较为容易松散开来，表明为干湿度适宜，同时，检验水泥与黄砂的配合比，若发现配合比有问题，及时加料、水搅拌配制至合适。

图 2-7　配制并检验水泥干硬性砂浆的干湿度、配合比

（2）砌筑施工　砌筑施工有原墙局部加宽砌筑、大面积隔墙砌筑、管道包柱砌筑、淋浴房等其他砌筑。

1）原墙局部加宽砌筑。原墙局部加宽砌筑的墙体，多为较窄，必须与原墙体充分咬接，才能确保砌筑后墙体的安全，所以，首先要开凿原墙体侧面，使其出现一定深度、一定数量的“咬接口”，如图2-8a所示，“咬接口”过浅、数量过少，都不能保证施工质量。然后，从地面开始自下而上砖砌墙体，砖间砂浆灰缝10mm左右，如图2-8b所示，砌筑墙体时，一定要时刻检测墙体的垂直度、平整度，一旦出现问题及时修整。也可以先在原墙体侧面电锤钻孔，孔深100mm左右，孔距间隔上下600mm左右并左右错位，后将ϕ12mm以上、长200～300mm的钢筋一端植入墙体钻孔中并咬紧，剩余在墙体外的钢筋将被砌筑在墙体中，以确保新旧墙体之间的充分咬接；砌墙到门窗洞位置时，为确保安全，必须使用预制钢筋混凝土过梁，如图2-8c所示。登高砌筑时要注意安全。

图2-8　原墙局部加宽砌筑

a）开凿　b）砌筑　c）过梁

若墙厚为240mm，则可以一次砌筑到顶，如图2-9所示；若墙厚120mm或53mm，则不能一次砌筑完成，如图2-10、图2-11所示，否则，会因为墙体过薄和一次性砌筑过高，而出现砌筑的墙体倾斜甚至倒塌的质量问题。

2）大面积隔墙砌筑。方法参照原墙局部加宽砌筑的方法，完工图如图2-9所示。

3）管道包柱砌筑。方法参照原墙局部加宽砌筑的方法，完工图如图2-10所示。

4）淋浴房等其他砌筑。方法参照原墙局部加宽砌筑的方法，施工图如图2-11所示。

2. 墙、柱体、管线槽等基层粉刷

（1）墙、柱体基层粉刷　墙、柱体砌筑完工后，即可进行墙、柱体的粉刷、刮糙，具体施工如下：

自下而上逐层砌筑，边砌筑边与原墙“咬接”，同时必须确保砌筑墙体的平整度、垂直度。

图 2-9　大面积隔墙砌筑

砖砌包柱应53mm厚立砌，既节约空间又美观，砌筑时必须确保平整度、垂直度、阴阳角方正度，留有检修口。

图 2-10　下水管道包柱砌筑

由于墙薄，不宜一次砌筑过高，否则会倾斜、倒塌等。

图 2-11　淋浴房等其他砌筑

1）基层处理。将墙、柱面上残存的砂浆、污垢等清理干净，洒水湿润。

2）吊垂直规范。用线坠、方尺拉通线等方法贴灰饼，用铝合金靠尺找好垂直。

3）抹灰。由于零星砌筑的墙体需要后序的外部装饰，一底一面的两遍抹灰即可满足施工质量要求，每遍抹灰厚度 5 ~ 7mm，一定要确保水泥砂浆配合比为 1∶3，干湿程度适中，如图 2-12 所示。底层抹灰，如图 2-13a 所示，底层抹灰后并用刮尺刮平找直，木抹子搓毛，以增加黏结力，利于中层抹灰；当底层抹灰五六成干时，即可抹中层砂浆，中层砂浆的配合比与底层砂浆基本相同，大面抹灰方法与底层抹灰相同，墙厚所在墙面及其阳角的刮抹必须借助工具来完成，如图2-13b所示。刮抹后也要用刮尺刮平找直，木抹子搓毛，如图2-13c所示。对于厨、卫等处零星砌筑的墙体，由于需要在它们的基层上镶贴墙砖，搓毛可相对大些；但对于客厅、书房等处砌筑的墙体，由于需要在它们的基层上做乳胶漆、贴壁纸等，所以，搓毛可相对小些；柱体抹灰，如2-14所示。

底层抹灰砂浆应调配成浆糊状，不宜过稠也不宜过稀，确保黏结度。

图2-12　墙体抹灰（一）

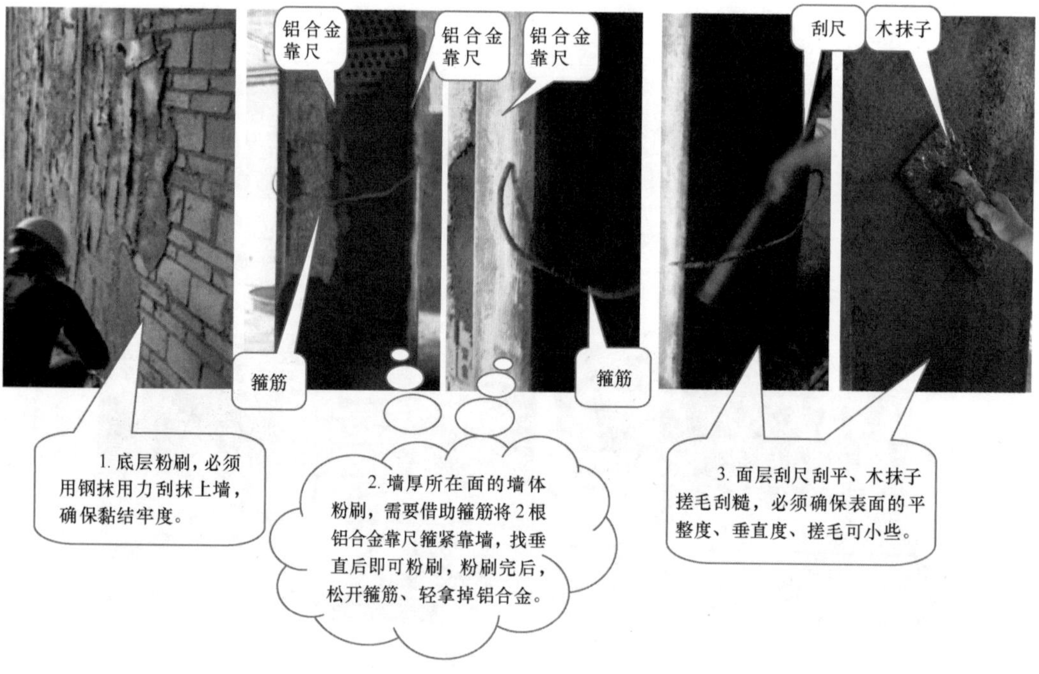

1. 底层粉刷，必须用钢抹用力刮抹上墙，确保黏结牢度。
铝合金靠尺
铝合金靠尺
铝合金靠尺
箍筋
箍筋
2. 墙厚所在面的墙体粉刷，需要借助箍筋将2根铝合金靠尺箍紧靠墙，找垂直后即可粉刷，粉刷完后，松开箍筋、轻拿掉铝合金。
刮尺
木抹子
3. 面层刮尺刮平、木抹子搓毛刮糙，必须确保表面的平整度、垂直度、搓毛可小些。
a）
b）
c）

图2-13　墙体抹灰（二）

a）大面底层抹灰　b）借助工具局部中层抹灰　c）大面墙体刮糙后效果

4）全面检查。用铝合金靠尺等全面检查抹灰墙面是否垂直和平整，阴阳角是否方正，管道处是否抹齐，墙与顶交接是否光滑、平整等。否则，需要整修至符合施工质量要求。

（2）管线槽粉刷　粉刷管线槽时一定要用力将水泥砂浆充足的嵌入槽内，确保水泥砂浆挤过管件缝隙与槽壁四周连接密实，遇到外丝弯头处水管槽粉刷，一定要确保相邻水管外丝弯头水平，如图 2-15 所示。否则，管线槽内会出现空鼓，相邻外丝弯头不水平，这将给后续施工带来严重的质量问题。

严格控制砂浆配合比，阴阳角方正、垂直是粉刷的重点，阳角粉刷要借助靠尺，包管上口与顶面留有一段距离、搓毛可大些。

图 2-14　柱体抹灰

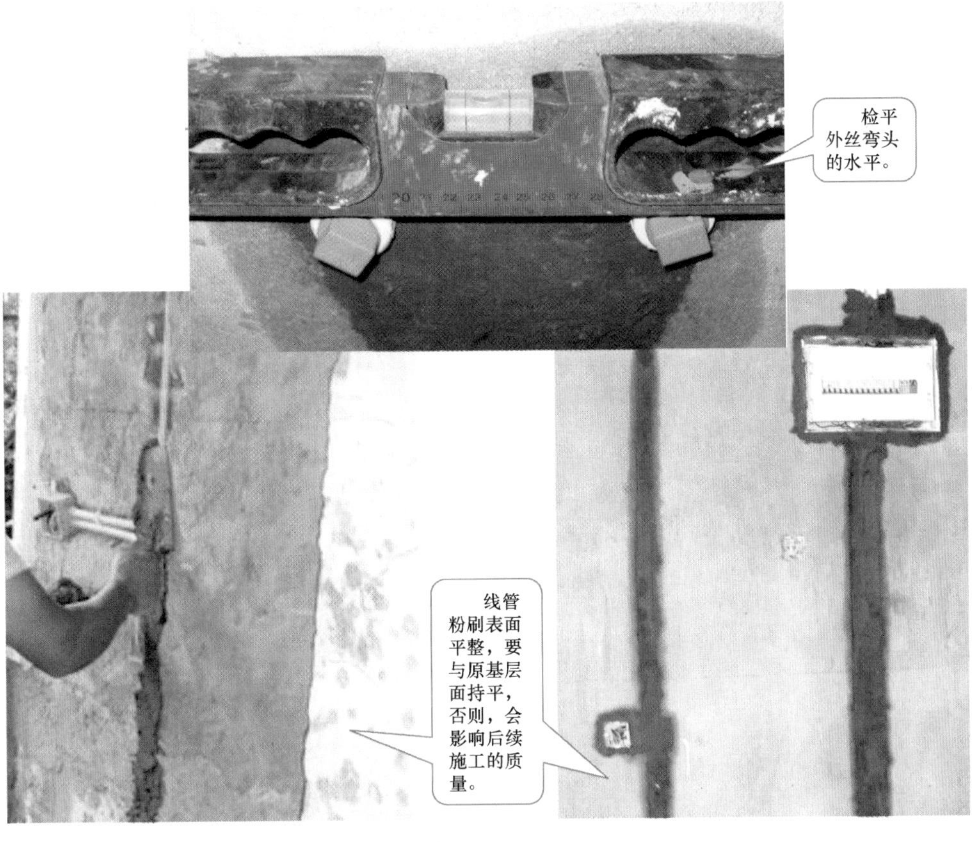

检平外丝弯头的水平。
线管粉刷表面平整，要与原基层面持平，否则，会影响后续施工的质量。

图 2-15　粉刷管线槽

典型工作过程三 釉面墙砖镶贴施工

正常情况下，先镶贴卫生间、厨房、阳台等空间墙面墙砖；接下来，在厨、卫等地面进行防水处理和试水；试水的同时，进行客厅、餐厅大面积地砖或玻化砖等的地面镶贴；完工后，再进行卫生间、厨房、阳台等空间的地砖镶贴和墙、地砖收口镶贴。

一、施工前的准备

1. 主材进场堆放

镶贴所需主材指不同种类、规格的墙、地砖，主材购置、搬运至施工现场后，堆放在装饰公司安排的堆放位置，如图 2-16 所示。墙地砖沿墙堆放示意图，如图 2-17 所示。

2. 墙地砖镶贴施工构造做法

砖墙基层釉面砖镶贴构造图如图 2-18 所示；地砖、花岗岩、玻化砖等楼面镶贴构造图如图 2-19 所示。

二、釉面墙砖镶贴施工

通常，釉面墙砖镶贴施工是按“验砖→浸砖与沥砖→浸水泥→找弹施工水平基准线→沿已弹水平线架设镶贴支托→搅拌浸透素水泥→镶贴→清理面层与嵌缝→清理工具”这九道工序进行施工的。

1. 验砖

质量合格的面砖，是优质施工的前提保障，所以，浸砖前，需要打开包装检验面砖，将质量差甚至不合格的面砖与合格面砖分开放置，质量差的面砖将用于柜后、拐角等隐蔽处的镶贴，如图 2-20 所示。

2. 浸砖

小心将质量合格的面砖一片一片放入预先准备好的水盆中，要确保放入的每片釉面砖都浸泡在水中，如图 2-21 所示。瓷质底坯釉面砖则无需浸泡。

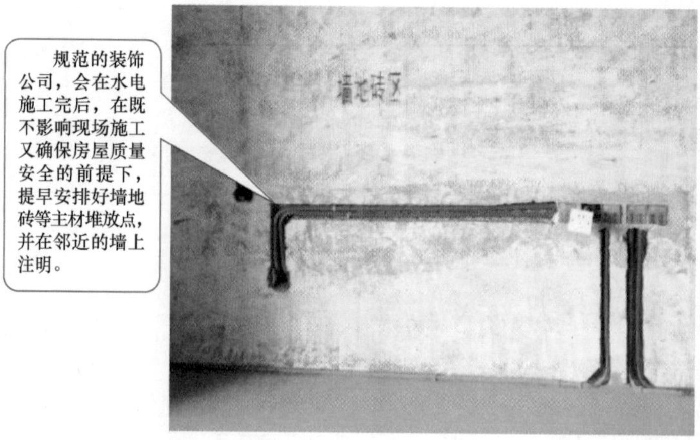

规范的装饰公司，会在水电施工完后，在既不影响现场施工又确保房屋质量安全的前提下，提早安排好墙地砖等主材堆放点，并在邻近的墙上注明。
墙地砖区

图 2-16 明示的堆放区

为不影响现场施工操作，需堆放在无碍施工的卧室或书房等地，不宜放置在需要施工的厨房、卫生间、客厅、餐厅等地。

由于墙地砖重，需沿墙分散堆放，严禁将其堆放在室内地面的中间部位，否则会集中增加楼板荷载，影响房屋的质量和安全。

图 2-17　墙地砖沿墙堆放示意图

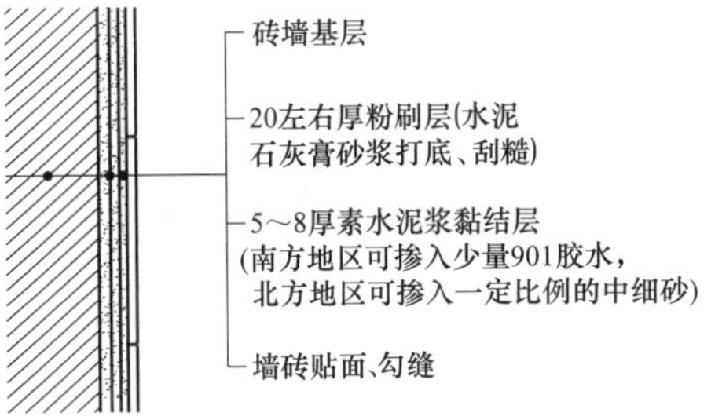

注:文字自上向下读表示构造图的自左向右

图 2-18　砖墙基层釉面砖镶贴构造图

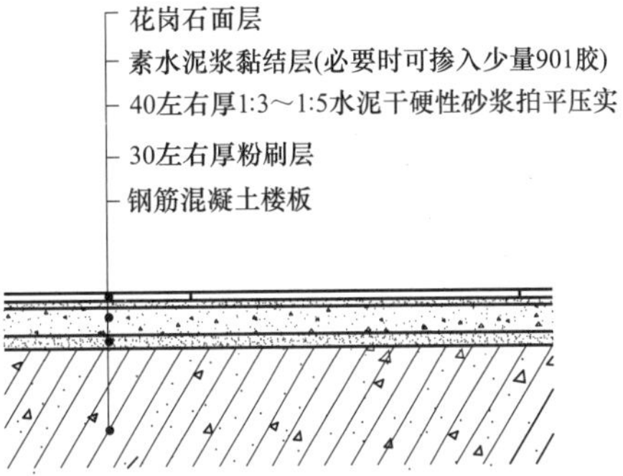

注:文字自上向下读表示构造图的自上向下

图 2-19　楼面镶贴构造图

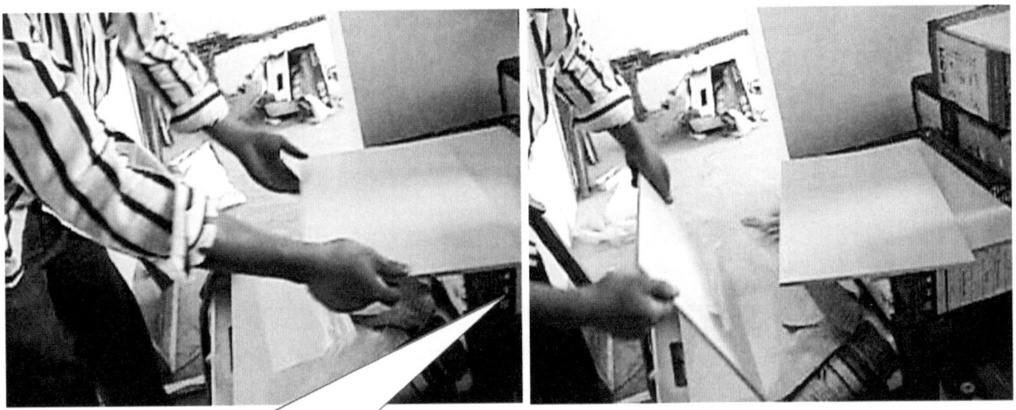

开箱后小心拿出每一块釉面砖，对墙砖正面、侧边和砖角进行质量检验，检查出面层有颗粒、气泡、裂纹等及边角有爆瓷等质量缺陷的不合格的面砖，放在一边，合格的放在另一边。

图 2-20　浸砖前验砖

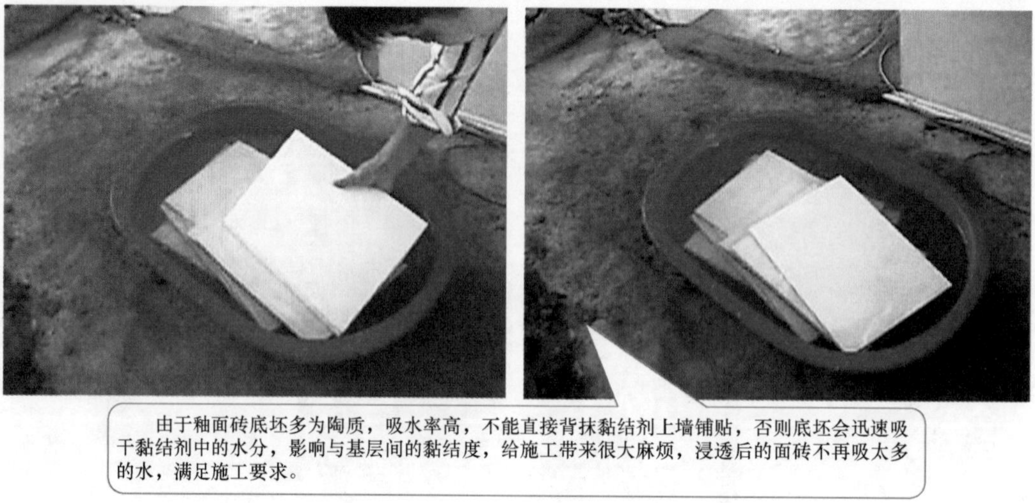

由于釉面砖底坯多为陶质，吸水率高，不能直接背抹黏结剂上墙铺贴，否则底坯会迅速吸干黏结剂中的水分，影响与基层间的黏结度，给施工带来很大麻烦，浸透后的面砖不再吸太多的水，满足施工要求。

图 2-21　浸砖

3. 沥砖

釉面砖浸泡至无小气泡冒出时，表示已浸透，之后，即可沥砖，如图 2-22 所示。

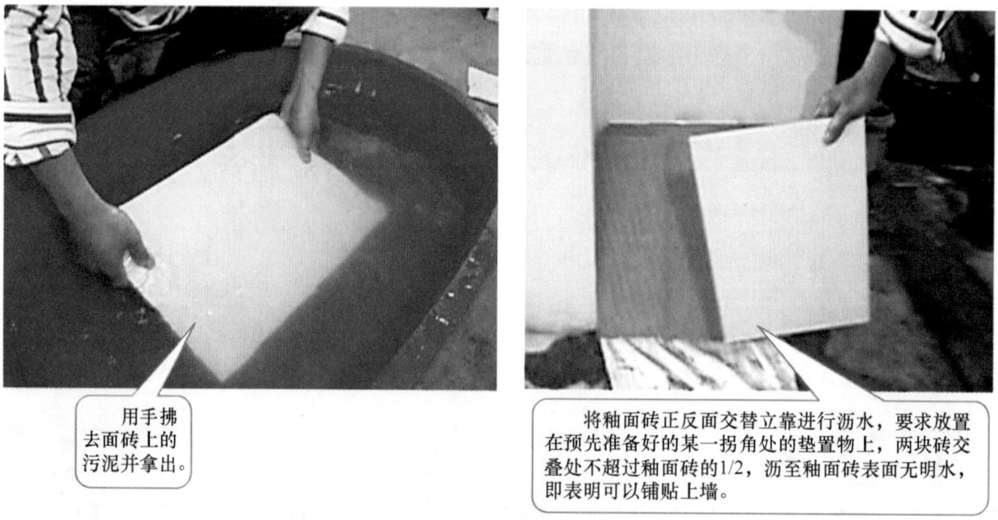

用手拂去面砖上的污泥并拿出。
将釉面砖正反面交替立靠进行沥水，要求放置在预先准备好的某一拐角处的垫置物上，两块砖交叠处不超过釉面砖的1/2，沥至釉面砖表面无明水，即表明可以铺贴上墙。

图 2-22　浸透后釉面砖沥水

4. 选用黏结剂（浸泡素水泥或专用黏结剂）

由于南北地域、气候、釉面砖规格大小等存在显著差异，因此，釉面砖镶贴选用的黏结剂就有很大的不同。经验表明，少雨干燥地区，宜选用水泥: 中砂 =1∶1 ~ 1∶3（质量比）水泥砂浆镶贴；多雨潮湿气温不太高的季节、地区，宜选用素水泥浆镶贴；多雨潮湿且气温高的季节、地区，宜选用掺入 901 建筑胶水的素水泥浆镶贴；若选用 300mm × 450mm 以上规格的釉面砖、仿古砖等上墙镶贴，宜选用专用黏结剂，并参照外包装上的施工说明施工。

江南地区，素水泥浆是镶贴釉面墙砖的常用黏结剂，这是因为专用黏结剂价格高出素水泥浆许多，所以，常用素水泥浆镶贴。选用专用黏结剂铺贴，就无需浸泡瓷砖，只要擦拭干净就可以铺贴。为了确保能得到黏稠度一致、没有水泥粉疙瘩的质量合格的素水泥浆，应在施工现场采用先浸泡透干水泥后再充分搅拌的方法，而不要直接向水泥干粉中边加水边搅拌。工程量的大小决定了浸泡水泥的量，要求现浸、现拌、现用，不能多浸、多拌，以免活完后料有所剩余而造成材料的浪费。一般情况下，一个家居项目施工的开始，总是将整包水泥进行浸泡，随着时间推移、工程逐渐减少，浸泡水泥的量也随之减少，直至完工。浸泡水泥的方法与步骤，如图 2-23 所示。

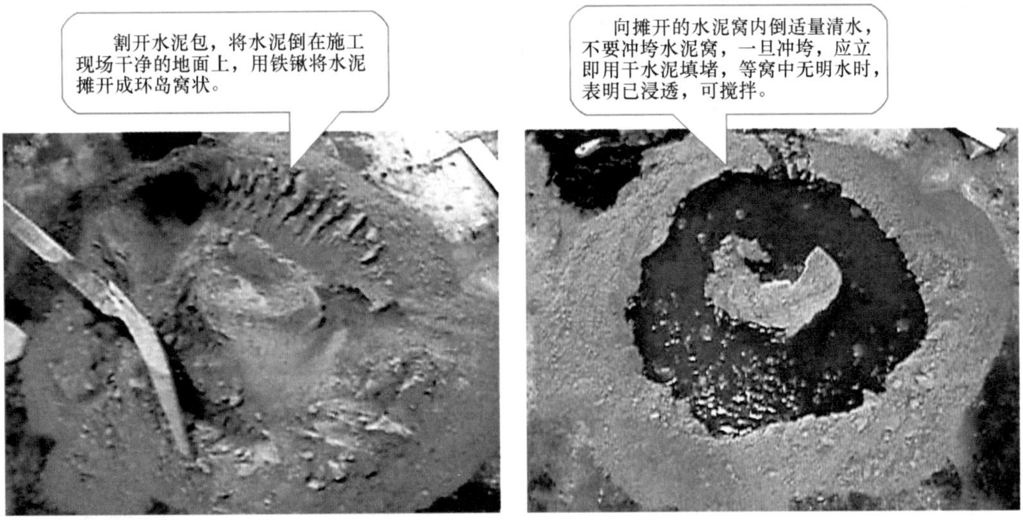

割开水泥包，将水泥倒在施工现场干净的地面上，用铁锹将水泥摊开成环岛窝状。
向摊开的水泥窝内倒适量清水，不要冲垮水泥窝，一旦冲垮，应立即用干水泥填堵，等窝中无明水时，表明已浸透，可搅拌。

图 2-23 浸泡水泥

5. 找弹施工水平基准线

瓦工在家居工地施工过程中，常为两人配合，一个是技术高的瓦工，俗称大工，负责找水平、镶贴等技术活；一个是技术一般的瓦工，甚至是学徒，俗称小工，负责浸泡水泥、搬运材料等技术要求不高的活。在小工浸砖、沥砖、浸泡干水泥的同时，大工就会在卫生间等处找弹施工水平基准线。为了追求最终装饰效果，要求四面墙上每一排砖的镶贴都在同一水平线上，所以，该施工过程需要强调的是找弹施工水平基准线前，一定要看预镶贴的四面墙是否有窗户。如果有窗户，施工水平基准线应以窗台线为基准向下找弹；如果窗台较平整，施工水平基准线的找弹尺寸为“预镶贴釉面砖的尺寸 - 20mm”，如图 2-24 所示；若窗台平整度相对不高，施工水平基准线的找弹尺寸为“预镶贴釉面砖的尺寸 - 30mm”（因为窗台面也需镶贴釉面砖，正常的镶贴厚度为 20 ~ 30mm，而窗台镶贴与窗台下墙的镶贴需要 45°倒角对接镶贴，所以施工水平基准线就如上所述）。也就是说，找弹出的施工水平基准线应距离地面有较大距离，如图 2-25 所示。

6. 搅拌浸透素水泥

大工找弹施工水平基准线时，这时水泥已基本浸透，小工即可用铁锹充分搅拌，搅拌成干湿度适中的糊状物，紧接着，将素水泥浆装入小灰桶，拎至施工地点，如图 2-26 所示，准备镶贴施工。专用黏结剂的浸泡、搅拌的方法与浸泡素水泥浆相同。

7. 镶贴

上述步骤完成后，接下来，就要针对具体墙面进行镶贴，而不同的墙面及墙面上不同部位，又有不同的施工要领，下面介绍几个重点部位的镶贴工艺。

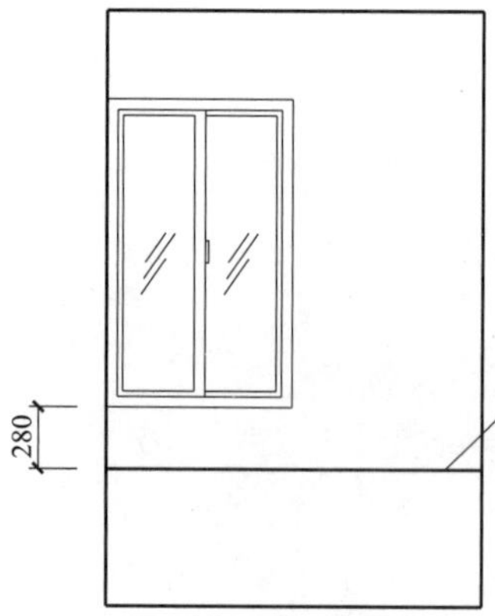
280
找弹的施工水平基准线在窗台线以下280处，是竖贴釉面砖尺寸减去20的结果，即300−20=280

图2-24　找弹镶贴施工水平基准线示意图

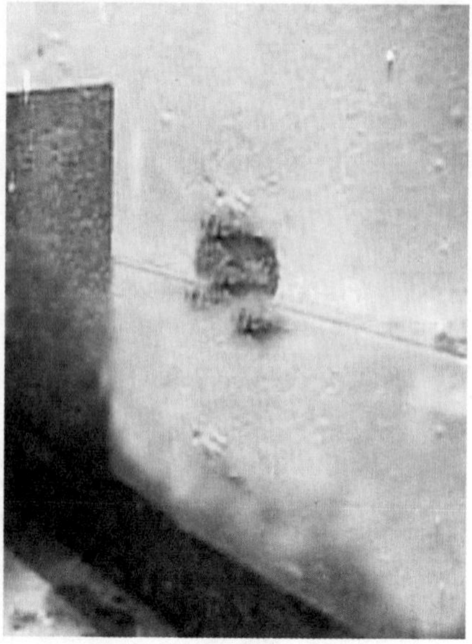

图2-25　找弹镶贴施工水平基准线后实景图

图2-26　搅拌成糊状的素水泥浆并装入小灰桶

（1）整面墙上镶贴　整面墙上镶贴过程包括沿已弹水平线架设镶贴支托，设计排砖，找画竖向镶贴基准线，第一块、第二块、第三块……釉面砖的镶贴，墙角处非整块的镶贴。

1）沿已弹水平线架设镶贴支托。对于整面无窗墙面，可以沿已弹施工基准线架设铝合金施工支拖，如图2-27所示；也可以在已弹施工基准线的基础上向下找弹施工该面墙上的施工水平线。正常情况，该水平线应该在高出厨、卫地面至少200mm处找弹。因为国家规范要求厨、卫等地面镶贴时要有一定的坡度，日后使用过程中一旦地面有水，这样的坡度可以确保水流至地漏，防止地面积水。国家规范还规定，墙地砖镶贴时，墙砖要盖地砖，所以必须要离开地面向上一段距离找弹施工水平线，并依此线架设支拖向上镶贴。若卫生间内需安装浴缸，弹画施工水平线时，一定要按浴缸高度架设镶贴基准线。

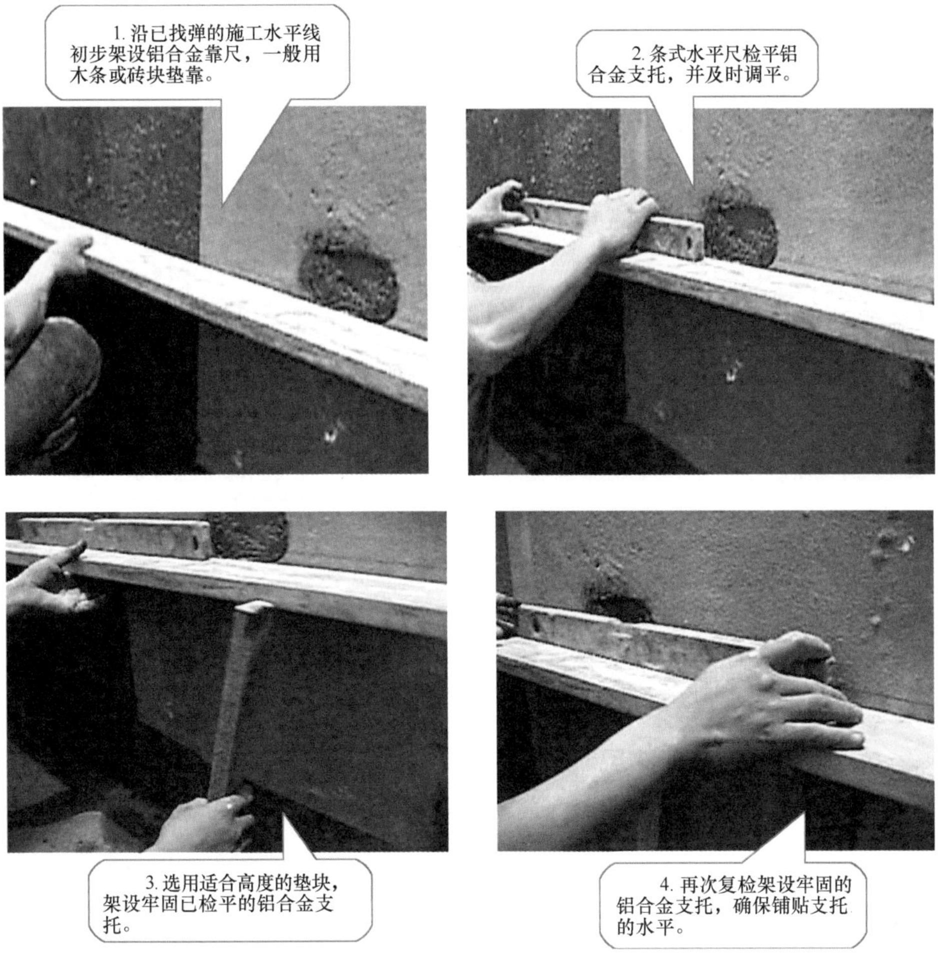

1. 沿已找弹的施工水平线初步架设铝合金靠尺，一般用木条或砖块垫靠。
2. 条式水平尺检平铝合金支托，并及时调平。
3. 选用适合高度的垫块，架设牢固已检平的铝合金支托。
4. 再次复检架设牢固的铝合金支托，确保铺贴支托的水平。

图 2-27 架设镶贴支托

2）设计排砖。为追求镶贴后面层的美观效果，釉面砖的排列要进行设计。首先，确定家居卫生间墙砖铺贴高度，正常情况为 2400mm，因为顶部有下沉的雨水管。接着，要丈量镶贴的墙面长度，如图 2-28 所示。最后，依据墙面长度和砖的规格计算该面墙需要镶贴几排整块釉面砖，若剩下的非整砖尺寸大于整块砖的 2/3，则采用“墙中线开始向两边对称镶贴，非整块砖分别镶贴在两个墙角”；若剩下的非整砖尺寸小于等于 100mm，则确定采用“从一个墙角依次镶贴至另一墙角，非整块砖镶贴在另一个墙角”的排列方式。

以镶贴 200mm × 300mm 的釉面砖举例说明：若丈量后镶贴墙面为 1760mm，计算得出需镶贴排列八排整块釉面砖，即 8 × 200mm = 1600mm，还剩余 160mm 宽的非整块砖（1760mm − 1600mm = 160mm），这种情况即可采用“墙中线开始向两边对称镶贴，非整块砖分别镶贴在两个墙角”的排列方式，因为 160mm ÷ 2 = 80mm，80mm 宽的非整块釉面砖切割和镶贴都能满足施工质量要求，如图 2-29 所示。

若丈量后镶贴墙面为 2050mm，计算得出需镶贴排列十排整块釉面砖，即 10 × 200mm = 2000mm，还剩余 50mm 宽的非整块砖（2050mm − 2000mm = 50mm），这种情况即可采用“从一个墙角依次镶贴至另一墙角，非整块砖镶贴在另一个墙角”的排列方式，因为

50mm ÷ 2 = 25mm，25mm 宽的非整块釉面砖切割和镶贴都会影响施工质量，如图 2-30 所示。

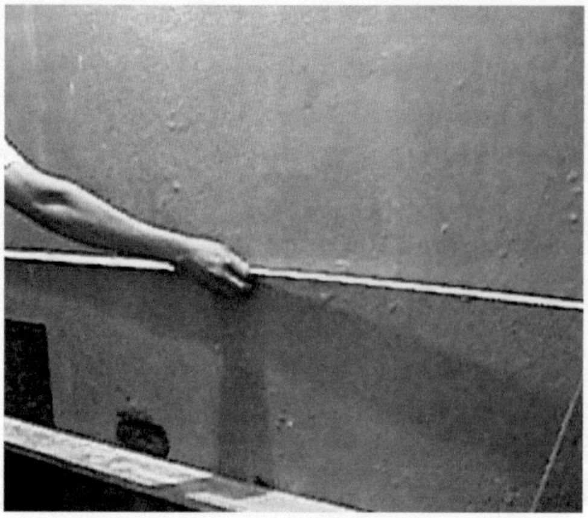

图 2-28　丈量墙长

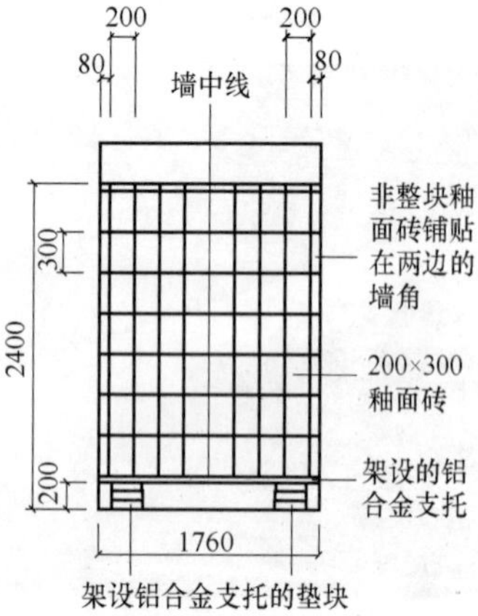

图 2-29　墙中线向两边对称镶贴方式

3）找画竖向镶贴基准线。若采用“墙中线开始向两边对称镶贴，非整块砖分别镶贴在两个墙角”的排列方式，必须用工具、用具找出墙面中心线并标画出来，因为这是第一块釉面砖镶贴基准线，如图 2-31 所示。反之，则不需要找出墙面中心线。

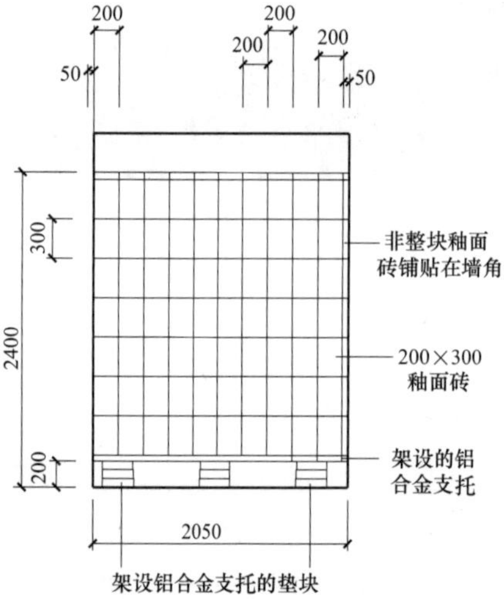

图 2-30　墙一角向另一角依次镶贴方式

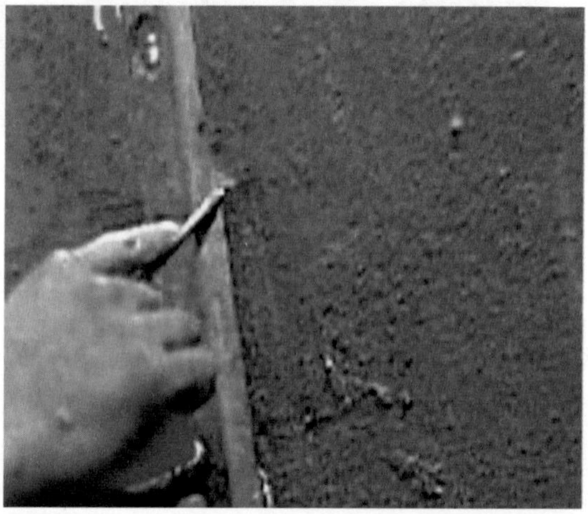

图 2-31　画出竖向镶贴基准线——墙体中心线

4）第一块釉面砖的镶贴。釉面砖的镶贴，应从铝合金支托处开始先水平镶贴成第一排，然后，自下而上镶贴第二排、第三排……，直至镶贴到设计高度。由于城市公寓房室内净高大都为 2.75m 左右，加上卫生间、厨房间下沉的各种下水管道，所以通常情况，厨、卫墙面镶贴的设计高度为 2.4m，而且每块釉面砖的镶贴都要按“预贴→背抹素水泥浆→敲贴→检平”四步骤进行施工，如图 2-32 所示。

镶贴完成后，检查顶边与侧边。因为镶贴敲击时，由于重力作用，素水泥浆会下坠，造成顶边部分缺失素水泥浆，同时会从侧边挤出素水泥浆，如图 2-33 所示。所以紧接着，用尖抹子填刮顶端缺失的素水泥浆，并刮除从釉面砖边挤出的素水泥浆，如图 2-34 所示。填刮顶

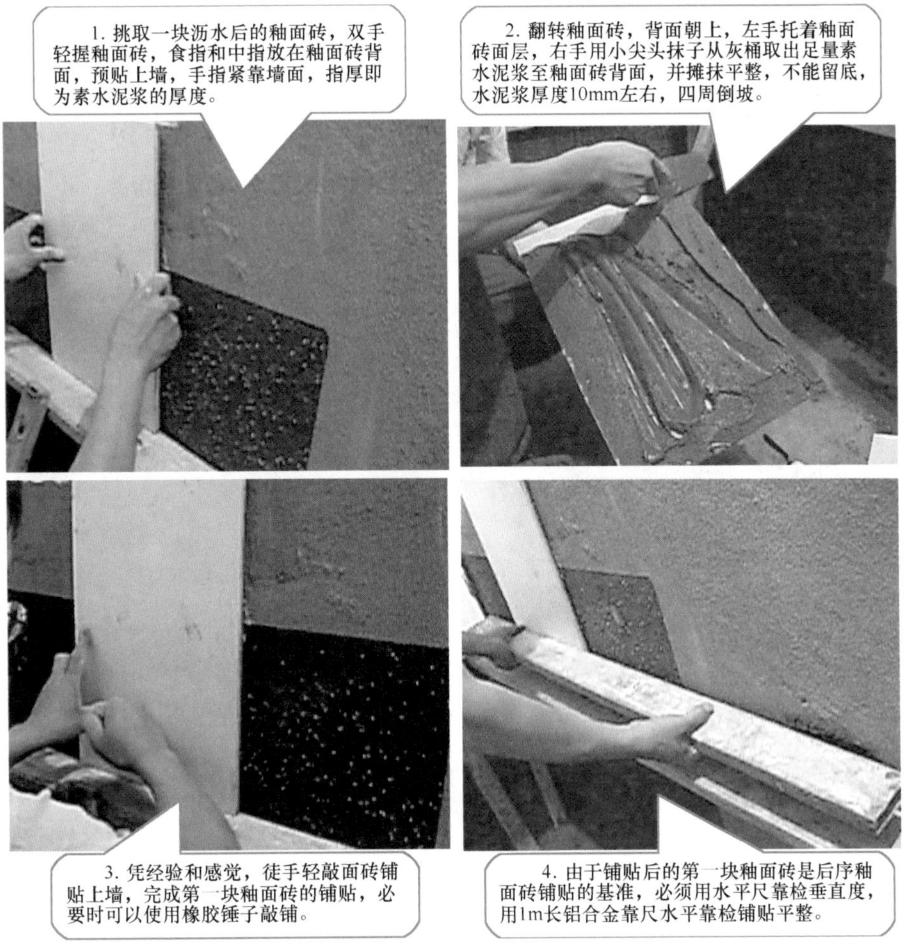

1. 挑取一块沥水后的釉面砖，双手轻握釉面砖，食指和中指放在釉面砖背面，预贴上墙，手指紧靠墙面，指厚即为素水泥浆的厚度。
2. 翻转釉面砖，背面朝上，左手托着釉面砖面层，右手用小尖头抹子从灰桶取出足量素水泥浆至釉面砖背面，并摊抹平整，不能留底，水泥浆厚度10mm左右，四周倒坡。
3. 凭经验和感觉，徒手轻敲面砖铺贴上墙，完成第一块釉面砖的铺贴，必要时可以使用橡胶锤子敲铺。
4. 由于铺贴后的第一块釉面砖是后序釉面砖铺贴的基准，必须用水平尺靠检垂直度，用1m长铝合金靠尺水平靠检铺贴平整。

图 2-32　第一块釉面砖的镶贴

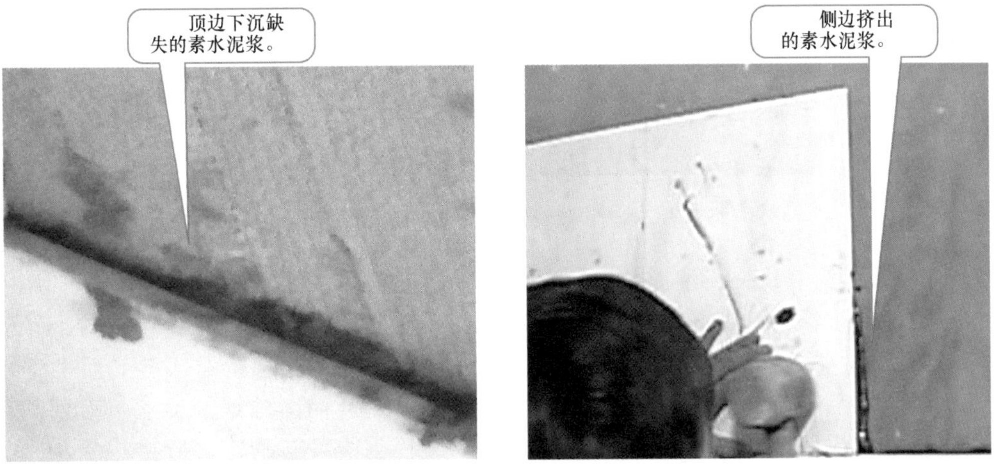

图 2-33　釉面砖镶贴后顶边与侧边的质量问题

端缺失的素水泥浆，可确保釉面砖镶贴后此处不空鼓；刮除从釉面砖边挤出的素水泥浆，可确保紧邻釉面砖的密缝镶贴，符合施工要求。最后，再用水平仪、铝合金靠尺复检一次以确保镶贴的平整度和垂直度。

5）第二块釉面砖的镶贴。遵循“预贴→背抹素水泥浆→敲贴→检平”四步骤镶贴第二块釉面砖，但需要注意的是，敲贴过程中，要双手配合，初检镶贴平整度与垂直度等，如图 2-35 所示。

6）第三块釉面砖的镶贴。用上述方法和步骤，镶贴完成第三块釉面砖，但需要注意的是，当镶贴完第三块釉面砖后，有了一定宽度，这时，需要用干水泥粉对已贴釉面砖顶边的素水泥浆进行收水处理，如图 2-36 所示。

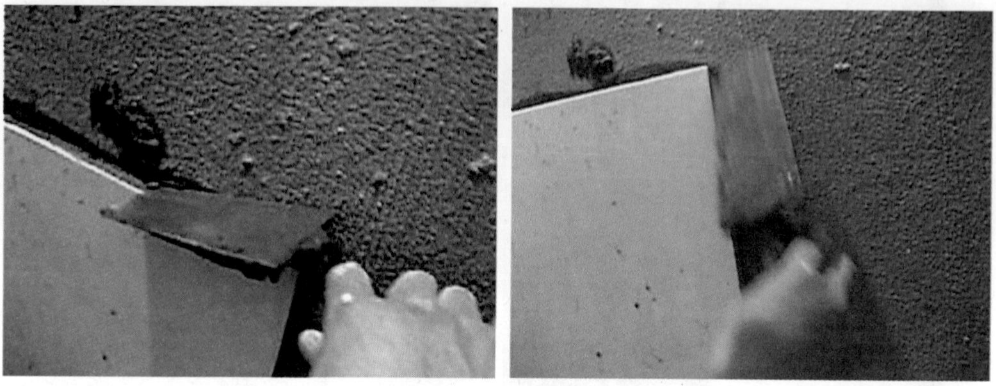

图 2-34　整修镶贴后的釉面砖顶边和侧边

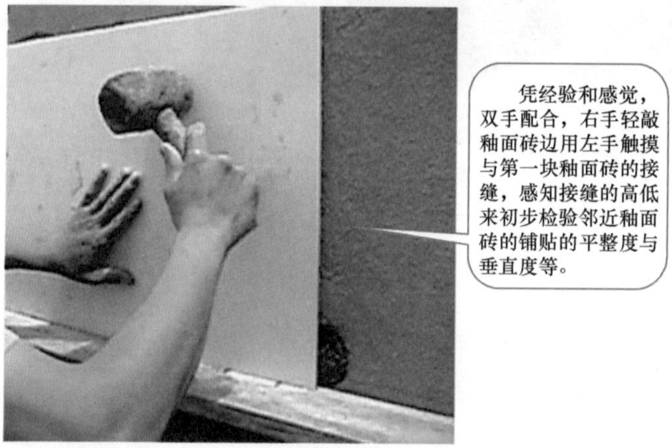

凭经验和感觉，双手配合，右手轻敲釉面砖边用左手触摸与第一块釉面砖的接缝，感知接缝的高低来初步检验邻近釉面砖的铺贴的平整度与垂直度等。

图 2-35　第二块釉面砖镶贴时平整度和垂直度等的初检

7）第四块、第五块……釉面砖的镶贴。用上述方法和步骤镶贴第四块、第五块……，直至镶贴完该整面墙应镶贴的所有整块釉面砖，剩下位于墙角处的非整块砖未镶贴。

8）墙角处非整块的镶贴。非整块砖的镶贴也从铝合金支拖开始，自下而上逐块施工，每块砖的镶贴，都要遵循“丈量预贴墙面尺寸→丈量釉面砖划割尺寸→沿划割尺寸线裁割釉面砖→修整裁割边→预贴→背面抹灰→敲贴→检平”八个步骤进行施工，具体如下：

① 丈量预贴墙面尺寸，如图 2-37 所示。

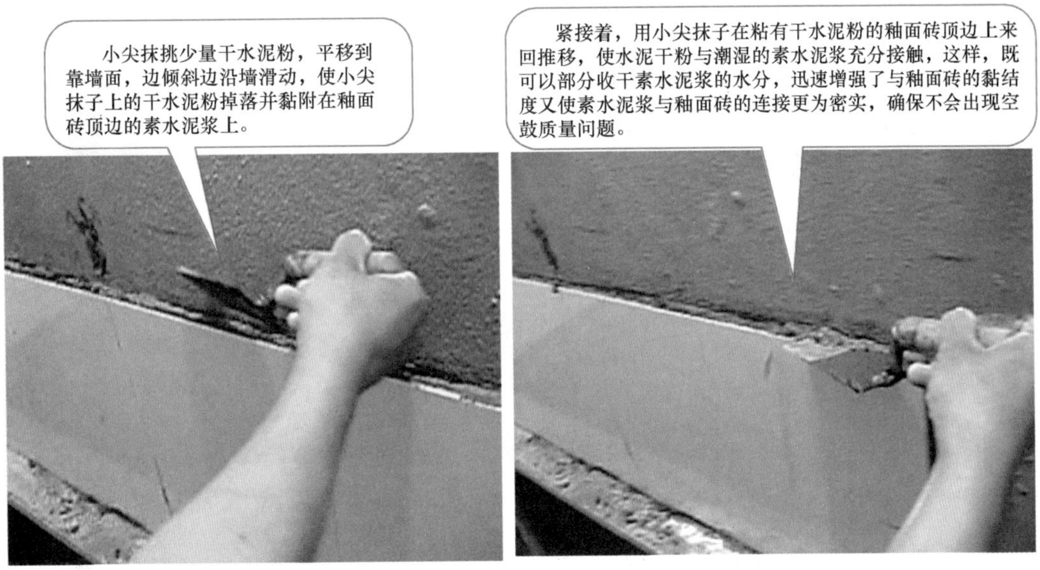

小尖抹挑少量干水泥粉，平移到靠墙面，边倾斜边沿墙滑动，使小尖抹子上的干水泥粉掉落并黏附在釉面砖顶边的素水泥浆上。
紧接着，用小尖抹子在粘有干水泥粉的釉面砖顶边上来回推移，使水泥干粉与潮湿的素水泥浆充分接触，这样，既可以部分收干素水泥浆的水分，迅速增强了与釉面砖的黏结度又使素水泥浆与釉面砖的连接更为密实，确保不会出现空鼓质量问题。

图 2-36　已贴釉面砖顶边素水泥浆收水处理

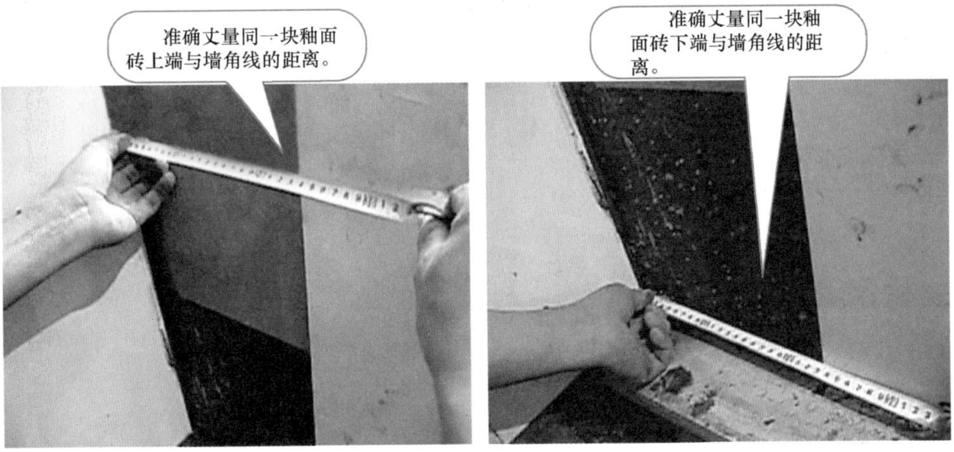

准确丈量同一块釉面砖上端与墙角线的距离。
准确丈量同一块釉面砖下端与墙角线的距离。

图 2-37　准确丈量预贴墙面尺寸

② 丈量釉面砖划割尺寸，该尺寸就是已丈量的预贴墙面尺寸，如图 2-38 所示。

③ 沿划割尺寸线裁割釉面砖，如图 2-39 所示。

④ 修整裁割边，如图 2-40 所示。

⑤ 预贴→背面抹灰→敲贴→检平，施工方法同整块釉面砖的镶贴。重复上述方法，逐块镶贴至施工结束。

（2）有窗墙面及其窗台镶贴　有窗墙面及其窗台上的釉面砖镶贴应按“设计排砖→弹画施工水平线→沿已弹画施工水平线步架设铝合金支托→镶贴”工序完成，具体如下：

将预贴釉面砖平放在平整地面上，用直尺或边缘直顺物体作参照，分别在釉面砖正面的上、下边缘处的对应位置，丈量出准确的裁割尺寸，并标画出裁割线。一定要确保裁割边位于墙角，顺直边与已贴釉面砖邻接。

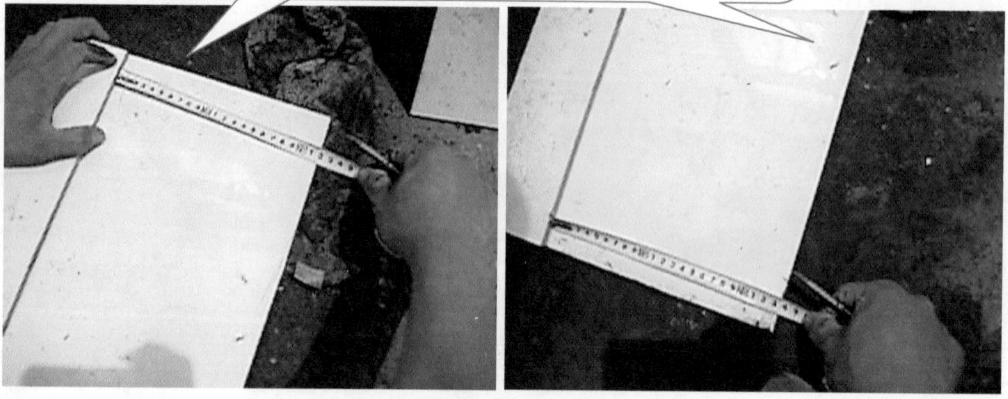

图 2-38　准确丈量釉面砖划割尺寸

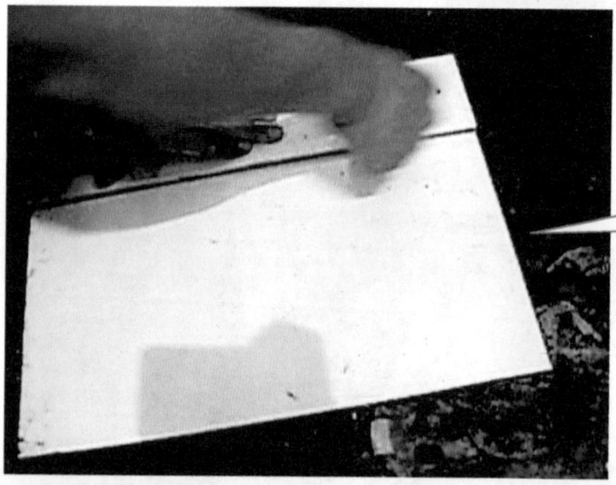

由于小规格釉面砖厚不足10mm，而且是简单的直线划割，所以只需用“划针”在釉面砖正面沿直尺或顺直物边缘自一端用力划至另一端，连续进行2或3次划割即可，要确保每次划割的起落方向要一致。

将划针放在已划割釉面砖下面，要求对准划割线，然后，双手分别放在划割线两边的釉面砖上，双手同时垂直用力下按，即可完成裁割。整块釉面砖分成两块非整块。如果，按压两次，釉面砖还没能断开，建议从釉面砖下面拿起划针，在釉面砖面层沿原划割线再次划割，然后再次按压分割，直至分割完成。

图 2-39　沿划割尺寸线裁割釉面砖

1）设计排砖。为追求镶贴后面层的美观效果，釉面砖的排列要进行设计，正常情况下，带窗且窗户位置靠左的墙面，镶贴釉面砖前，其竖向施工基准线的找弹尺寸为窗洞的右侧窗线向左偏 20～30mm，如图 2-41、图 2-42 所示。若窗洞侧面墙平整度、垂直度相对不高，竖向施工基准线的找弹尺寸为右窗线向左偏 30mm；若窗侧面平整度、垂直度相对较高，竖向施工基准线的找弹尺寸为右窗线向左偏 20mm，因为窗洞侧面墙也需镶贴釉面砖，正常的镶贴厚度为 20～30mm，而窗洞侧面墙镶贴与窗边墙的镶贴需要 45°倒角对接镶贴。

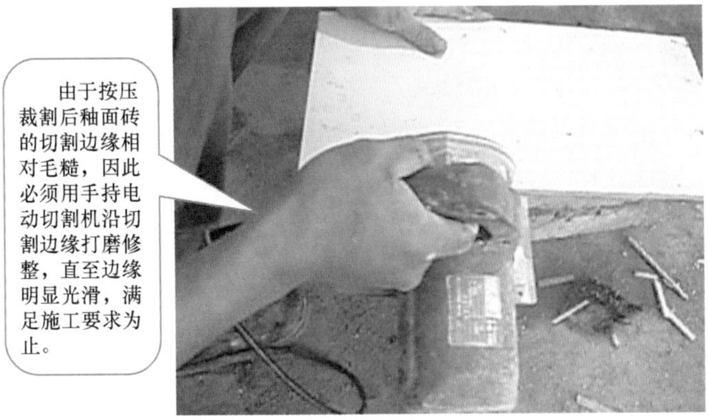

由于按压裁割后釉面砖的切割边缘相对毛糙，因此必须用手持电动切割机沿切割边缘打磨修整，直至边缘明显光滑，满足施工要求为止。

图 2-40 修整裁割后釉面砖的裁割边

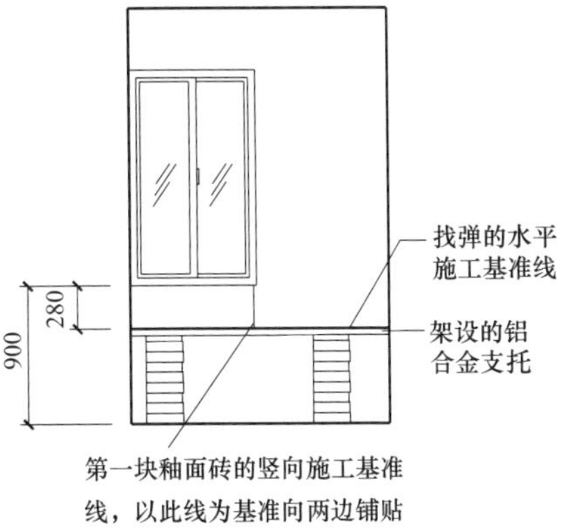

图 2-41 找弹有左窗墙面竖向镶贴施工基准线示意图

带窗且窗户位置靠右的墙面，其竖向施工基准线的找弹尺寸为窗洞的左侧窗线向右偏 20～30mm，如图 2-43 所示。带窗且窗户位置居中的墙面，应找弹三根施工基准线，如图 2-44所示。

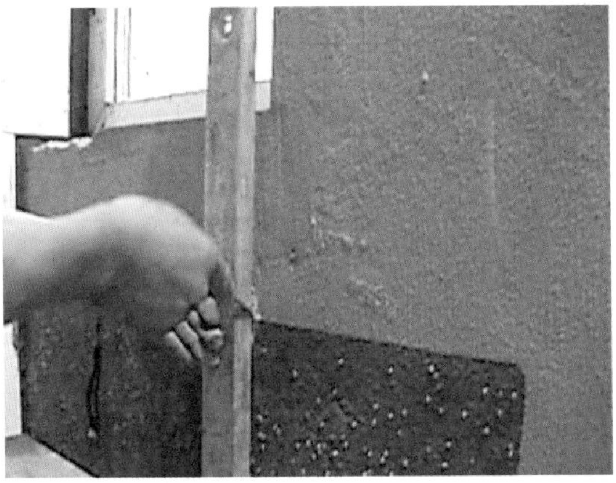

图 2-42 找弹有左窗墙面竖向镶贴施工基准线实景图

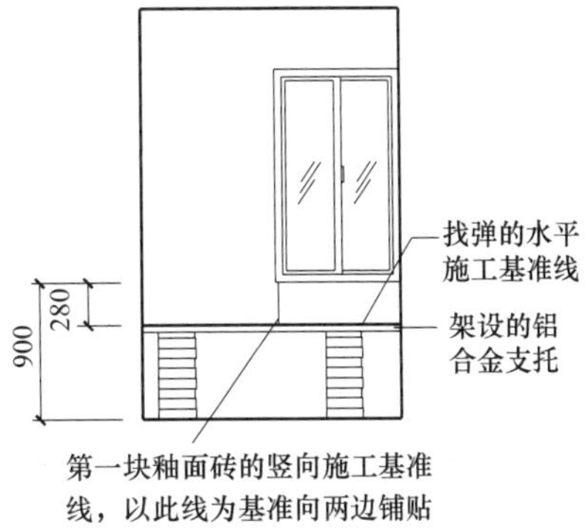

图2-43 找弹有右窗墙面竖向镶贴施工基准线示意图

2）架设铝合金施工支托。方法同整面墙镶贴前铝合金施工支托的架设，同样经过“初步架设→水平尺检平→检平后架设牢固→再次复检”的步骤。

3）45°倒角切割第一块釉面砖。因为该块釉面砖位于窗台下面，需要与窗台呈 45°倒角

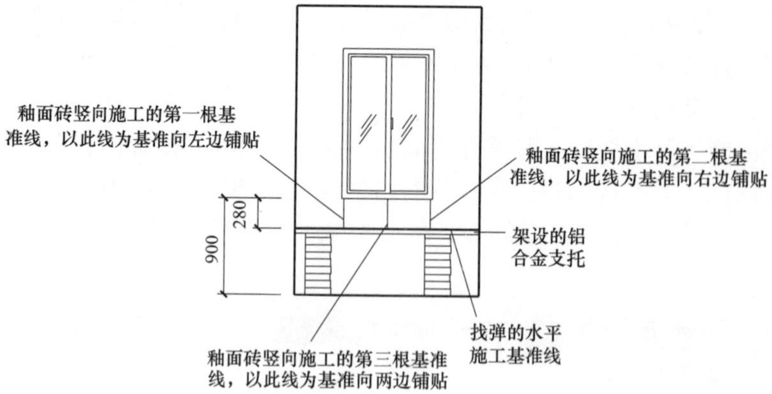

图 2-44　找弹有中窗墙面竖向镶贴施工基准线示意图

对接镶贴，如图 2-45 所示。

4）预贴第一块砖→背面抹素水泥浆→镶贴第一块墙砖→检平，如图 2-46 所示。

5）镶贴第二块墙砖，由于该块釉面砖已远离窗台，所以无需 45°倒角切割，按“预贴→背面抹素水泥浆→镶贴→检平”程序完成镶贴，如图 2-47 所示。

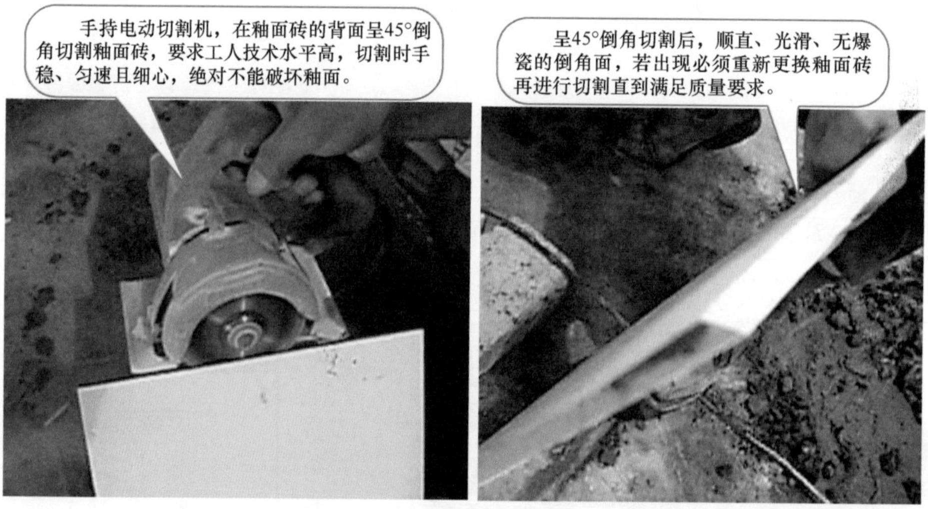

手持电动切割机，在釉面砖的背面呈45°倒角切割釉面砖，要求工人技术水平高，切割时手稳、匀速且细心，绝对不能破坏釉面。
呈45°倒角切割后，顺直、光滑、无爆瓷的倒角面，若出现必须重新更换釉面砖再进行切割直到满足质量要求。

图 2-45　倒角切割第一块釉面砖

6）重复上述操作，直至镶贴完整块釉面砖。余下窗下墙边非整块釉面砖未贴。

7）非整块釉面砖镶贴方法与整面墙的非整砖镶贴，如图 2-48 所示。

8）窗台上釉面砖的镶贴，与窗下墙的镶贴需要呈 45°倒角对接镶贴。

首先，按图 2-37、图 2-38 的方法，丈量窗台的镶贴裁割尺寸；按图 2-45 所示的方法进行 45°倒角切割，得到如图 2-49 所示半块且已倒角釉面砖并预贴；紧接着，按图 2-50、图 2-51 所示的方法进行镶贴直至完成任务。

（3）墙面开关处墙砖镶贴　当釉面砖镶贴到开关的位置，此处的镶贴收口又有特定的工艺要求时，其具体方法与步骤，如图 2-52 ~ 图 2-58 所示。

预贴→背抹素水泥浆→铺贴第一块砖，之后水平尺靠检垂直度，用1m长铝合金靠尺靠检铺贴平整度。

图 2-46　窗下墙第一块釉面砖镶贴、靠检

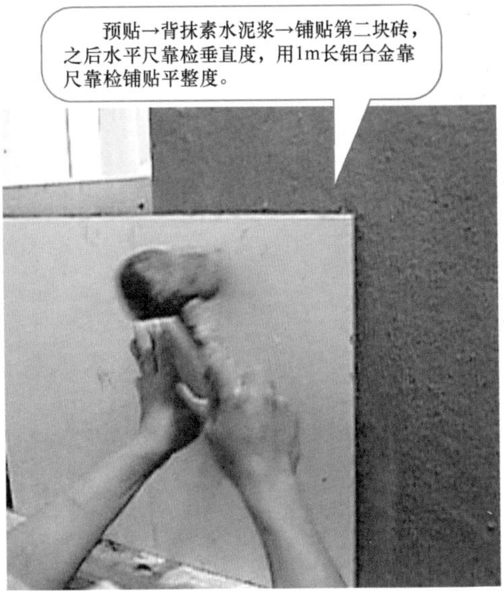

预贴→背抹素水泥浆→铺贴第二块砖，之后水平尺靠检垂直度，用1m长铝合金靠尺靠检铺贴平整度。

图 2-47　窗下墙第二块墙砖镶贴、靠检

要按“45°倒角切割釉面砖→丈量预贴墙面尺寸→丈量釉面砖划割尺寸→沿划割尺寸线裁割釉面砖→修整裁割边→预贴→背面抹灰→敲贴→检平”九个步骤进行施工，要求耐心、细心。

图 2-48　窗下墙非整块釉面砖的镶贴、靠检

图 2-49　将已倒角裁割后的釉面砖预贴

图 2-50　预贴后背抹素水泥浆镶贴

图 2-51　窗台板镶贴后，擦净对角线，检查镶贴是否密缝、有无爆角

准确丈量开关盒一端的高度及其与周边已贴釉面砖的距离。
准确丈量开关盒另一端的高度及其与周边已贴釉面砖的距离。

图 2-52　开关处镶贴前仔细丈量裁割尺寸

将预贴釉面砖翻转，釉面朝下平放在平整防护面上，用直尺或边缘直顺物体作参照，分别在釉面砖背面的上、下、左、右边缘处的对应位置，丈量出准确的裁割尺寸，并标画出裁割线，但一定要确保裁割部位方向正确。

图 2-53　在釉面砖背面量准裁割尺寸

由于需要裁割的洞口相对直线裁割较为复杂，而且，是在凹凸不平的背面进行裁割，“划针”无法操作，所以将釉面砖架空，双手配合，用手持电动切割机沿标示线切割，切割时要手稳、匀速且细心。

图 2-54　在釉面砖背面沿裁割线电动裁割

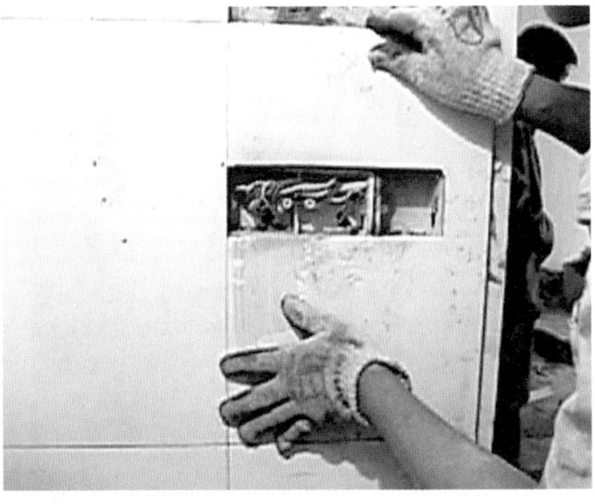

图 2-55　预贴

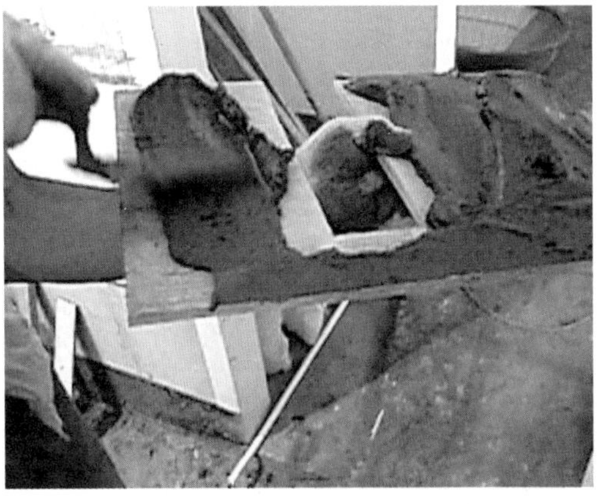

图 2-56　背抹素水泥浆

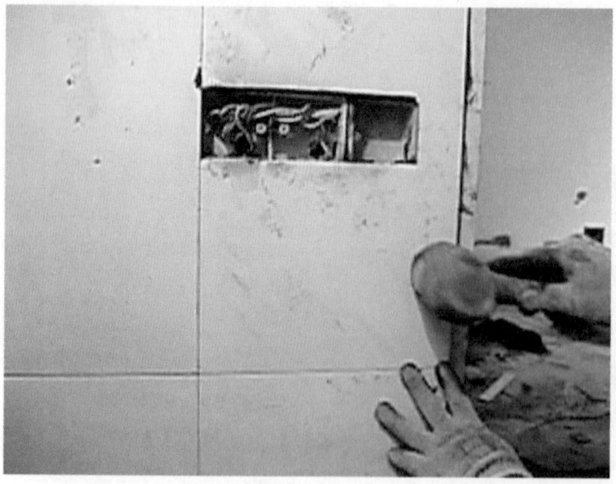

图 2-57　橡皮锤子轻敲镶贴、手摸检平

图 2-58　用干水泥沾缝收水后清除多余水泥

（4）墙面水管弯头处墙砖镶贴　当镶贴到有水管外丝弯头处时，镶贴收口有更高的工艺要求，如图 2-59～图 2-68 所示。

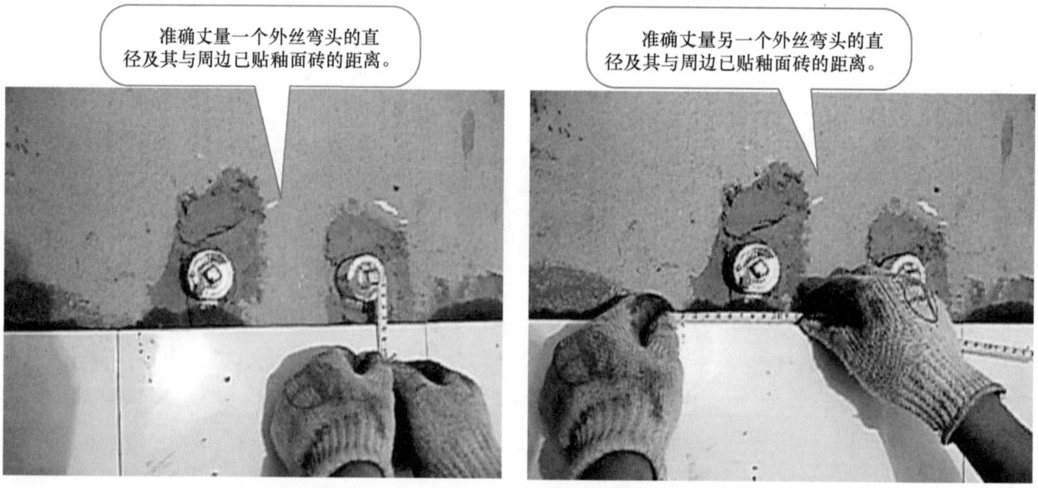

准确丈量一个外丝弯头的直径及其与周边已贴釉面砖的距离。
准确丈量另一个外丝弯头的直径及其与周边已贴釉面砖的距离。

图 2-59　水管外丝接头处釉面砖镶贴前的仔细丈量裁割尺寸

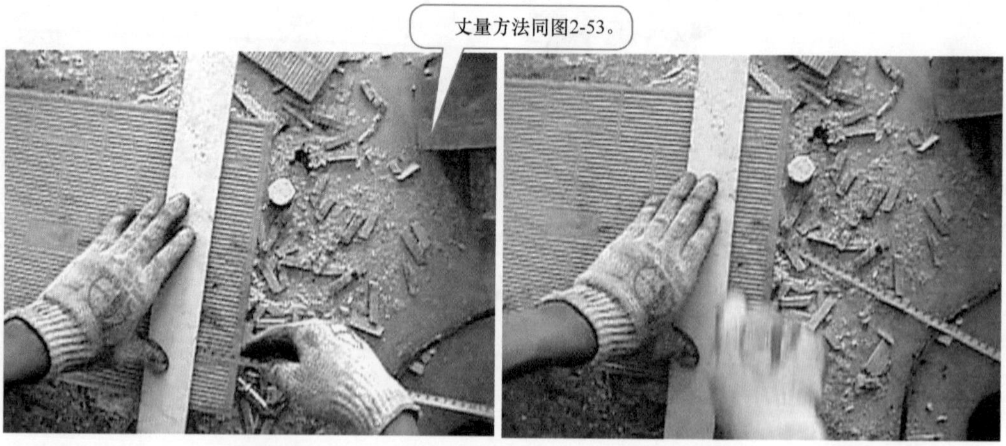

丈量方法同图2-53。

图 2-60　在釉面砖背面量准裁割尺寸，并标示裁割记号

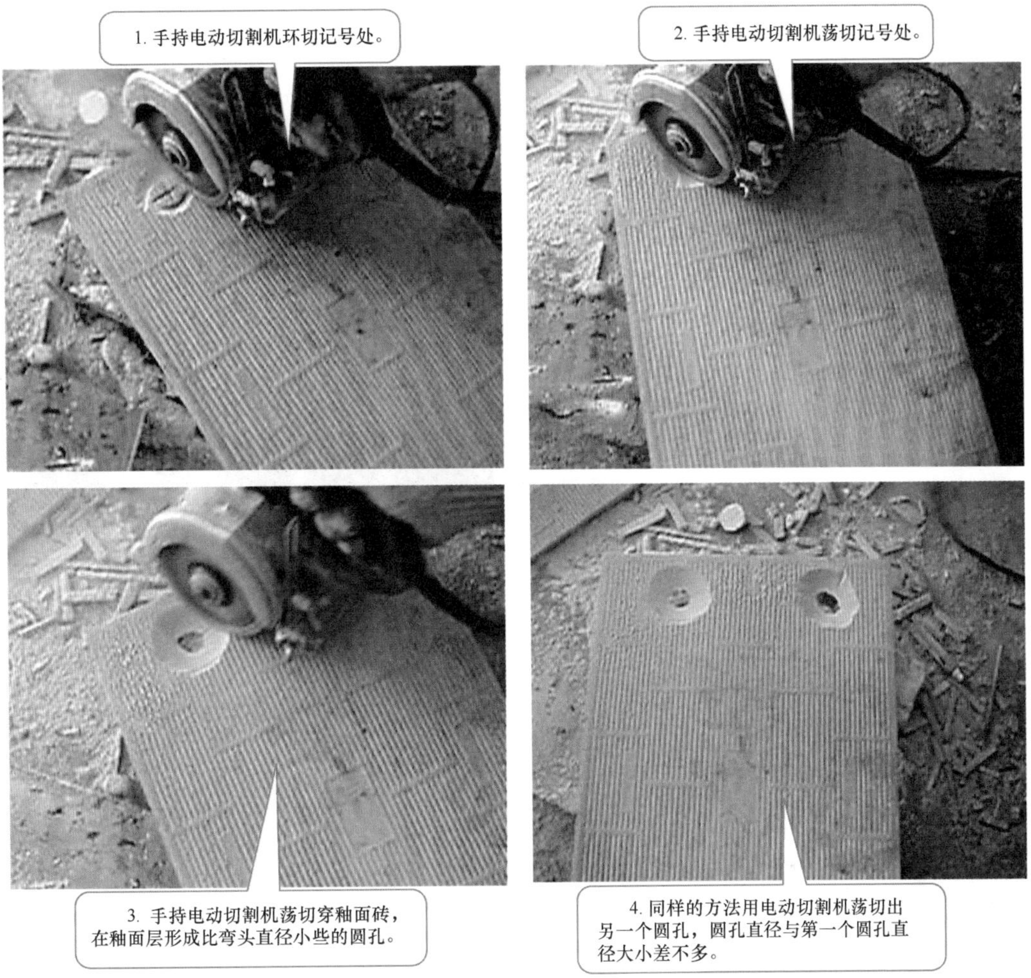

1. 手持电动切割机环切记号处。
2. 手持电动切割机荡切记号处。
3. 手持电动切割机荡切穿釉面砖，在釉面层形成比弯头直径小些的圆孔。
4. 同样的方法用电动切割机荡切出另一个圆孔，圆孔直径与第一个圆孔直径大小差不多。

图 2-61　在釉面砖背面电动切割出圆孔

预贴，检查荡切孔洞大小、位置是否适合。

图 2-62　水管外丝弯头处釉面砖的预贴

用金属物在釉面砖正面敲击、凭感觉逐渐扩大孔洞，不能一次性外扩过大，否则，影响施工质量。

图 2-63　釉面砖预贴后，在其正面敲击扩大孔洞

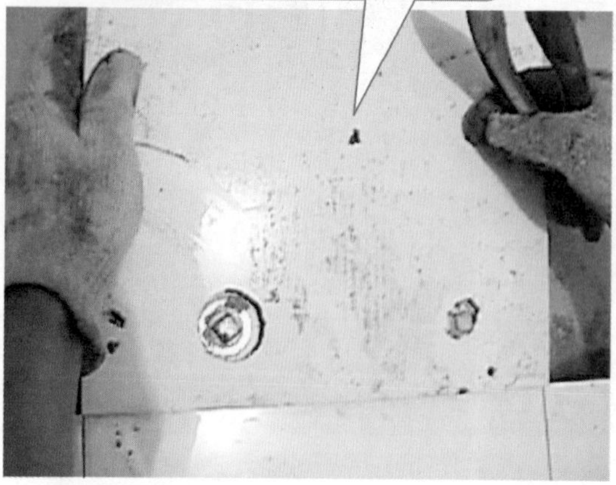

凭肉眼判断，感觉外扩洞口与外丝弯头直径差不多大小时，第二次预贴，检查孔洞大小，直至合适套住丝弯头。

图 2-64　扩孔后进行第二次预贴至合适

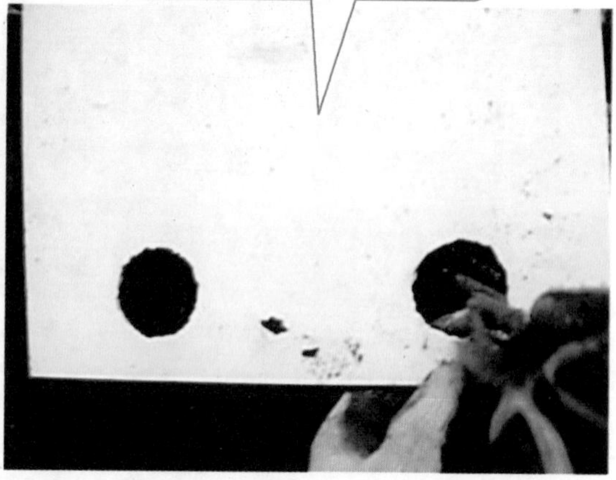

用同样的方法，完成第二个孔洞的外扩，直至合适地套住丝弯头。

图 2-65　敲击扩大第二个孔洞

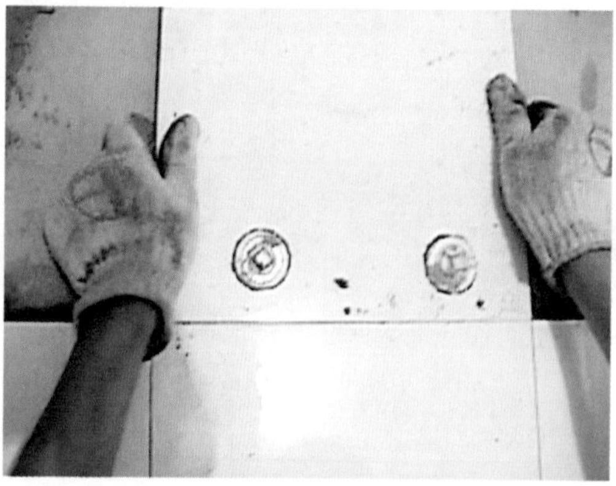

图 2-66　扩孔后进行第三次预贴至合适

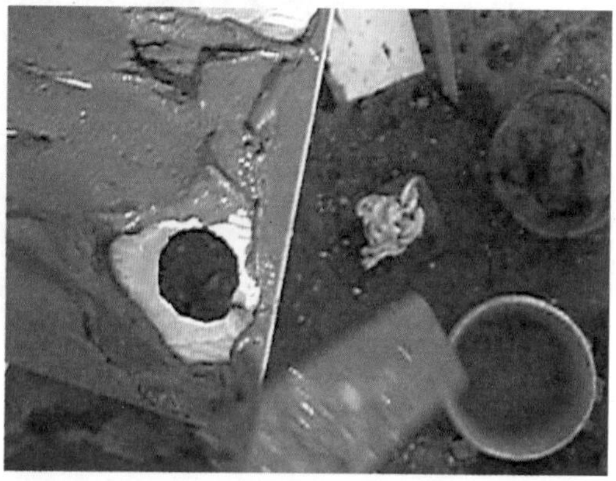

图 2-67　第三次预贴合适后，背面抹素水泥浆

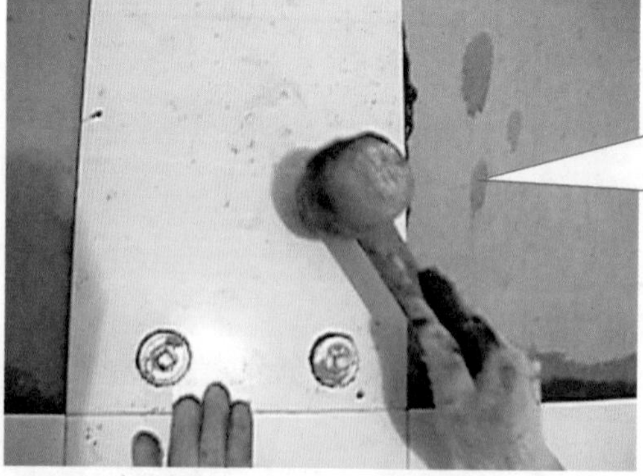

背面抹素水泥浆和铺贴的过程一定要倍加小心，因为，一旦敲击铺贴过程中孔洞处出现断裂或损坏，必须更换此块釉面砖，这将意味着，必须重新进行丈量、切割圆孔等一系列复杂、细致的施工。

图 2-68　橡胶锤子加手摸接缝镶贴至合适

目前，有的工人使用如图 2-69 所示的瓷砖打孔机开孔，虽然提高了工作效率，但不利于提高瓦工的技术水平。

（5）镶贴后缝隙及面层清理、嵌缝　天气好的情况下，上午镶贴釉面砖后，下午就可以清理面层及缝隙，如图 2-70 所示。第二天即可用专用填缝剂填嵌缝隙，如图 2-71 所示。如果天气欠佳，可以第二天再进行清理与嵌缝。

图 2-69　瓷砖开孔机

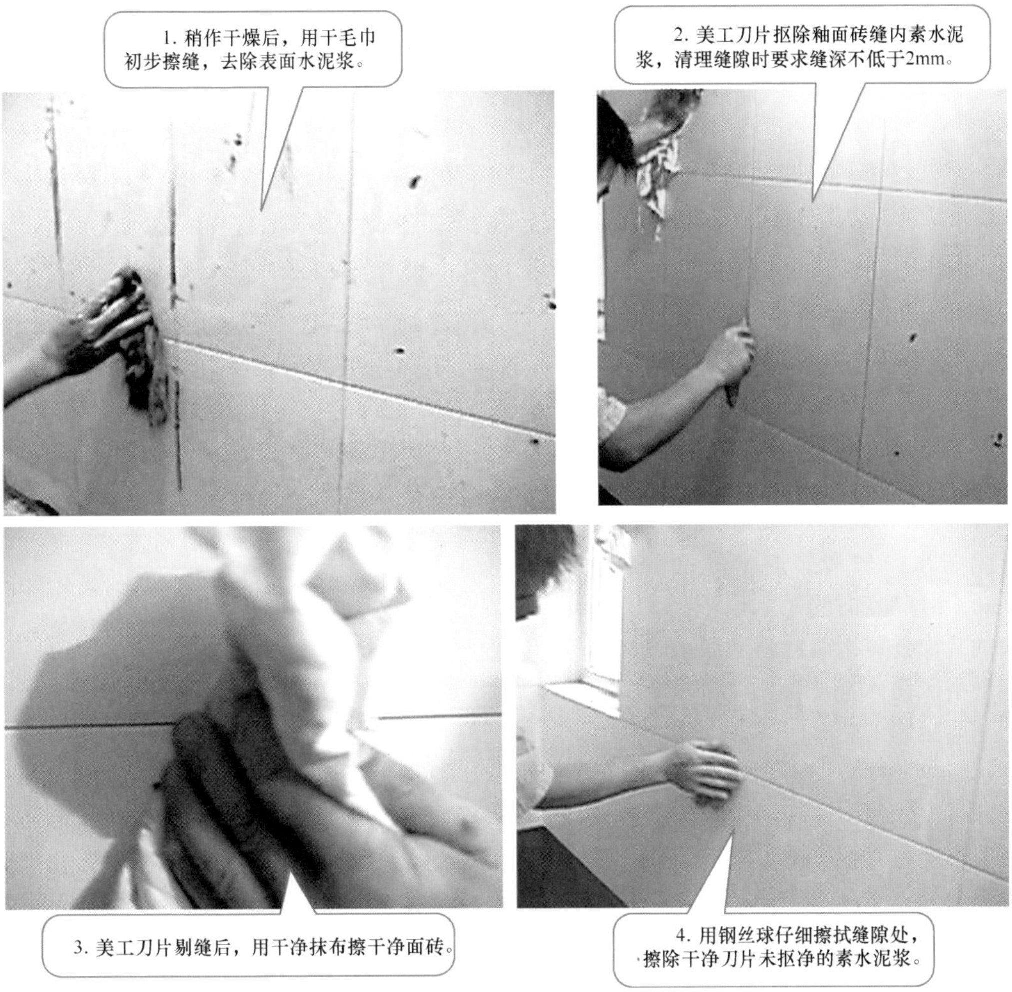

1. 稍作干燥后，用干毛巾初步擦缝，去除表面水泥浆。
2. 美工刀片抠除釉面砖缝内素水泥浆，清理缝隙时要求缝深不低于2mm。
3. 美工刀片剔缝后，用干净抹布擦干净面砖。
4. 用钢丝球仔细擦拭缝隙处，擦除干净刀片未抠净的素水泥浆。

图 2-70　镶贴后釉面砖缝隙与面层清理

（6）卫生间等地面的防水处理　所有墙面釉面砖镶贴完工（离地面 200mm 左右除外）后，即可清理地面，在地面及与地面交接处的墙面上涂布施工防水层。《住宅装饰装修工程

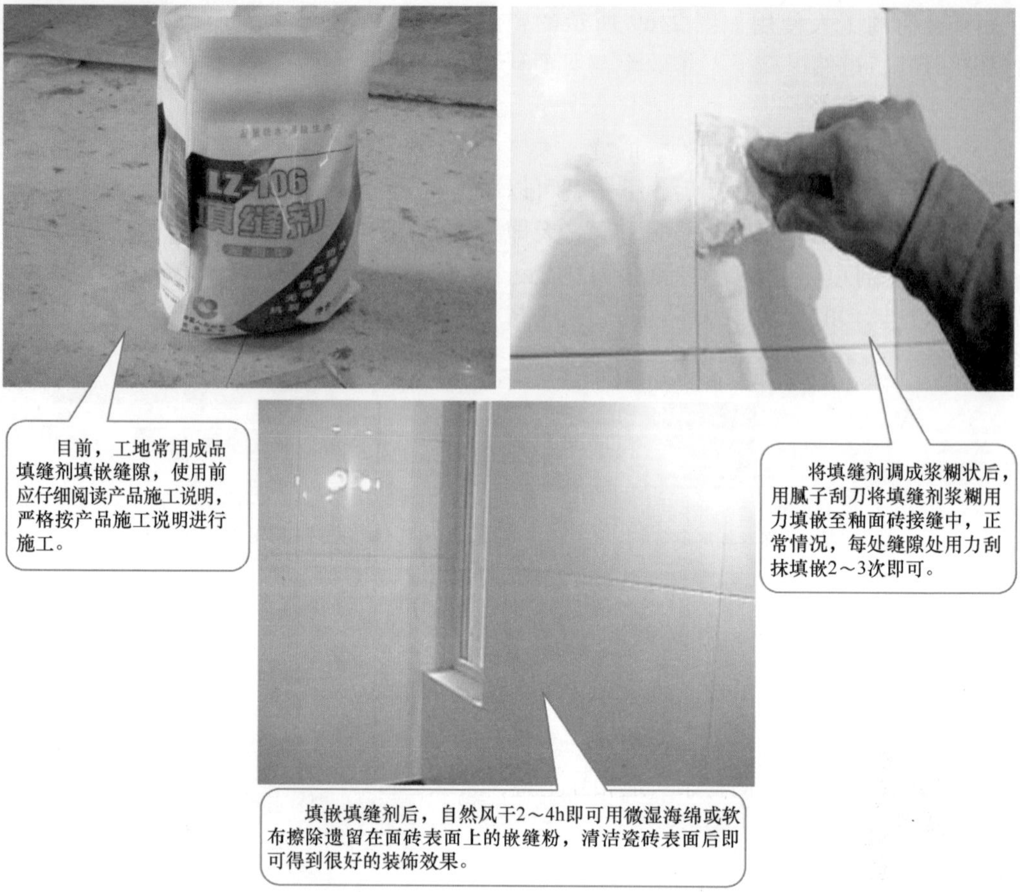
LZ-106
填缝剂
目前，工地常用成品填缝剂填嵌缝隙，使用前应仔细阅读产品施工说明，严格按产品施工说明进行施工。
将填缝剂调成浆糊状后，用腻子刮刀将填缝剂浆糊用力填嵌至釉面砖接缝中，正常情况，每处缝隙处用力刮抹填嵌2～3次即可。
填嵌填缝剂后，自然风干2～4h即可用微湿海绵或软布擦除遗留在面砖表面上的嵌缝粉，清洁瓷砖表面后即可得到很好的装饰效果。

图 2-71　填缝剂及填缝处理和装饰效果

施工规范》（GB 50327—2001），明确规定：防水施工宜采用涂膜防水；防水层应从地面延伸到墙面，高出地面100mm，浴室墙面的防水层不低于1800mm。规范的、规模大的装饰公司，都会制定高于国家规范的企业规范：卫生间淋浴区防水涂刷超过1800mm；厨房、卫生间的防水层从地面延伸到墙面，高出地面300mm。

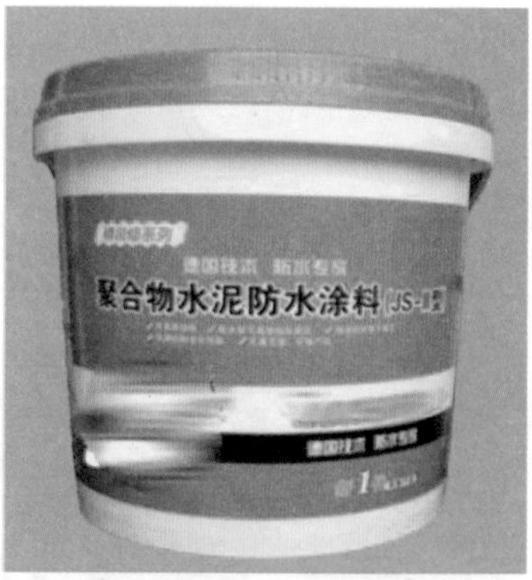
聚合物水泥防水涂料

图 2-72　JS 防水涂料包装

目前，市场常用复合聚合物水泥基防水涂料，简称JS防水涂料，就是一种专用涂膜防水涂料，如图2-72所示。外包装上都注明施工说明，使用前一定要仔细阅读。

地面防水施工工艺为“基层表面检查、清理、局部修补→涂刷JS防水涂料底涂→阴、阳角等部位加强处理→涂刷或刮涂JS防水涂料第一遍→涂刷JS防水涂料第二遍和第三遍→竣工验收”。具体施工要点如下：

1）涂刷JS防水涂料底涂→阴、阳角等部位加强处理。底涂是为了提高涂膜与基层的黏结力，如图2-73所示。

底涂采用长柄滚筒辊涂，要求辊涂均匀不得漏底，该过程中，在阴阳角、施工缝等易发生漏水的部位，采用300mm宽的玻纤网格布增强处理，增强处理后，用油漆刷涂刷一或两遍JS防水涂料。

图 2-73　JS 防水涂料底涂施工

2）涂刷或刮涂 JS 防水涂料第一遍。细部节点处理完工且底层涂膜干燥后，进行第一遍涂膜的施工。采用鬃毛刷刷涂施工，如图 2-74 所示，或用刮板批嵌施工。

3）涂刷 JS 防水涂料第二遍和第三遍。一般情况，间隔 6 ~ 8h 且第一道涂膜干燥（具体检测方法以手摸不粘手，无指印为准），之后，刷涂第二道和第三道涂膜，涂刷要均匀，不能有局部沉积，涂刷的方向与第一道相互垂直，第二道和第三道相互垂直。每层涂膜施工时都需要涂膜搭接，最终施工效果如图 2-75 所示。

施工时要均匀，不能有局部沉积，并要多次涂刷使涂料与基层之间不留气泡。同层涂膜先后搭接宽度为50mm，施工缝搭接宽度大于100mm。

图 2-74　JS 防水涂料第一遍施工

图 2-75　JS 防水涂料第二、三遍施工后的效果

涂膜干燥期间，严禁踩踏破坏防水层，养护两天后，涂膜即可干燥；之后，进行墙地面封闭试水，如图 2-76 所示。试水两天后，如未发现楼下有渗漏现象，即可进行墙、地砖铺贴。

图 2-76　防水涂膜干透后的封闭试水

典型工作过程四　玻化砖楼地面镶贴

厨房、卫生间等地面封闭试水的同时，可以进行客厅、餐厅等地方的大面积地砖的镶贴。施工前要详细识读施工图，施工图是装修镶贴施工的依据，不同户型、不同镶贴面积、不同墙地砖规格等因素，共同决定着墙、地砖的镶贴，而这些因素大都在施工图样上有详细的标注，所以在施工前一定要仔细识读施工图，否则，轻者影响施工，重者造成材料的浪费或有失美观。正常情况下，整套施工图样中都会有“地面选材镶贴图”施工的图样，施工人员首先要会识读具体的地面选材镶贴图，如图 2-77 所示。读图时，应从以下几个方面识读：

1）识读需要铺设地砖的区域，如图 2-77 所示有客厅、餐厅、厨房、过道、卫生间、阳台等镶贴区域。

2）识读每个地砖镶贴区域所选用的材料及规格，如厨房、卫生间满铺 300mm × 300mm 的烟灰白玻化砖，卫生间淋浴房地面铺马赛克；客厅、餐厅、厨房、过道满铺 1000mm × 1000mm 的烟灰白玻化砖等。

3）识读不同空间的基本尺寸。

4）识读不同空间镶贴后的高差标高等基本信息，如客厅为$\underset{\nabla}{\underline{\pm0.00}}$，卫生间为$\underset{\nabla}{\underline{-0.02}}$。

5）除识读上述基本信息外，还必须注意识读如图 2-77 所示的符号处（这些符号在原施工图样没有标明，是编者为了引导读图而在原施工图上另注明的），这些地方都是门洞口的位置，这些地面的镶贴设计则表明了地砖镶贴的基准、方向、大小等信息。具体如下：

符号①处：表明客厅、餐厅大地砖镶贴至卧室、书房等门洞内边缘，卧室、书房等的木地板则以此为基准向内铺设。

符号②处：表明客厅、餐厅大地砖镶贴至厨房间门洞内边缘，厨房间的地砖镶贴则以进门门槛内边缘线为纵向镶贴基准线，依次向内镶贴。

符号③处：表明以走廊宽度的中线为横向镶贴基准线，向其两边逐块镶贴；以进门门槛内边为纵向镶贴基准线，依次向内逐块镶贴。

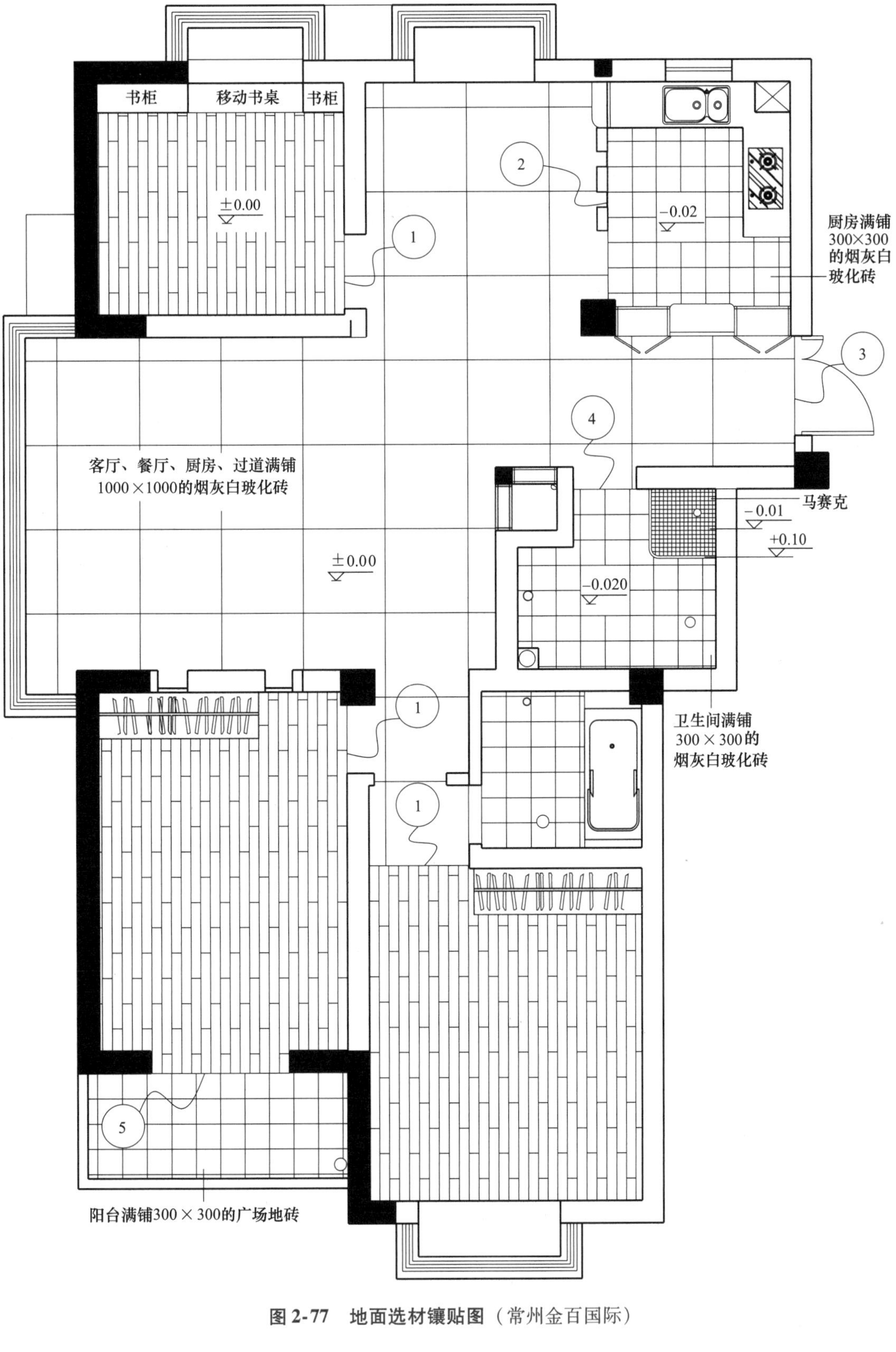

图 2-77　地面选材镶贴图（常州金百国际）

符号④处：表明客厅、餐厅大地砖镶贴至卫生间门洞内边缘，卫生间的地砖镶贴则以进门门槛内边为纵向镶贴基准线，依次向内镶贴；以卫生间门洞宽度的中线为横向镶贴基准线，向其两边逐块镶贴。

符号⑤处表明：阳台地砖镶贴，应以卧室门洞的外边缘线作为其纵向镶贴基准线，并依次逐块向外镶贴；以卧室门洞宽度的中线为其横向镶贴基准线，并向其两边逐块镶贴。

有的门洞口位置，地面镶贴设计为花岗岩过门镶贴，施工图上则都会有标注，识读图时一定要仔细，如图 2-78 所示。

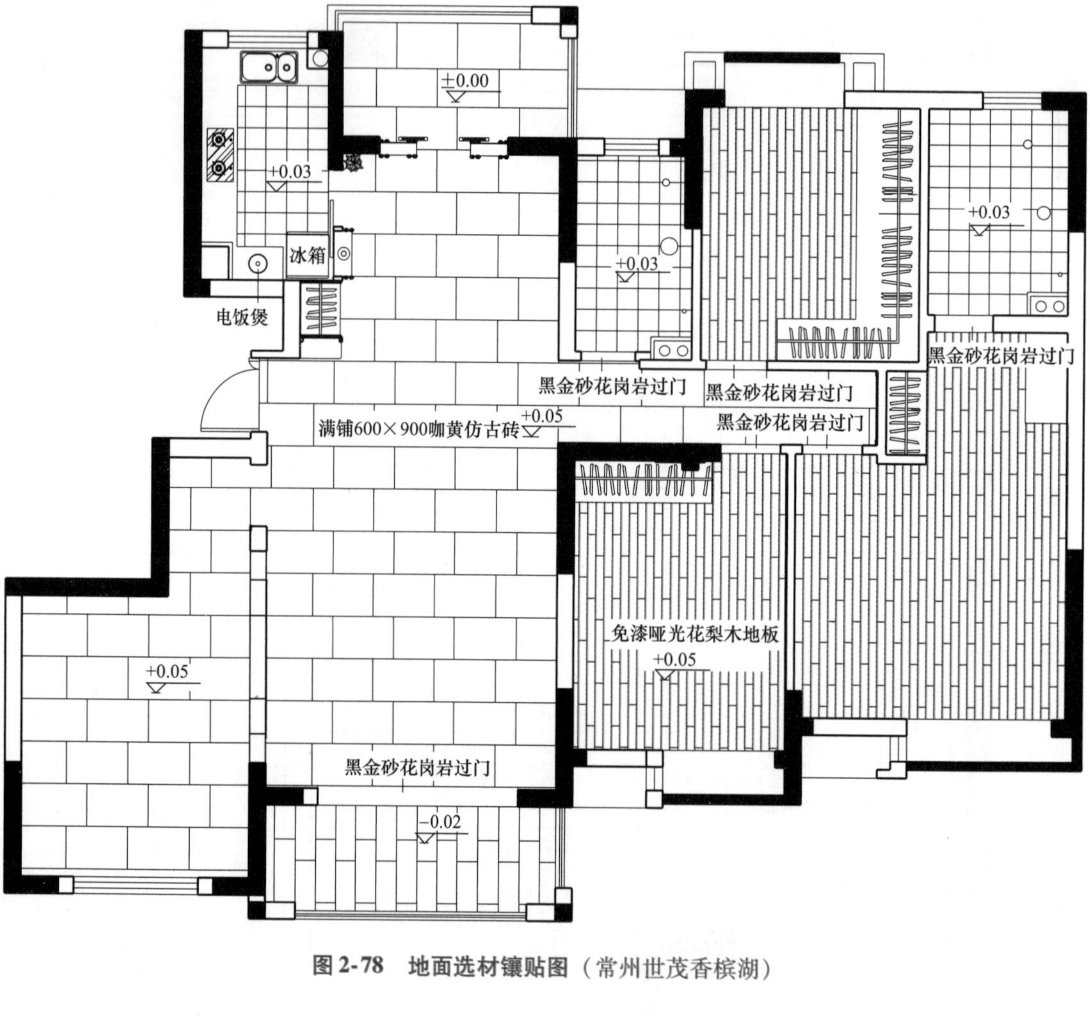

图 2-78　地面选材镶贴图（常州世茂香槟湖）

一、玻化砖楼、地面镶贴施工

各种准备完成后，即可进行玻化砖镶贴施工。玻化砖按“验砖→浸泡素水泥→清理并浸湿预贴地面→搅拌水泥干硬性砂浆→检验水泥干硬性砂浆干湿度→沿已弹水平线镶贴定位两块或三块面砖→搅拌素水泥浆→拉设镶贴基准线→逐块镶贴→清理面层与嵌缝→清理工具”这 11 道工序进行施工。

1）验砖。如镶贴墙砖中所述。

2）浸泡素水泥。参见图 2-23 所示的施工方法。

3）清理并浸湿预贴地面，如图 2-79 所示。

洒水浸湿预贴地面，既可以将浮灰融入水中，又能增加基层地面与地砖的黏结度，有效减少“地空鼓”的质量问题。因为，若地面不洒水浸湿，地面基层上就会有一层很难清扫干净的灰尘，在有灰尘的地面上铺贴，就是将干硬性水泥砂浆铺放在一层浮灰上，必然会影响干硬性水泥砂浆与楼地面的有效连接，所以就有可能造成地面与干硬性水泥砂浆层间的空鼓，这就叫“地空鼓”。

图 2-79　洒水至欲铺处

4）搅拌水泥干硬性砂浆→检验水泥干硬性砂浆干湿度。参见图 2-7 所示的施工方法。

5）沿已弹水平线镶贴定位两块砖→拉设镶贴基准线，如图 2-80 所示。如果预镶贴面积较大，与镶贴的两块定位砖之间距离过长，导致拉设的镶贴基准线下沉，则有必要在预贴的两块定位砖中间点位置再预贴一块定位砖，如图 2-81 所示。施工现场，常就地取材选用普通黏土砖作为拉设镶贴基准线缠绕的固定重物，如图 2-82 所示。

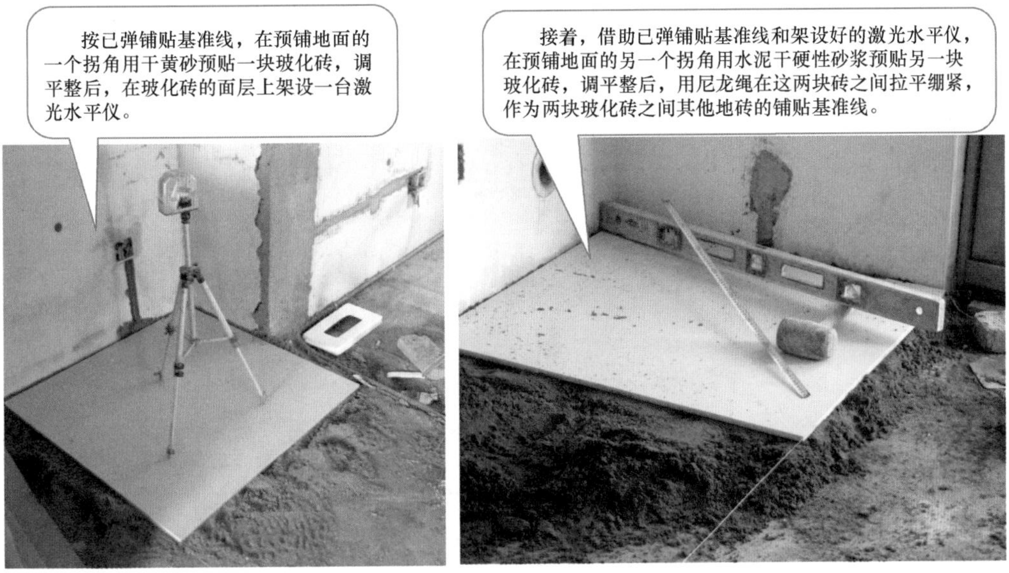

按已弹铺贴基准线，在预铺地面的一个拐角用干黄砂预贴一块玻化砖，调平整后，在玻化砖的面层上架设一台激光水平仪。
接着，借助已弹铺贴基准线和架设好的激光水平仪，在预铺地面的另一个拐角用水泥干硬性砂浆预贴另一块玻化砖，调平整后，用尼龙绳在这两块砖之间拉平绷紧，作为两块玻化砖之间其他地砖的铺贴基准线。

图 2-80　玻化砖在预贴现场两端的定位镶贴

图 2-81　玻化砖在预贴现场中间部位的定位镶贴

图 2-82　拉设镶贴基准线缠绕的普通黏土砖

6）逐块镶贴。逐块镶贴分整块与非整块玻化砖的镶贴。

① 整块玻化砖镶贴。每块砖都要经过“摊铺平整水泥干硬性砂浆→预贴→背面刮抹素水泥浆→镶贴→检平”几道工序，具体施工方法与步骤如下：

a. 摊铺平整水泥干硬性砂浆，如图 2-83 所示。

b. 玻化砖预贴，如图 2-84 所示。

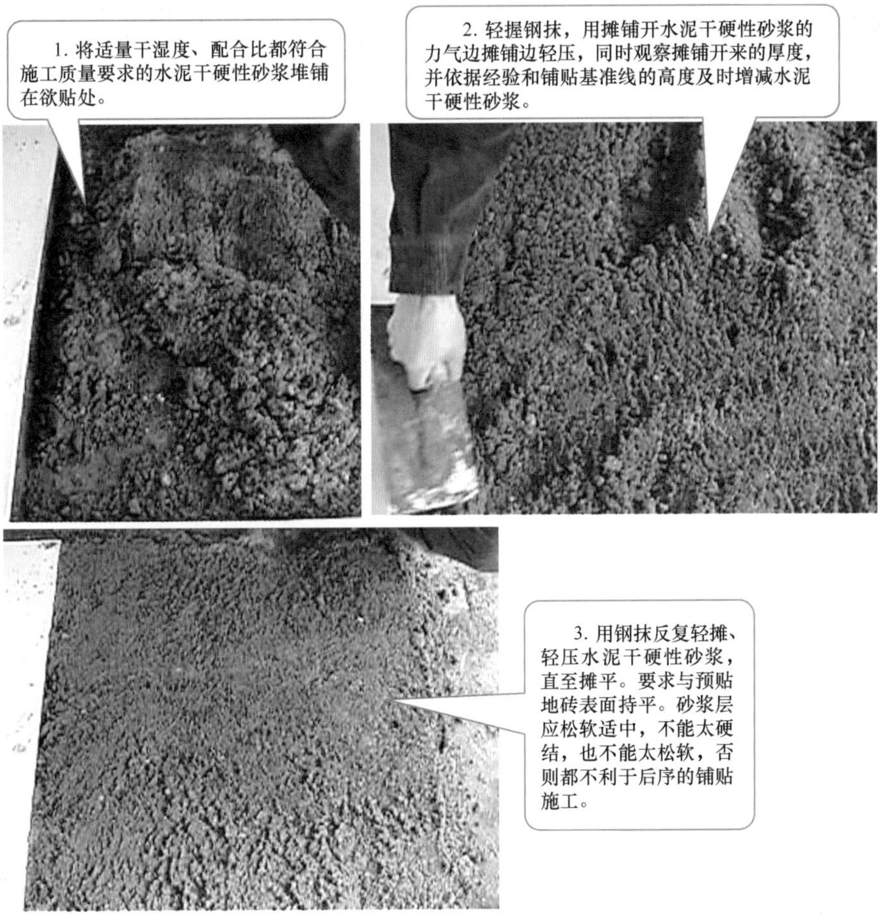

1. 将适量干湿度、配合比都符合施工质量要求的水泥干硬性砂浆堆铺在欲贴处。
2. 轻握钢抹，用摊铺开水泥干硬性砂浆的力气边摊铺边轻压，同时观察摊铺开来的厚度，并依据经验和铺贴基准线的高度及时增减水泥干硬性砂浆。
3. 用钢抹反复轻摊、轻压水泥干硬性砂浆，直至摊平。要求与预贴地砖表面持平。砂浆层应松软适中，不能太硬结，也不能太松软，否则都不利于后序的铺贴施工。

图 2-83　钢抹子轻压、摊平水泥干硬性砂浆层

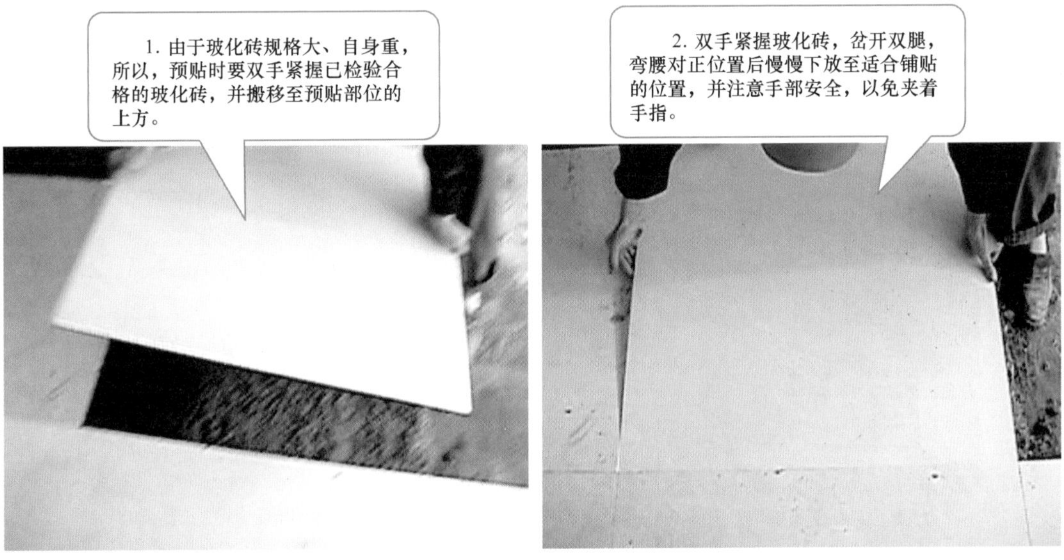

1. 由于玻化砖规格大、自身重，所以，预贴时要双手紧握已检验合格的玻化砖，并搬移至预贴部位的上方。
2. 双手紧握玻化砖，岔开双腿，弯腰对正位置后慢慢下放至适合铺贴的位置，并注意手部安全，以免夹着手指。

图 2-84　预贴已检验合格的玻化砖

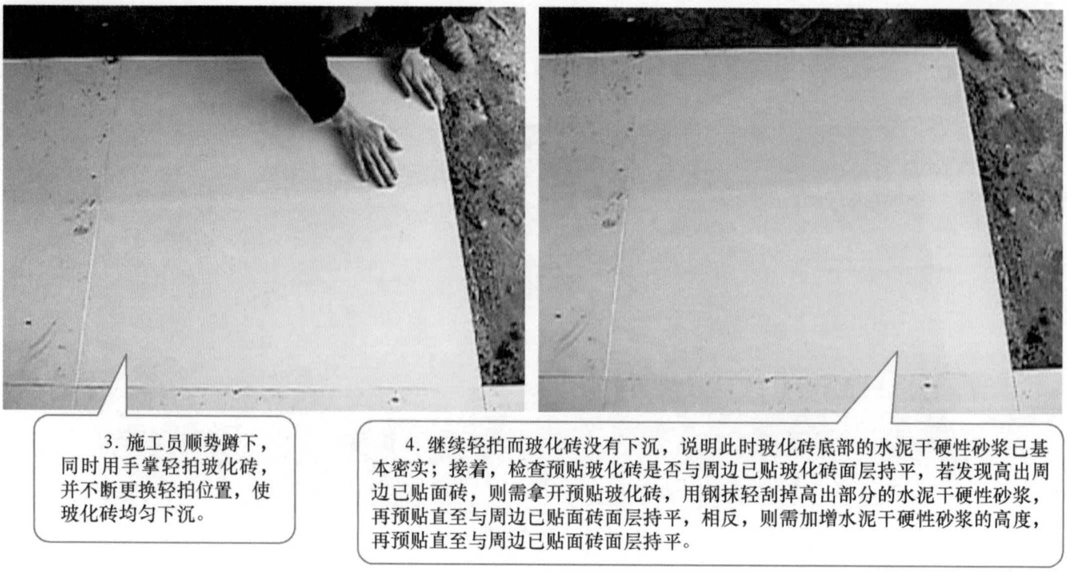

3. 施工员顺势蹲下，同时用手掌轻拍玻化砖，并不断更换轻拍位置，使玻化砖均匀下沉。
4. 继续轻拍而玻化砖没有下沉，说明此时玻化砖底部的水泥干硬性砂浆已基本密实；接着，检查预贴玻化砖是否与周边已贴玻化砖面层持平，若发现高出周边已贴面砖，则需拿开预贴玻化砖，用钢抹轻刮掉高出部分的水泥干硬性砂浆，再预贴直至与周边已贴面砖面层持平，相反，则需加增水泥干硬性砂浆的高度，再预贴直至与周边已贴面砖面层持平。

图 2-84　预贴已检验合格的玻化砖（续）

c. 玻化砖背面刮抹素水泥浆。素水泥浆的浸泡，如图 2-23 所示；素水泥浆的搅拌、装桶等，如图 2-26 所示；玻化砖背面刮抹素水泥浆，如图 2-85 所示。

1. 翻转玻化砖，背面朝上放置在塑料桶上（也可用防水涂料的空塑料桶），并在中间堆放素水泥浆。
2.用小尖钢抹用力摊铺素水泥浆，并及时从小灰桶中刮挖素水泥浆堆至玻化砖背面并继续摊铺。
3.素水泥浆摊铺满玻化砖背面，20mm左右厚，要求中间部分比四周稍高些。

图 2-85　玻化砖背抹并摊平素水泥浆

d. 镶贴。首先，将满铺素水泥浆的玻化砖翻转过来，如图 2-86 所示；接着，放贴玻化砖，如图 2-87 所示。

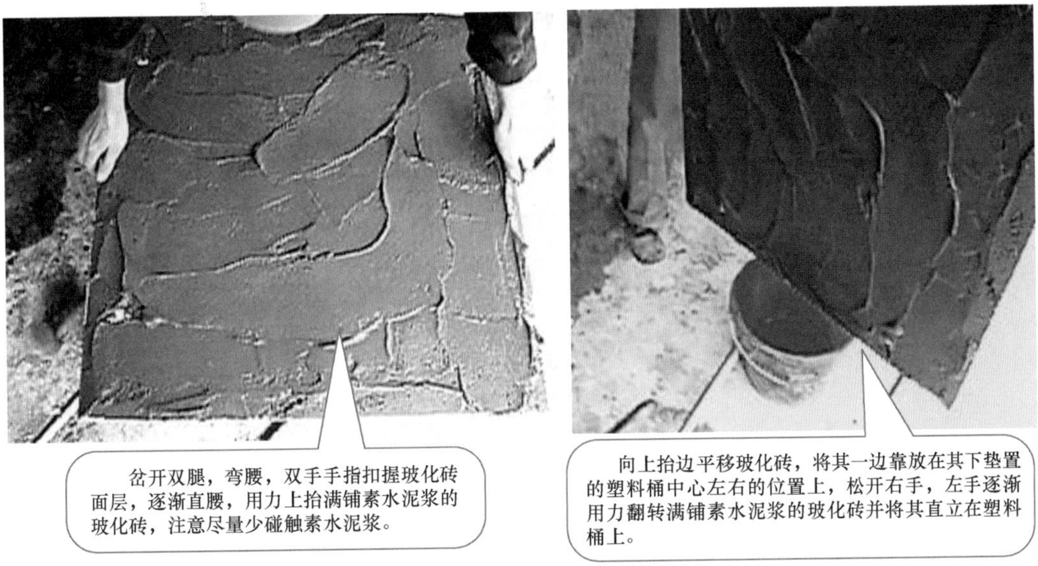

岔开双腿，弯腰，双手手指扣握玻化砖面层，逐渐直腰，用力上抬满铺素水泥浆的玻化砖，注意尽量少碰触素水泥浆。
向上抬边平移玻化砖，将其一边靠放在其下垫置的塑料桶中心左右的位置上，松开右手，左手逐渐用力翻转满铺素水泥浆的玻化砖并将其直立在塑料桶上。

图 2-86　翻转已摊满素水泥浆的玻化砖

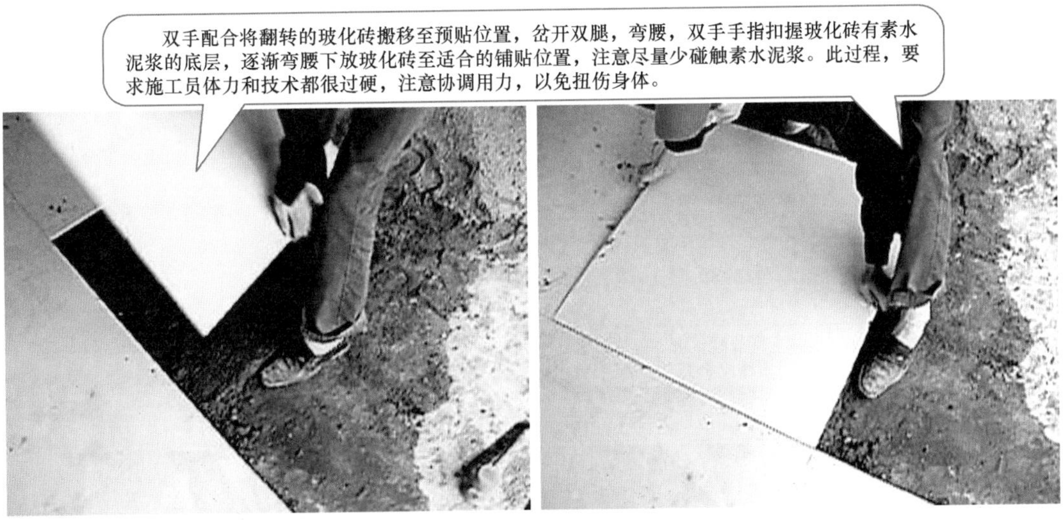

双手配合将翻转的玻化砖搬移至预贴位置，岔开双腿，弯腰，双手手指扣握玻化砖有素水泥浆的底层，逐渐弯腰下放玻化砖至适合的铺贴位置，注意尽量少碰触素水泥浆。此过程，要求施工员体力和技术都很过硬，注意协调用力，以免扭伤身体。

图 2-87　向下放贴玻化砖

第二步，对放贴后的玻化砖进行镶贴位置的调整，如图 2-88 所示；如果要求玻化砖之间是离缝镶贴，调整镶贴位置时，必须用“十”字缝卡，如图 2-89 所示。“十”字卡离缝镶贴常见于仿古砖的镶贴。

第三步，对调整位置后的玻化砖进行敲贴，如图 2-90 所示；如果出现缝隙不够密实，可以用橡皮榔头轻敲击釉面砖侧边来实现缝隙密实，如图 2-91 所示。

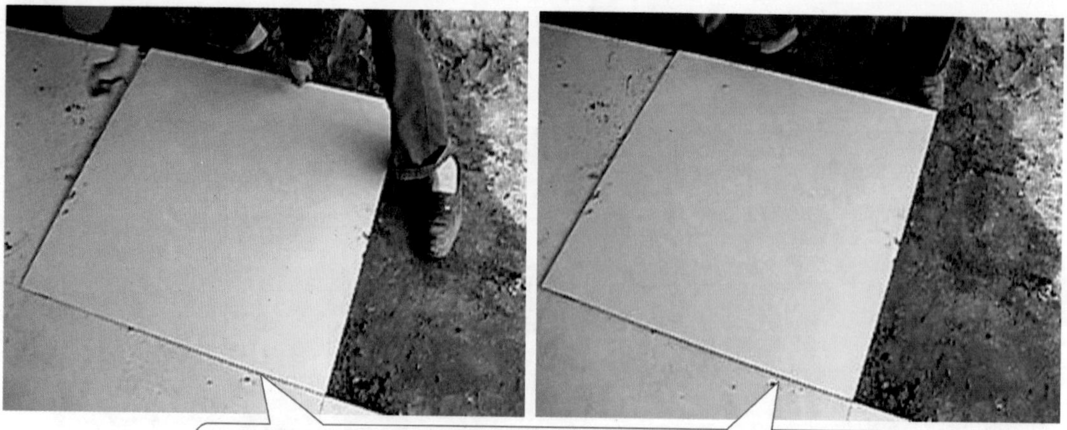

弯腰向下放贴玻化砖，不可能放贴到准确的铺贴位置，肯定存在或多或少的误差，所以，必须按施工要求调整预贴玻化砖与已贴玻化砖的位置，直至对正。

图 2-88　玻化砖放贴后的调整

图 2-89　统一的“十”字塑料卡进行留缝镶贴

1. 施工员蹲下后，上身前倾，重心前移，左手撑着玻化砖面，右手用橡皮榔头垂直敲铺玻化砖，先敲中间，接着敲四周，要求不同部位都要敲到。
2. 当遇到铺贴有误时，也可以倾斜橡皮榔头，侧敲玻化砖，直至施工符合质量要求。

图 2-90　敲铺玻化砖

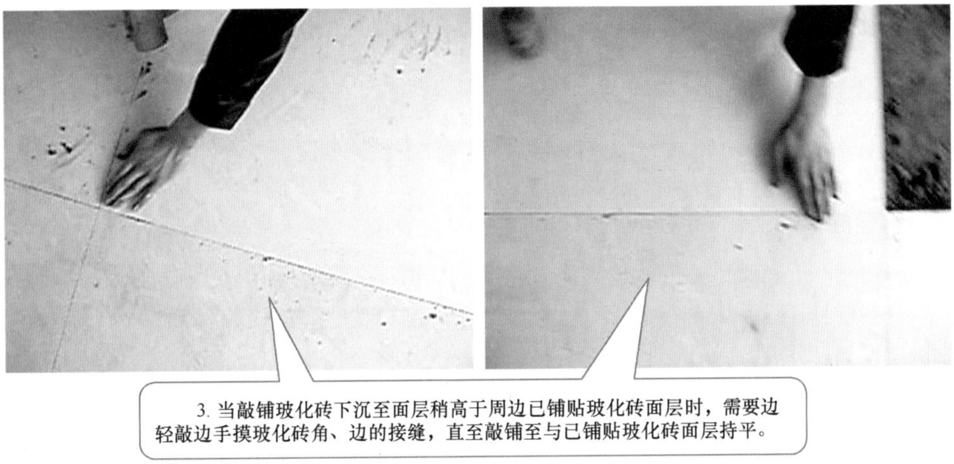

3. 当敲铺玻化砖下沉至面层稍高于周边已铺贴玻化砖面层时，需要边轻敲边手摸玻化砖角、边的接缝，直至敲铺至与已铺贴玻化砖面层持平。

图 2-90　敲铺玻化砖（续）

第四步，敲铺玻化砖平整后，为进一步确保施工质量，还需用工具密实周边水泥干硬性砂浆垫层，如图 2-92 所示。

第五步，用钢抹清理干净玻化砖四周溢出的多余砂浆，为镶贴下一块玻化砖做准备，如图 2-93 所示。

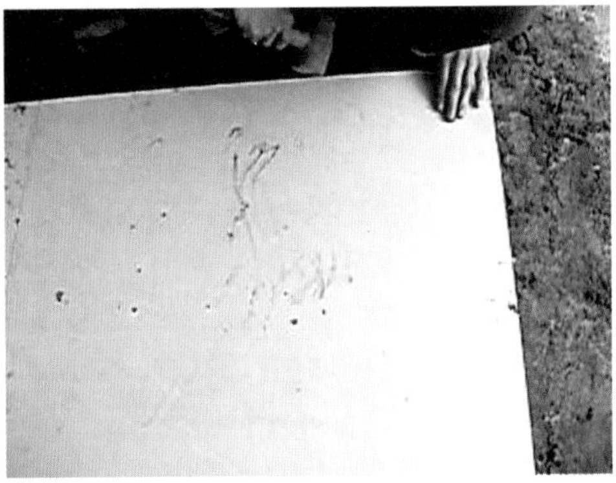

图 2-91　橡皮榔头柄轻敲玻化砖侧边线，实现对边密缝

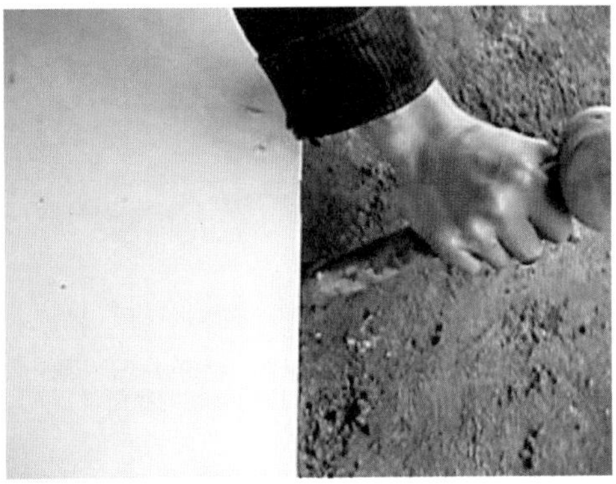

图 2-92　橡皮榔头捣压密实玻化砖的砂浆垫层

图 2-93　竖立钢抹，刮割清理干净玻化砖侧面多余砂浆

重复上述施工方法，按步骤将所有整块釉面砖镶贴完毕，即可进行非整块玻化砖的镶贴。

②非整块玻化砖的镶贴。每块砖都要经过“丈量预贴尺寸→依据预贴尺寸丈量与裁割玻化砖→摊铺平整水泥干硬性砂浆→预贴→背面刮抹素水泥浆→镶贴→检平”几道工序，具体施工方法与步骤如下：

a. 丈量预贴尺寸，操作方法可参见图 2-37。注意预贴尺寸一定考虑地砖与墙边的留缝，要求留 8 ~ 10mm 的缝隙，以备玻化砖下面水泥干硬性砂浆垫层的水分蒸发。如玻化砖直接顶墙镶贴而不留缝隙，地砖下面水泥砂浆垫层的水分则被干燥的墙体吸入，吸入水分的墙体，当气温升高，水气就会从墙体向外蒸发出来，这将会撑破损乳胶漆面层或致使木质装饰面层或踢脚线发霉。

b. 依据预贴尺寸丈量与裁割玻化砖，将玻化砖面层向上平放在手推切割机内，丈量裁割尺寸后，手推裁割地砖，如图 2-94 所示。

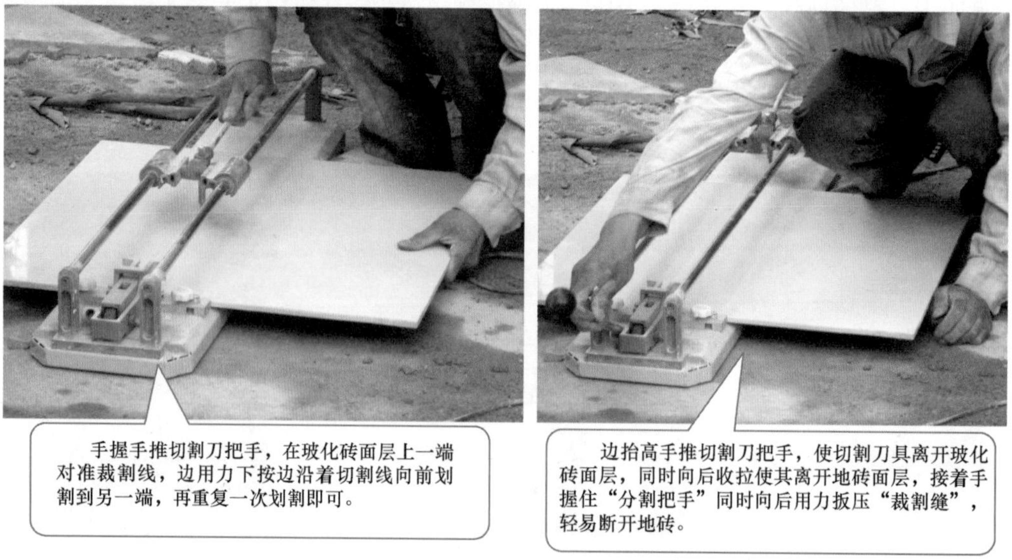

手握手推切割刀把手，在玻化砖面层上一端对准裁割线，边用力下按边沿着切割线向前划割到另一端，再重复一次划割即可。
边抬高手推切割刀把手，使切割刀具离开玻化砖面层，同时向后收拉使其离开地砖面层，接着手握住“分割把手”同时向后用力扳压“裁割缝”，轻易断开地砖。

图 2-94　手推切割机切割玻化砖

c. 摊铺平整水泥干硬性砂浆→预贴→背面刮抹素水泥浆→镶贴→检平”等几道工序的施工方法与整块玻化砖的镶贴相同，直至所有非整块砖的施工完成。

完成所有玻化砖的施工任务，清理面层及其缝隙后，进行嵌缝处理。常采用填缝剂填嵌法，处理方法同釉面墙砖嵌缝法，得到如图 2-95 所示的整体效果。

上述玻化砖的施工方法，同样适用于釉面地砖、花岗岩、仿古砖、场砖等的施工。所以，可用上述方法完成厨房、卫生间、阳台的地面砖的镶贴，如图 2-96 所示。接着，再根据厨房、卫生间等地面设计坡度，将镶贴基准线以下的釉面墙砖逐块裁割、镶贴（墙、地收口处理为墙砖盖压地砖），这样操作直至完成所有厨、卫空间的施工任务，清理面层及其缝隙并对其进行嵌缝处理，方法同釉面墙砖嵌缝法，得到如图 2-97 所示的整体效果。

图 2-95　玻化砖镶贴后效果

图 2-96　厨、卫釉面地砖镶贴

图 2-97　厨、卫釉面地砖镶贴后效果

典型工作过程五　其他类型饰面砖墙面镶贴

一、玻化地砖点系挂镶贴上墙

随着时代的发展，装修越来越要求个性化，逐渐地，有业主将公共装修的一些工艺沿用到家居装修中。比如，玻化地砖镶贴上墙的做法，即将 600mm × 600mm、800mm × 800mm

等大规格玻化地砖在工厂中用水刀切割一剖为二、45°倒角车边，然后搬运到施工现场镶贴上墙。玻化地砖点系挂镶贴上墙常采用两种镶贴方法。

1. 高强度黏结剂镶贴

如果选用将600mm×600mm玻化地砖一剖为二上墙镶贴，由于裁割后规格为300mm×600mm，从其自重和施工质量考虑，宜选用强力或超强力黏结剂镶贴，不能贪图便宜使用通用型黏结剂而影响施工质量，如图2-98所示。具体施工方法与步骤同釉面墙砖镶贴方法。

图2-98　不同强度黏结剂包装图

2. 点系挂+专用黏结剂镶贴

如果选用将800mm×800mm或以上规格的玻化地砖一剖为二上墙镶贴，由于裁割后规格为400mm×800mm，从其自重和施工质量考虑，必须用“点系挂+专用黏结剂镶贴方法”，具体如下所述。

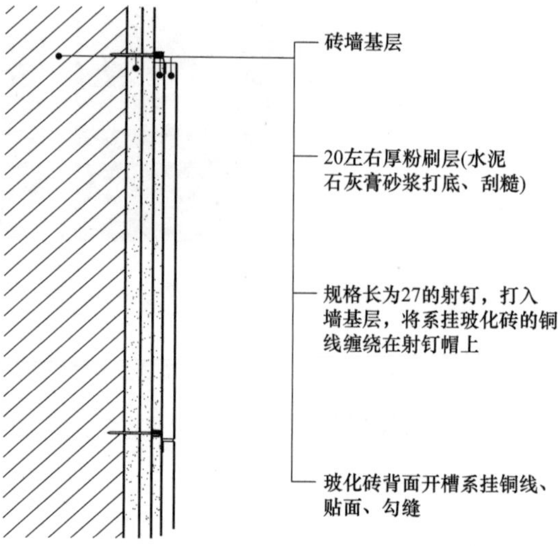

图2-99　玻化地砖点系挂上墙镶贴构造图

注：文字自上向下读表示构造图的自左向右。

（1）施工前业主的准备　在零星砌筑完工后，业主即可请瓷砖供应商上门准确丈量墙面预镶贴尺寸，并根据设计要求计算所需玻化地砖的块数，然后进行裁割及每块饰面砖的倒角磨光等处理，这种加工需要一段时间。所以，业主需要提前做好准备。

（2）施工前装饰公司的准备　施工前装饰公司的准备工作包括识读构造图和备足辅料。

1）识读构造图。构造图是施工的标准，

应按图施工，如图 2-99 所示。

2）备足辅料。常用辅料包括强力黏结剂、27mm 长不锈钢钉、云石胶、铜丝等，如图 2-100 所示。

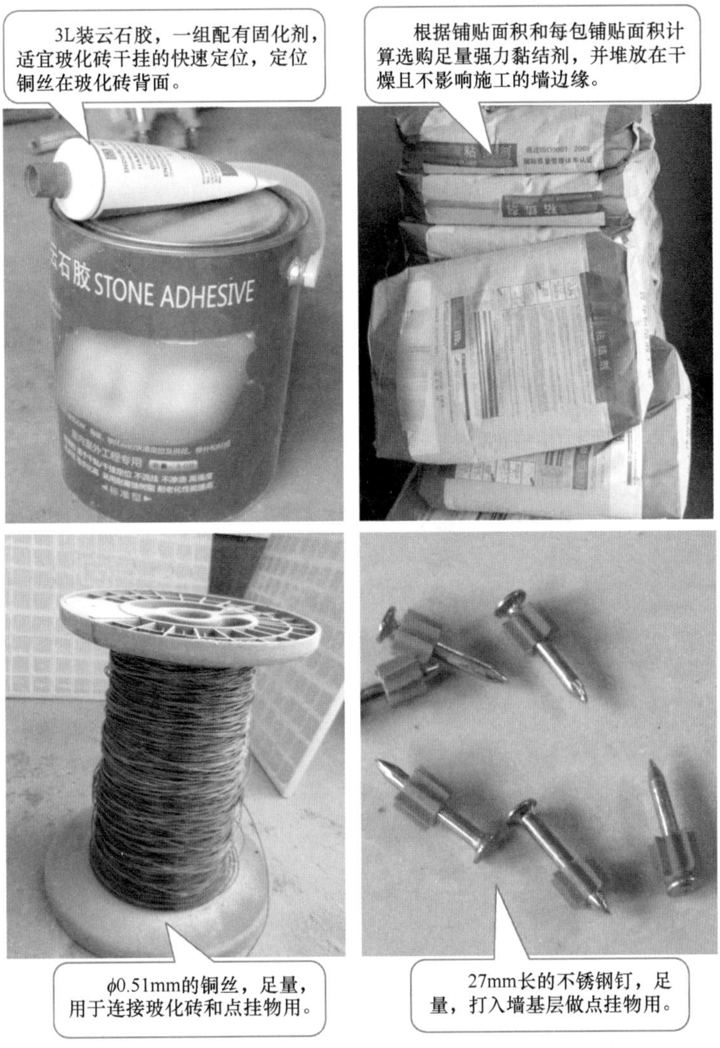
3L装云石胶，一组配有固化剂，适宜玻化砖干挂的快速定位，定位铜丝在玻化砖背面。
根据铺贴面积和每包铺贴面积计算选购足量强力黏结剂，并堆放在干燥且不影响施工的墙边缘。
云石胶 STONE ADHESIVE
ϕ0.51mm的铜丝，足量，用于连接玻化砖和点挂物用。
27mm长的不锈钢钉，足量，打入墙基层做点挂物用。

图 2-100　辅料配置图

（3）施工　由于大块玻化砖自身重，将其点系挂上墙镶贴时只能从紧靠地面开始逐排向上镶贴、系挂，与厨、卫小块釉面墙砖镶贴有所不同。

1）钳割铜丝，如图 2-101 所示。

2）切割 U 形暗槽，用于铜丝的系挂（后文简称系挂槽）。对于预贴玻化砖，首先要设计开槽的位置与尺寸，如图 2-102 所示；然后，手持电动切割机在设计的位置按设计尺寸进行切割，如图 2-103 所示；切割合格的系挂槽，如图 2-104 所示。

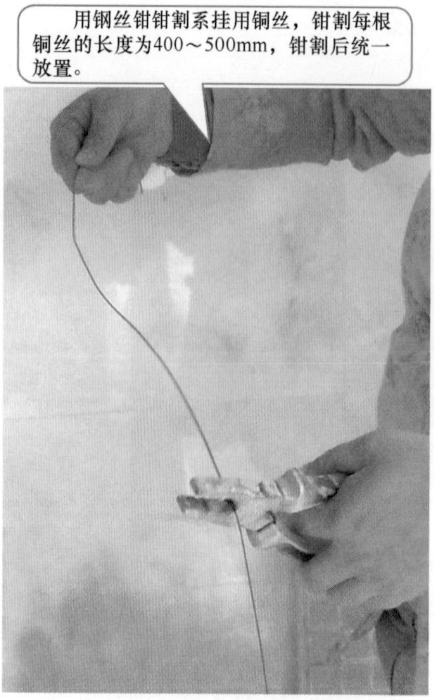

用钢丝钳钳割系挂用铜丝，钳割每根铜丝的长度为400～500mm，钳割后统一放置。

图 2-101　钳割铜丝图

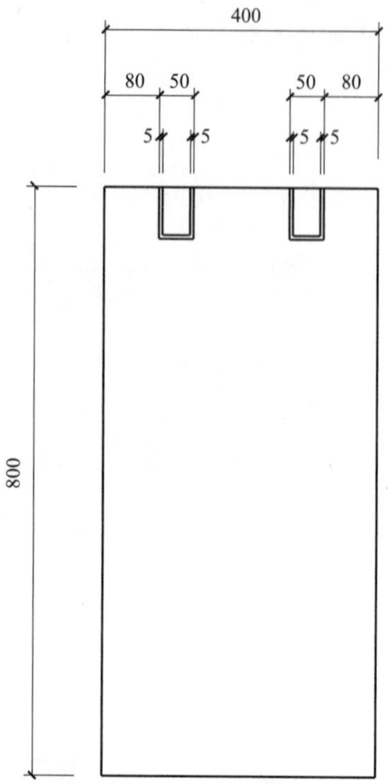

图 2-102　系挂槽切割位置、尺寸设计图

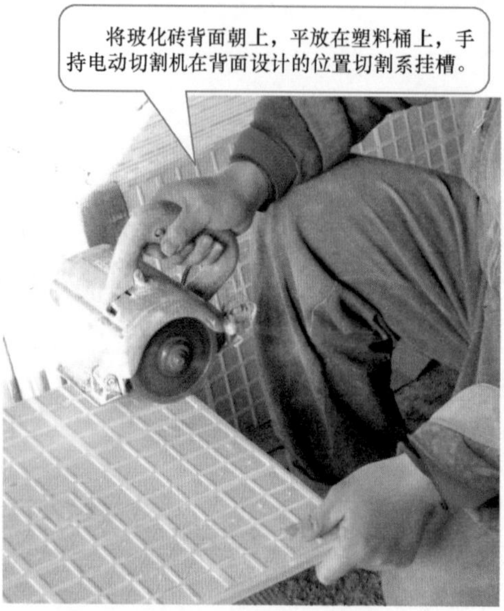

图 2-103　切割系挂槽

切割完成的系挂槽，槽宽、槽深要一致，槽边顺直。

图 2-104　切割合格的系挂槽

3）在系挂槽内绑扎铜丝，如图 2-105、图 2-106 所示。

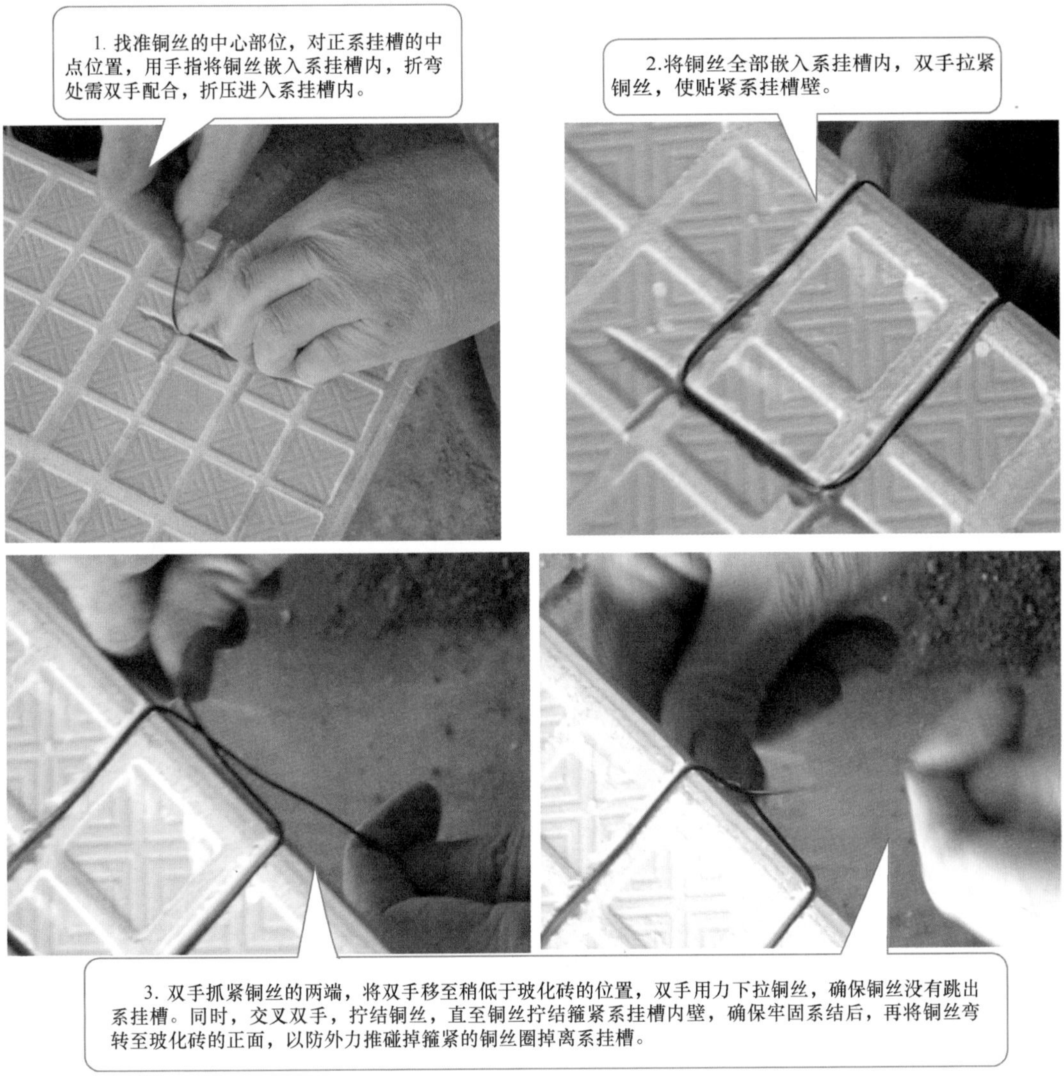

1. 找准铜丝的中心部位，对正系挂槽的中点位置，用手指将铜丝嵌入系挂槽内，折弯处需双手配合，折压进入系挂槽内。
2.将铜丝全部嵌入系挂槽内，双手拉紧铜丝，使贴紧系挂槽壁。
3. 双手抓紧铜丝的两端，将双手移至稍低于玻化砖的位置，双手用力下拉铜丝，确保铜丝没有跳出系挂槽。同时，交叉双手，拧结铜丝，直至铜丝拧结箍紧系挂槽内壁，确保牢固系结后，再将铜丝弯转至玻化砖的正面，以防外力推碰掉箍紧的铜丝圈掉离系挂槽。

图 2-105　系挂槽内嵌系铜丝

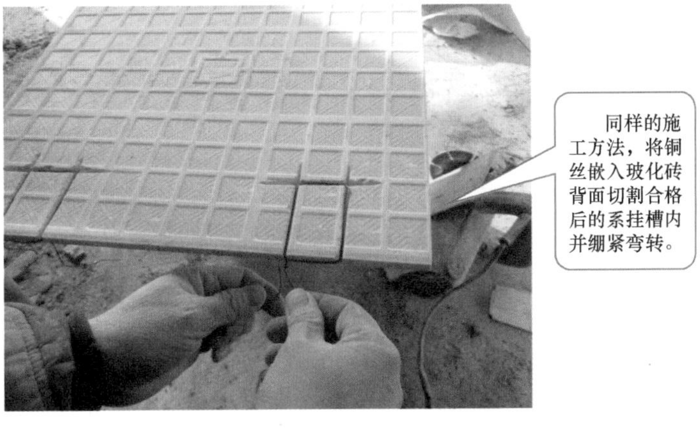

同样的施工方法，将铜丝嵌入玻化砖背面切割合格后的系挂槽内并绷紧弯转。

图 2-106　另一个系挂槽内嵌系铜丝

4）云石胶填嵌系挂槽，固定铜丝与玻化砖连成一体，如图 2-107 所示。刮抹填嵌后符合质量要求的侧面，如图 2-108 所示。

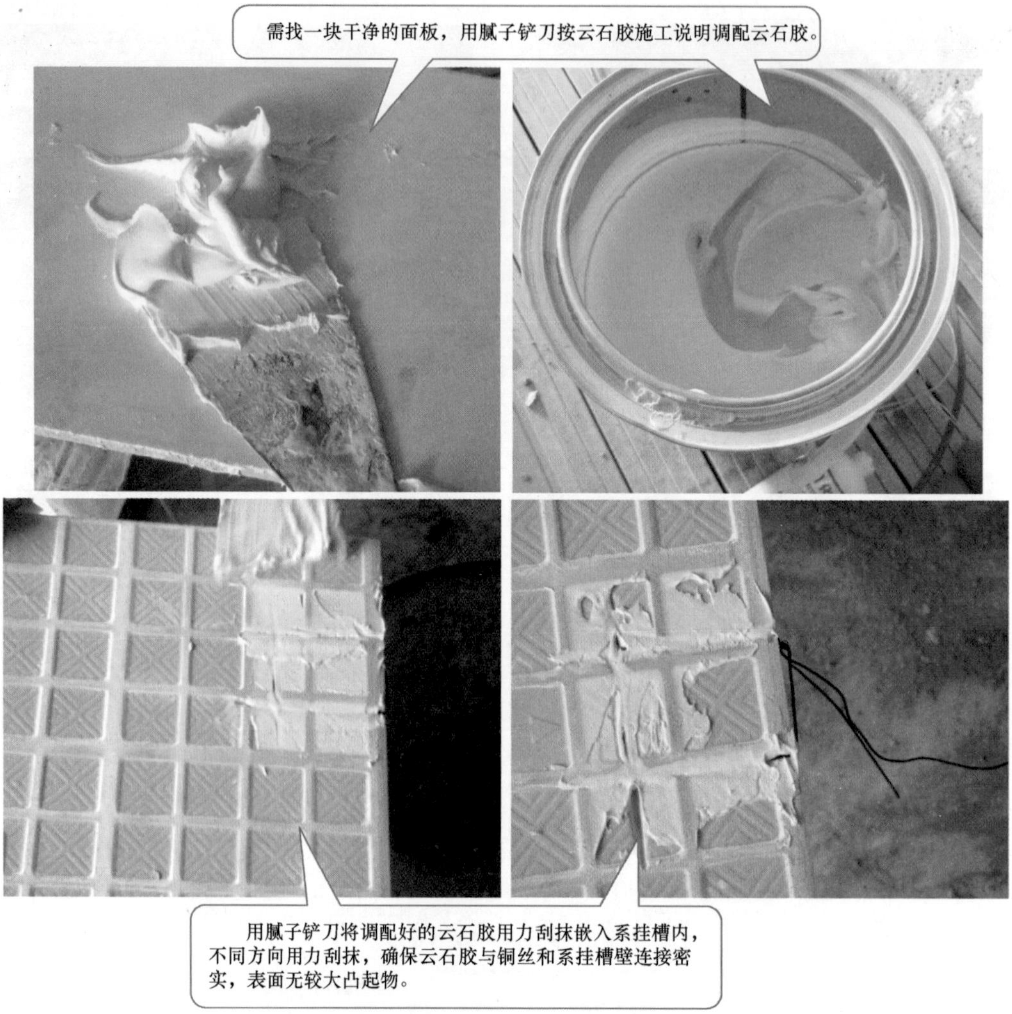

图 2-107　云石胶胶固铜丝至玻化砖上

图 2-108　合格填嵌云石胶示意图

上述操作，不宜一次性数量过多，否则，切割扬起的粉尘过大，影响后续施工；另外，立靠养护需要占用过大空间而影响墙面施工。凭经验，一次性操作 15 ~ 20 块玻化砖为宜，施工上墙完成后再重复上述操作。

5）云石胶填嵌后的养护，干透才可以施工上墙，如图 2-109 所示。云石胶彻底干透后的叠放，如图 2-110 所示。

轻拿轻放立靠养护，夏天气温高，2～3min后云石胶可彻底干透，冬天气温偏低，则需要10min左右，具体干透时间还要看当时的天气而定。

图 2-109　云石胶填嵌后的立靠养护

轻拿且背面朝上叠放在靠近施工点的位置，注意玻化砖下垫上干净软质垫置物，以防破坏其面层。

图 2-110　云石胶干透后的叠放

6）大工挂拉施工水平线，如图 2-111 所示；同时，小工搅拌黏结剂，方法参见图 2-26。

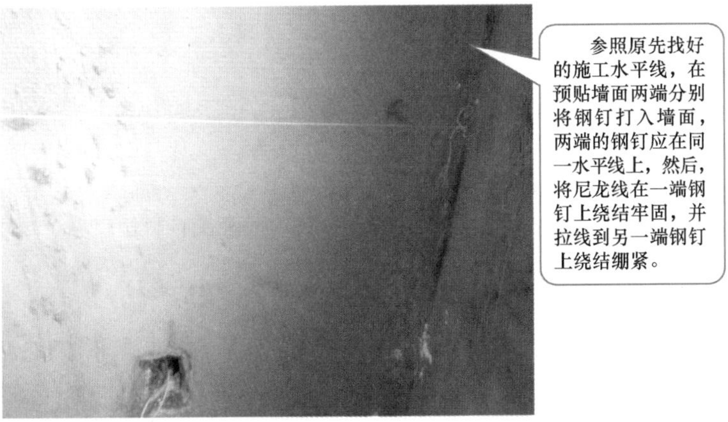

参照原先找好的施工水平线，在预贴墙面两端分别将钢钉打入墙面，两端的钢钉应在同一水平线上，然后，将尼龙线在一端钢钉上绕结牢固，并拉线到另一端钢钉上绕结绷紧。

图 2-111　拉挂施工水平线

7）镶贴第一块玻化砖。正常情况下，应先从墙阳角处开始镶贴，如图 2-112 所示。

8）镶贴第二块玻化砖。遵循“预贴→背面抹黏结剂→敲贴→检平”四步骤，镶贴方法同釉面墙砖，注意“十”字卡件的运用，如图 2-113 所示。

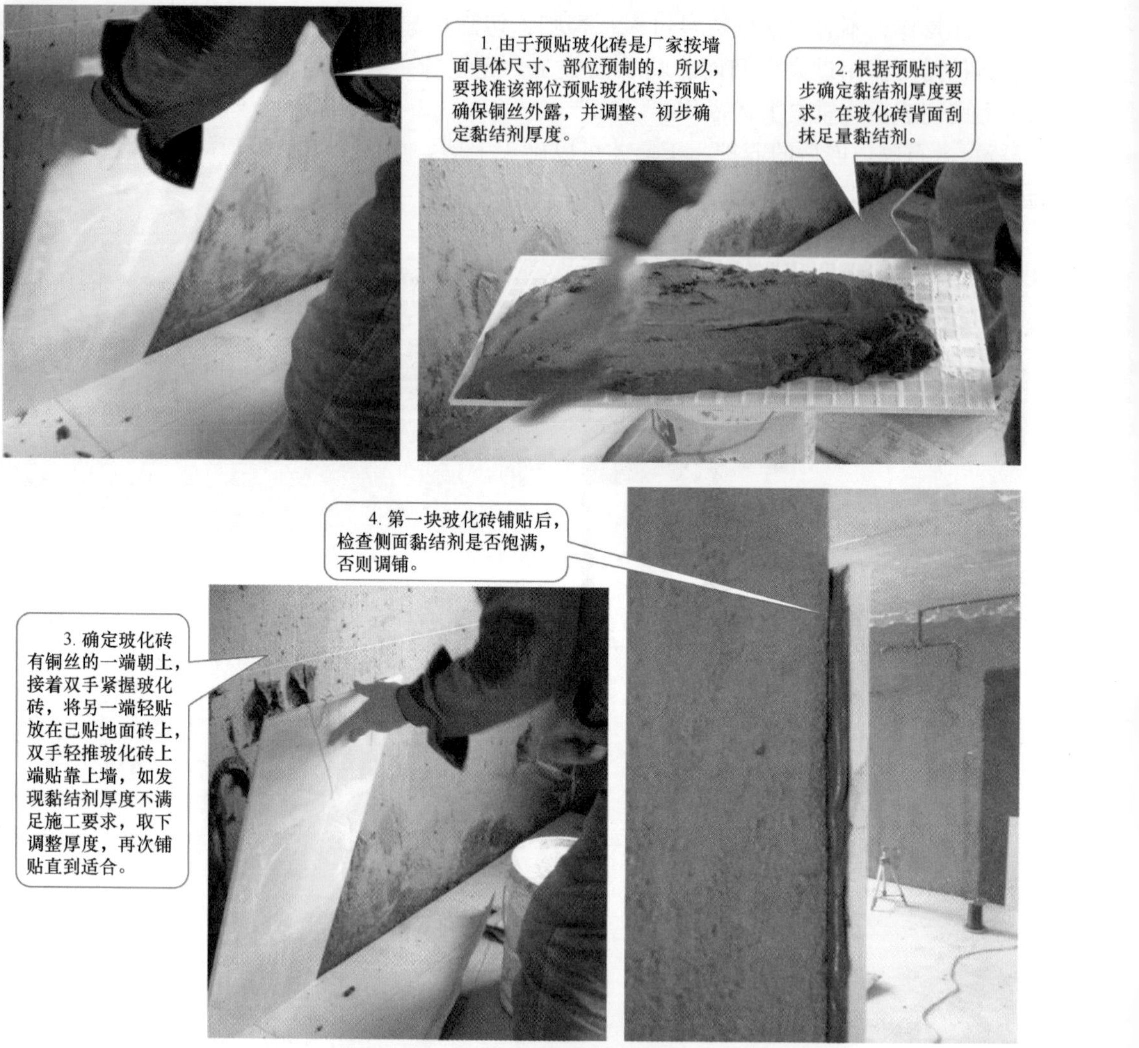

1. 由于预贴玻化砖是厂家按墙面具体尺寸、部位预制的，所以，要找准该部位预贴玻化砖并预贴、确保铜丝外露，并调整、初步确定黏结剂厚度。
2. 根据预贴时初步确定黏结剂厚度要求，在玻化砖背面刮抹足量黏结剂。
4. 第一块玻化砖铺贴后，检查侧面黏结剂是否饱满，否则调铺。
3. 确定玻化砖有铜丝的一端朝上，接着双手紧握玻化砖，将另一端轻贴放在已贴地面砖上，双手轻推玻化砖上端贴靠上墙，如发现黏结剂厚度不满足施工要求，取下调整厚度，再次铺贴直到适合。

图 2-112　第一块玻化砖镶贴

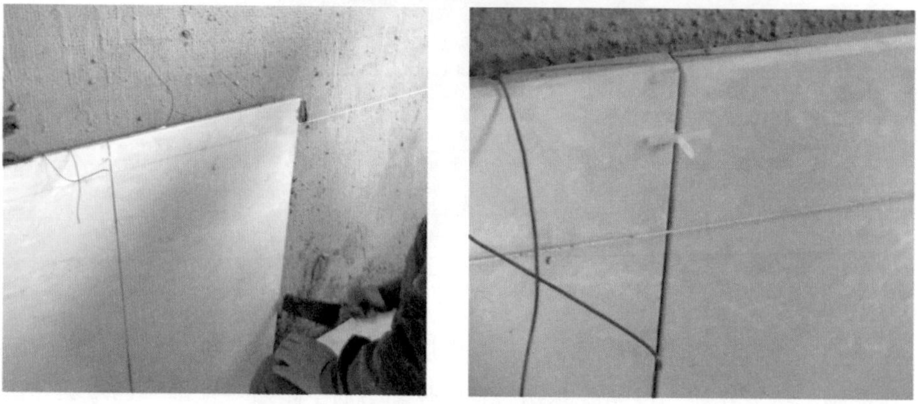

图 2-113　第二块玻化砖镶贴

9）重复上述方法步骤，镶贴第三块、第四块……玻化砖，当遇到插座等部位的镶贴方法同釉面墙砖的镶贴（图 2-114）；直至镶贴完一整排，如图 2-115 所示。

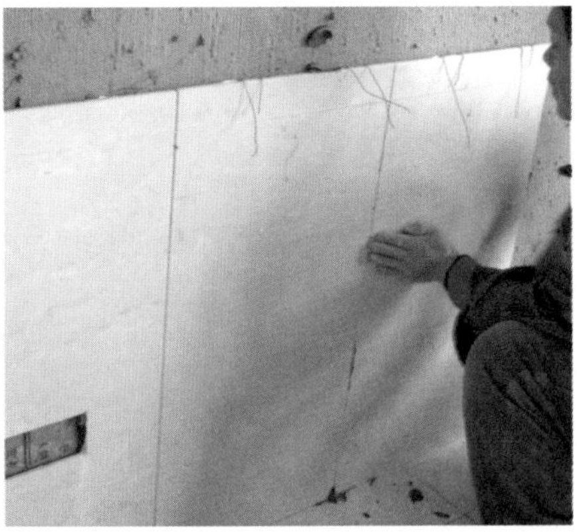

图 2-114　依次镶贴玻化砖

图 2-115　依次镶贴完一整排玻化砖

10）接下来，大工需要重复上述 2）~6）的施工、小工进行铜丝系挂施工，具体方法、步骤与效果，如图 2-116、图 2-117 所示。直至系挂施工完一整排，如图 2-118 所示。

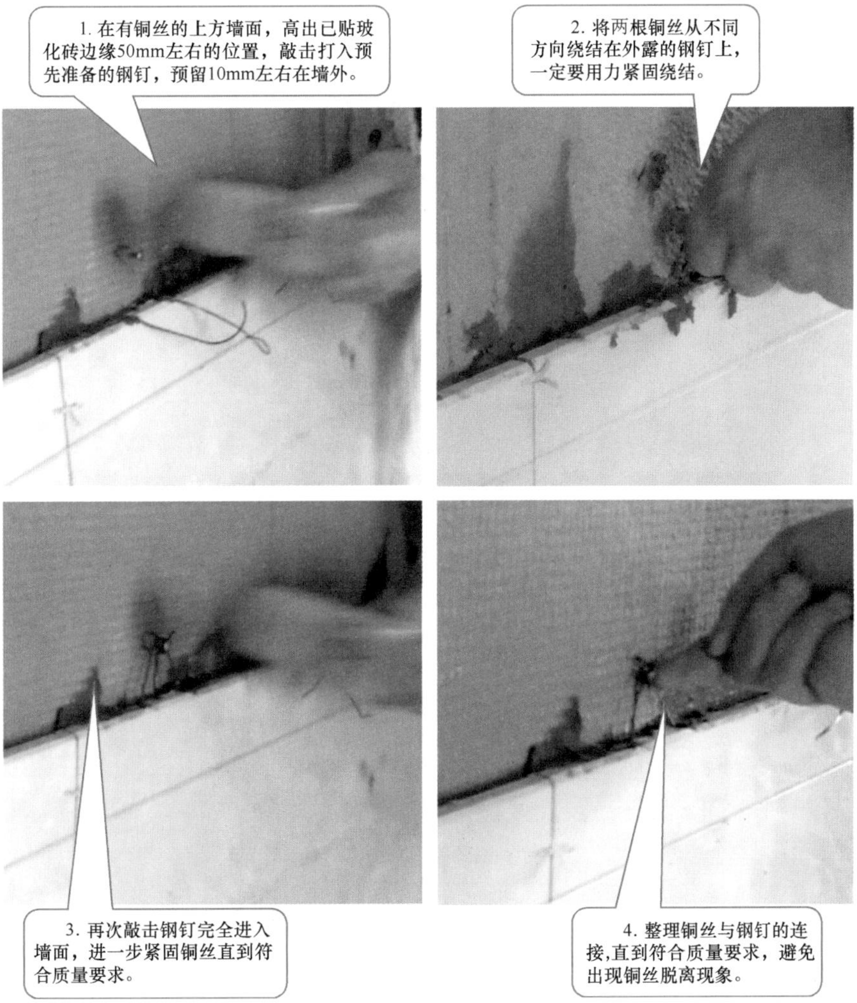

1. 在有铜丝的上方墙面，高出已贴玻化砖边缘50mm左右的位置，敲击打入预先准备的钢钉，预留10mm左右在墙外。
2. 将两根铜丝从不同方向绕结在外露的钢钉上，一定要用力紧固绕结。
3. 再次敲击钢钉完全进入墙面，进一步紧固铜丝直到符合质量要求。
4. 整理铜丝与钢钉的连接，直到符合质量要求，避免出现铜丝脱离现象。

图 2-116　铜丝的系挂施工

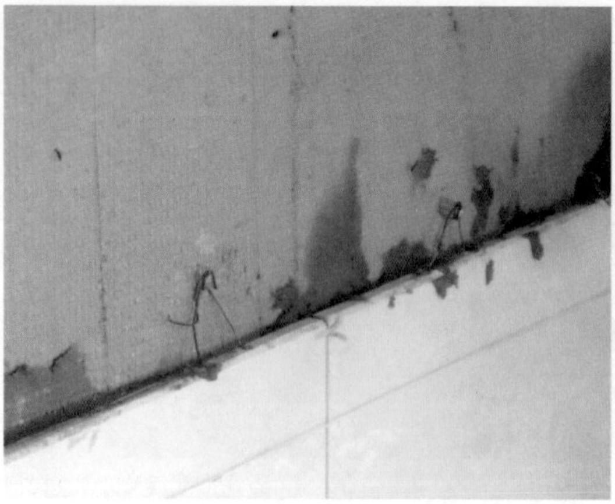

图 2-117　质量合格铜丝的系挂施工

图 2-118　依次的铜丝系挂施工直到完成第一排

11）进行第二排第一块玻化砖的镶贴、系挂，如图 2-119 所示。

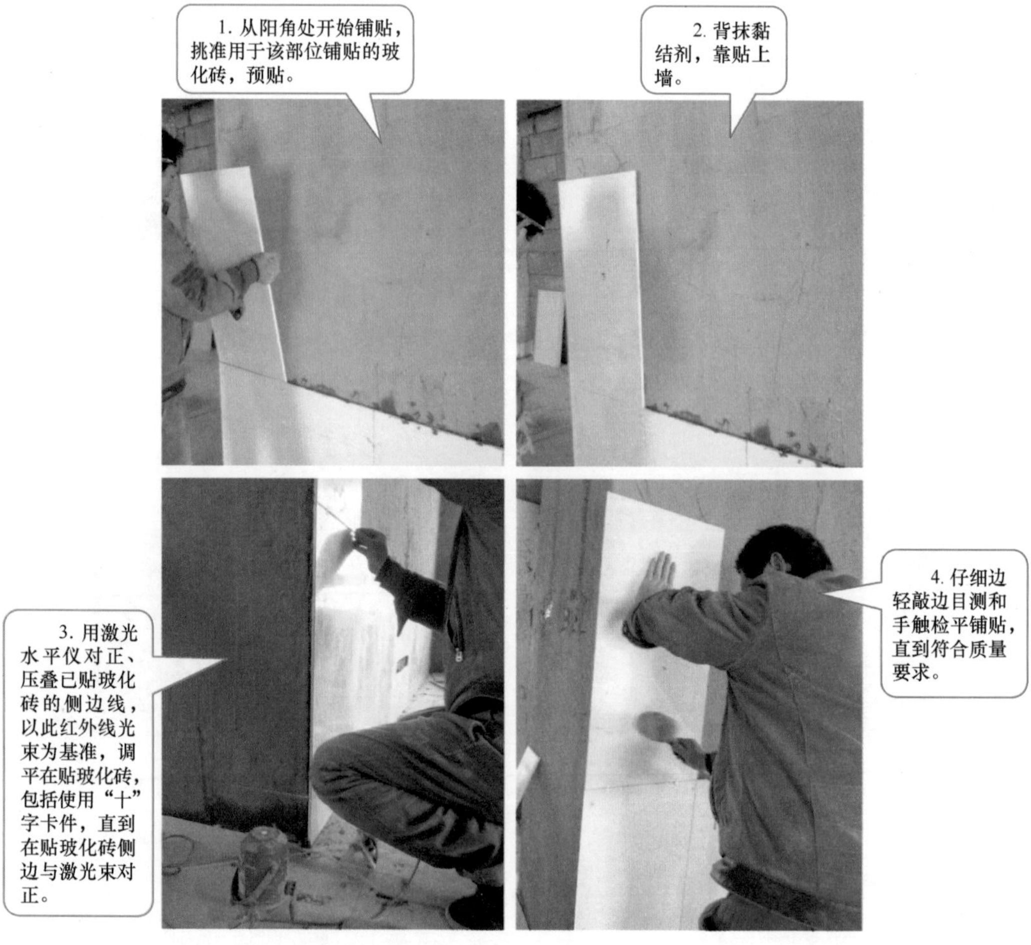

1. 从阳角处开始铺贴，挑准用于该部位铺贴的玻化砖，预贴。
2. 背抹黏结剂，靠贴上墙。
3. 用激光水平仪对正、压叠已贴玻化砖的侧边线，以此红外线光束为基准，调平在贴玻化砖，包括使用“十”字卡件，直到在贴玻化砖侧边与激光束对正。
4. 仔细边轻敲边目测和手触检平铺贴，直到符合质量要求。

图 2-119　第二排第一块玻化砖的镶贴

12）镶贴第二块玻化砖，如图 2-120 所示。施工方法参见 8）。

图 2-120　第二排第二块玻化砖的镶贴

13）采用第二块玻化砖的镶贴方法依次逐块镶贴第三块、第四块……玻化砖，直至镶贴完一整排，当遇到开关等部位的镶贴方法同釉面墙砖的镶贴，如图 2-114 所示。

14）按照 10）所述，大工和小工各自进行下序工作，直至完成第二排已贴玻化砖的铜丝系挂。

15）采用上文所述施工方法与步骤，先后完成第三排、第四排玻化砖的镶贴和点系挂，直至镶贴、点系挂到设计高度，一定要注意登高点系挂的安全，如图 2-121 所示；点系挂完成后一整面墙的镶贴效果，如图 2-122 所示。

16）镶贴后缝隙及面层清理、嵌缝，如图 2-123 所示。施工方法同釉面墙砖的缝隙及面层清理、嵌缝，具体内容详见上文。

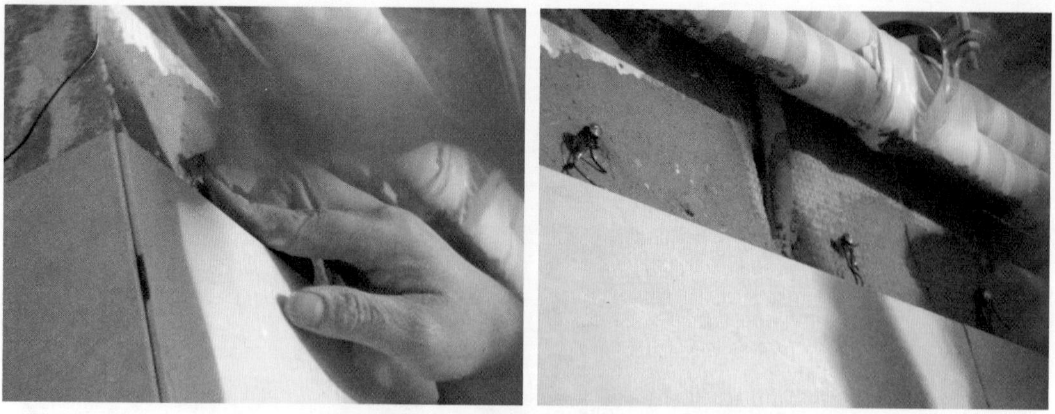

图 2-121　玻化砖点系挂镶贴至设计高度

图 2-122　完成一整面墙的玻化砖点系挂镶贴

图 2-123　一整面墙点系挂镶贴后的缝隙及面层清理、嵌缝

17）重复上述1）~16），完成玻化砖在其他墙面上的点系挂、嵌缝等施工，直至完成所有任务，最终获得如图2-124所示的装饰效果。

图2-124　所有墙面点系挂镶贴后整体效果

二、马赛克镶贴施工

马赛克常作为一些局部的装饰镶贴，不同基层有着不同的安装方法，具体如下所述。

1. 水泥砂浆墙面马赛克镶贴方法

（1）施工准备　施工前，应认真识读施工图样，根据设计要求和施工的工作量，进行足量的料具准备。所需主要工具有4mm或6mm齿形刮板、海绵镘刀、海绵块、小灰铲、清洁布等，如图2-125所示。另外，还要准备水盆、清水等。

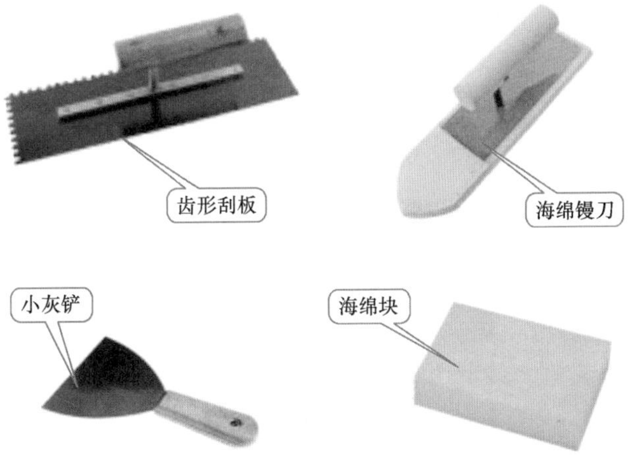

图2-125　马赛克镶贴所需主要工用具

备足质优的马赛克，选用马赛克专用黏结剂。目前，市场上销售不少品牌的专用黏结剂，如图 2-126 所示，宜选择粘帖和填缝二合一型。外包装上都注明施工方法，施工前一定要仔细阅读。

图 2-126　马赛克专用黏结剂包装举例

（2）确定施工工艺流程　马赛克施工工艺一般分为两种。一种正面贴在纸上拼成大块，另一种是背面贴在网拼上成大块，两者的镶贴方法不同。

1）背面贴在网上的马赛克，先要确定施工程序，接着要掌握每道工序的施工方法。

① 确定施工程序。

挑选质优的马赛克→预铺→搅拌黏结剂→基层刮抹黏结剂→镶贴马赛克→拍板赶缝→填嵌缝隙→清洗→保养。

② 具体施工过程如下：

a. 确保镶贴基面清洁、平整。为保证镶贴后接缝平直，镶贴前逐张挑选马赛克，要求挑选出色泽均匀且无缺棱、掉角或尺寸偏差过大的产品备贴。

b. 预铺。安装前应按照施工图预铺，将三张马赛克在地面上并排地铺开，使得张与张之间灰缝与同一张里小粒马赛克间的灰缝相同。预铺时，如出现拼接的中间部分有缝隙，应将马赛克接头处两边的胶和纱网割掉清除，做到接头处缝隙正常协调为止。在墙面上划线来记下每一贴马赛克的准确位置，并在安装面上做出对应的辅助线或标记，确保能准确固定每一片马赛克的位置。镶贴面积较大时结合编号示意图拼接。确保马赛克与安装面现场实际尺寸的协调。

c. 搅拌黏结剂。加水充分搅拌成浆糊状，如图 2-127 所示。

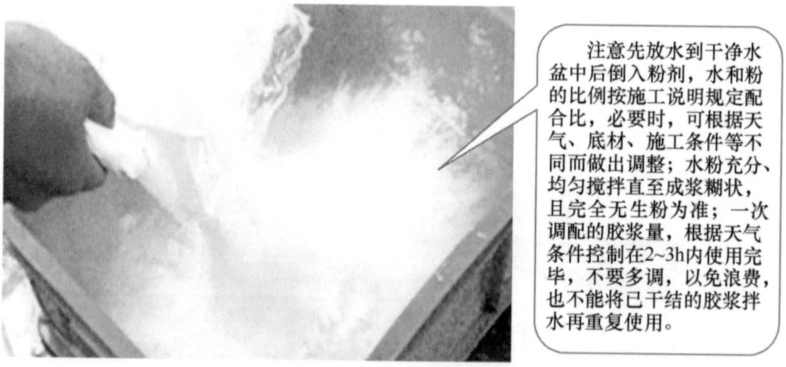

注意先放水到干净水盆中后倒入粉剂，水和粉的比例按施工说明规定配合比，必要时，可根据天气、底材、施工条件等不同而做出调整；水粉充分、均匀搅拌直至成浆糊状，且完全无生粉为准；一次调配的胶浆量，根据天气条件控制在2~3h内使用完毕，不要多调，以免浪费，也不能将已干结的胶浆拌水再重复使用。

图 2-127　搅拌马赛克专用黏结剂

d. 基层刮抹黏结剂。用小灰铲将黏结剂涂到预贴墙面上，由于马赛克厚度小，涂抹的黏结剂厚度以 3～5mm 为宜，接着用 4mm 或 6mm 齿形刮刀在抹平的糊状黏结剂上刮出波浪条纹状，如图 2-128 所示。

e. 镶贴马赛克。马赛克贴前切勿泡水，把单片的马赛克按照图纸对齐缝隙，一端置于波浪条纹状黏结剂上，平稳贴铺直至整片马赛克贴上墙面，如图 2-129 所示。

墙面镶贴马赛克，原则上应从下往上镶贴，并一次性不能镶贴太高，以防自重较大引起塌落，并请使用辅助支撑物使其紧贴墙面，具有一定初始强度后方能取下支撑物。

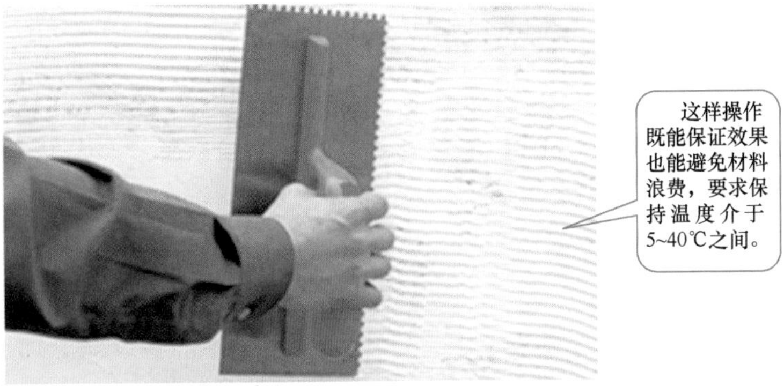

这样操作既能保证效果也能避免材料浪费，要求保持温度介于5~40℃之间。

图 2-128　基层刮抹马赛克专用黏结剂

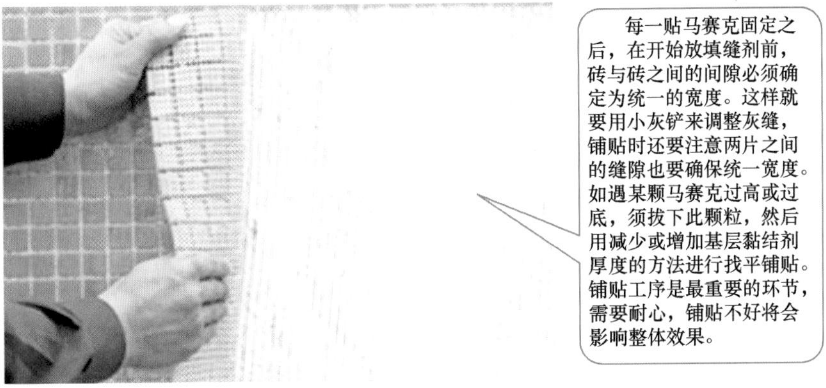

每一贴马赛克固定之后，在开始放填缝剂前，砖与砖之间的间隙必须确定为统一的宽度。这样就要用小灰铲来调整灰缝，铺贴时还要注意两片之间的缝隙也要确保统一宽度。如遇某颗马赛克过高或过底，须拔下此颗粒，然后用减少或增加基层黏结剂厚度的方法进行找平铺贴。铺贴工序是最重要的环节，需要耐心，铺贴不好将会影响整体效果。

图 2-129　镶贴马赛克上墙

在游泳池等水环境基层镶贴前，必须做好防水、防裂处理，并建议使用具有良好防水性能的专用黏结剂和填缝剂。

f. 拍板赶缝。每贴完一张马赛克后，要用海绵镘刀或专业胶版轻压马赛克表面，均匀用力，确保表面平整且吃浆均匀、黏结牢固，如图 2-130 所示。

图 2-130　海绵镘刀或专业胶版轻压马赛克表面、黏结上墙

g. 填缝。均匀饱满的填缝是马赛克镶贴后，追求美感装饰效果的重要一步，具体方法如图 2-131 所示。

铺贴大约1h后，黏结剂水分适度收干，马赛克与黏结剂连接具备一定强度后，用海绵镘刀将填缝剂填满缝隙，马赛克缝隙没有填满容易积聚尘埃，带来日后清洁困难，接缝处的最终凝结强度为28d，所有此间请避免使用易脏物，填缝时，每次刮缝的面积不要超过$2m^2$。

图 2-131 填嵌缝隙

h. 清洗面层。如图 2-132 所示，清理完成后，洁净的面层才符合美感装饰效果的要求。

i. 保养。镶贴完毕，仿古马赛克可打上蜡水保养，以增强其色泽；抛光马赛克可喷涂保护剂，既增加光度又起到养护马赛克之功效；金属马赛克可能会出现氧化等现象，待最后清除即可。

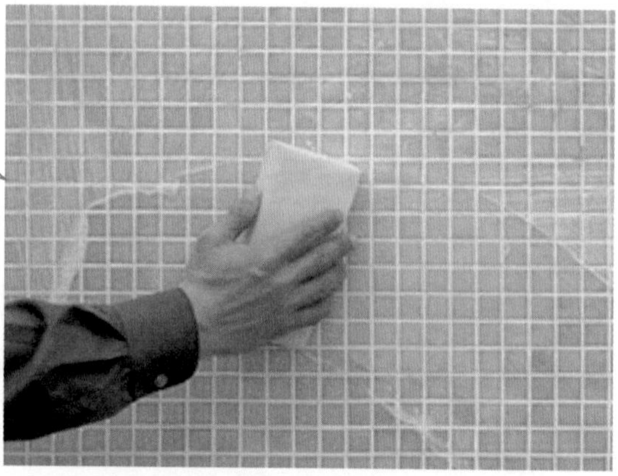

待填缝剂填充完成后大约1h，填缝剂基本干透（具体时间根据当时温度计算），接着准备两个桶，一个装清洁剂，一个装干净水。首先在装清洁剂的桶内浸湿抹布，不用拧干，然后以打圈的方式擦拭马赛克表面；在第二个装有干净水的桶内浸湿海绵，再用海绵擦马赛克表面，擦去所有的残留物。最后，再用海绵或毛巾擦拭表面直到干净为止。

图 2-132 清洗面层

2）正面贴在纸上的马赛克，首先确定施工程序，接着要掌握每道工序的施工方法。

① 确定施工程序：挑选质优的马赛克→预铺→搅拌黏结剂→马赛克背缝填浆→基层刮抹黏结剂→镶贴马赛克→拍板赶缝→湿纸、撕纸→清洗→保养。

② 具体施工。

a. 挑选质优的马赛克→预铺→搅拌黏结剂，具体方法同背面贴在网上的马赛克。

b. 马赛克背缝填嵌缝剂，将整张马赛克纸面向下，放在干净的地面上或桌子上，用海绵或小铲刀将黏结剂填满所有砖缝，如图 2-133 所示。

c. 基层刮抹黏结剂，具体施工方法同背面贴在网上的马赛克。

d. 镶贴马赛克。将马赛克贴到涂布黏结剂的墙面上，纸面向外，具体施工方法可参见背面贴在网上的马赛克。

e. 湿纸揭撕。待到第二天，让黏结剂干透，用海绵或抹布蘸温水将马赛克表面的纸弄湿，待纸完全湿透后，轻轻揭起纸的一角，这时纸已经很容易整张揭下来，如图2-134所示。

f. 清洗面层。把纸揭下来后，用挤干水的海绵擦净马赛克表面，如图2-135所示。如发现有马赛克间缝隙未填满填缝剂，应及时填嵌，具体施工方法参见背面贴在网上的马赛克。如用的是防水灰浆，应随时擦去溢出的灰浆，若为标准灰浆，等干后用抹布擦掉。

g. 保养。具体方法同背面贴在网上的马赛克。

图2-133 马赛克背缝填嵌缝剂

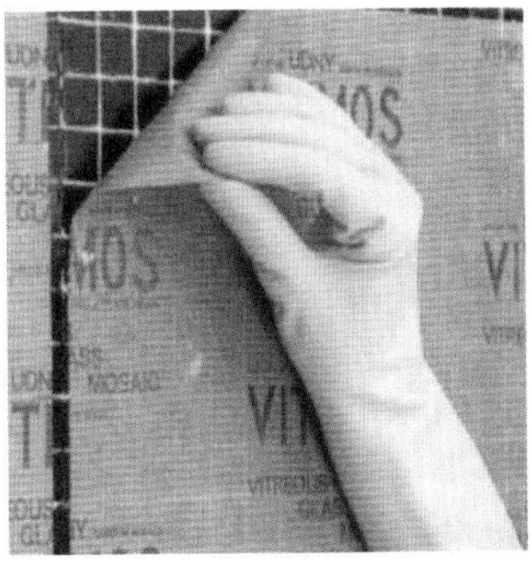

图2-134 湿纸、揭纸

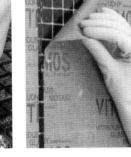

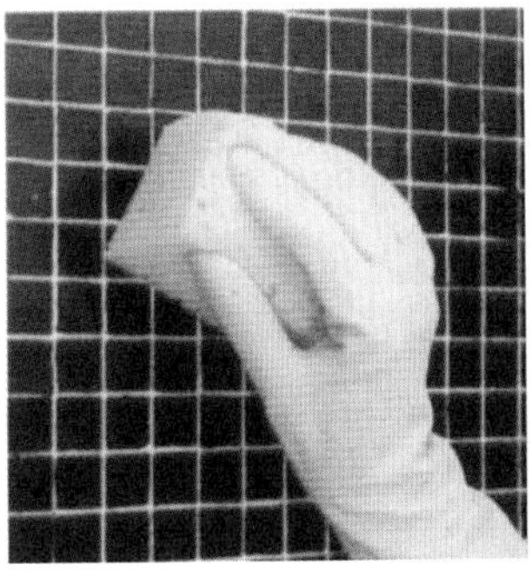

图2-135 清洗面层

2. 木板上马赛克的镶贴方法

1）清除木板上的各种污渍，保证木板干燥、清洁、平整。

2）在木板上均匀涂布聚醋酸乙烯乳液（白乳胶），正常情况下，7～15min后（根据气温而定），白乳胶即可处于半干状态，此时，即可进行镶贴，镶贴方法同水泥砂浆墙面。

3）镶贴时，建议可用少许图钉，将马赛克钉在木板上以加固，并用海绵镘刀或专业胶版将马赛克轻轻拍实，等马赛克干透后即可取出图钉。

其他步骤与施工方法同水泥砂浆墙面的马赛克镶贴。

三、文化石的安装

文化石也常作为一些局部的装饰镶贴，不同基层不同材质的文化石有着不同的安装方法，具体如下。

1. 水泥砂浆墙面基层

（1）天然文化石　可以直接在基层上用素水泥浆（或掺入901胶水的素水泥浆）粘贴施工，也可以用云石胶镶贴。

（2）天然文化石　人造文化石除了可以使用上述天然文化石的施工方法外，还可以用玻璃胶胶粘的方法。

2. 木面基层

木基层适合安装人造文化石，即先用9厘板或者12厘板打底，然后直接用玻璃胶粘胶即可。

完成所有镶贴任务后，清理工具，打扫干净施工现场，等待下序的质量验收。

典型工作过程六 墙、地砖镶贴施工的竣工验收

上述施工完成后，需要进行质量验收，如发现有质量缺陷要及时整修至符合质量要求，整体验收合格后才能进行下一道工序的施工。目前，施工现场墙、地砖镶贴质量验收常用以下两种方法。

一、国家规定验收标准

国家验收标准《建筑装饰装修工程质量验收规范》（GB 50210—2001）中规定饰面砖粘贴工程的验收规范摘录如下：

8.3 饰面砖粘贴工程

8.3.1 本节适用于风墙饰面砖粘贴工程和高度不大于100m、抗震设防烈度不大于8度、采用满粘法施工的外墙饰面砖粘贴工程的质量验收。

主控项目

8.3.2 饰面砖的品种、规格、图案颜色和性能应符合设计要求。

检验方法：观察；检查产品合格证书、进场验收记录、性能检测报告和复验报告。

8.3.3 饰面砖粘贴工程的找平、防水、粘结和勾缝材料及施工方法应符合设计要求及国家现行产品标准和工程技术标准的规定。

检验方法：检查产品合格证书、复验报告和隐蔽工程验收记录。

8.3.4 饰面砖粘贴必须牢固。

检验方法：检查样板件黏结强度检测报告和施工记录。

8.3.5 满粘法施工的饰面砖工程应无空鼓、裂缝。

检验方法：观察；用小锤轻击检查。

一般项目

8.3.6 饰面砖表面应平整、洁净、色泽一致，无裂痕和缺损。

检验方法：观察。

8.3.7 阴阳角处搭接方式、非整砖使用部位应符合设计要求。

检验方法：观察。

8.3.8 墙面突出物周围的饰面砖应整砖套割吻合，边缘应整齐。墙裙、贴脸突出墙面的厚度应一致。

检验方法：观察；尺量检查。

8.3.9 饰面砖接缝应平直、光滑，填嵌应连续、密实；宽度和深度应符合设计要求。

检验方法：观察；尺量检查。

8.3.10 有排水要求的部位应做滴水线（槽）。滴水线（槽）应顺直，流水坡向应正确，坡度应符合设计要求。

检验方法：观察；用水平尺检查。

8.3.11 饰面砖粘贴的允许偏差和检验方法应符合表2-1的规定。

表 2-1　饰面砖粘贴的允许偏差和检验方法

项　次	项　目	允许偏差/mm		检验方法
		外墙面砖	风墙面砖	
1	立面垂直度	3	2	用2m垂直检测尺检查
2	表面平整度	4	3	用2m靠尺和塞尺检查
3	阴阳角方正	3	3	用直角检测尺检查
4	接缝干线度	3	2	拉5m线，不足5m拉通线，用钢直尺检查
5	接缝高低差	1	0.5	用钢直尺和塞尺检查
6	接缝宽度	1	1	用钢直尺检查

二、江苏省规定验收标准

江苏省地方标准《住宅装饰装修服务规范》（DB 32/T 1045—2007），是在国家规范《建筑装饰装修工程质量验收规范》（GB 50210—2001）的基础上，根据江苏经济发达地区装修的标准制定的，有一定示范性，江苏省地方标准《住宅装饰装修服务规范》（DB 32/T 1045—2007）中规定镶贴工程的验收规范摘录如下：

D. 6　镶贴

D. 6. 1　墙面镶贴

D. 6. 1. 1　基本要求

D. 6. 1. 1. 1　镶贴应牢固，表面色泽基本一致，平整干净，无漏贴错贴；墙面无空鼓，缝隙均匀，周边顺直，砖面无裂纹、掉角、缺楞等现象，非整砖的宽度宜不小于原砖的三分之一。

D. 6. 1. 1. 2　墙面安装镜子时，应保证其安全性，边角处应无锐口或毛刺。

D. 6. 1. 1. 3　卫生间、厨房间与其他用房的地面交接面处应做好防水处理，防水必须使用环保材料。淋浴房的迎水面应做全墙防水处理。

D. 6. 1. 2　验收要求和方法

墙面镶贴验收应按表 2-2 的规定进行。

表 2-2　墙面镶贴验收要求及方法

<table>
<tr><th rowspan="2">序号</th><th rowspan="2">项　目</th><th colspan="2">质量要求及允许偏差</th><th colspan="2">验 收 方 法</th><th rowspan="2">项目分类</th></tr>
<tr><th>石　材</th><th>墙 面 砖</th><th>量　　具</th><th>测 量 方 法</th></tr>
<tr><td>1</td><td>镜子</td><td colspan="2">符合 D. 6. 1. 2 的要求</td><td></td><td>目测手感全检</td><td>A</td></tr>
<tr><td>2</td><td>外观</td><td colspan="2">符合 D. 6. 1. 1 的要求</td><td></td><td>目测全检</td><td>B</td></tr>
<tr><td>3</td><td>空鼓①</td><td colspan="2">不允许</td><td>小锤</td><td>用小锤轻击全检</td><td>B</td></tr>
<tr><td>4</td><td>表面平整度/mm</td><td>≤2.0</td><td>≤2.0</td><td>建筑用电子水平尺或2m靠尺、塞尺</td><td rowspan="3">每室随机选一墙面，测量两处，取最大值</td><td>C</td></tr>
<tr><td>5</td><td>立面垂直度/mm</td><td>≤3.0</td><td>≤2.0</td><td>建筑用电子水平尺或2m垂直检测尺</td><td>C</td></tr>
<tr><td>6</td><td>阴阳角方正/mm</td><td>≤3.0</td><td>≤2.0</td><td>建筑用电子水平尺或直角检测尺</td><td>C</td></tr>
</table>

（续）

序号	项　目	质量要求及允许偏差		验收方法		项目分类
		石　材	墙面砖	量　具	测量方法	
7	接缝高低差/mm	≤0.5	≤0.5	钢直尺、塞尺	每室随机选一墙面，测量两处，取最大值	C
8	接缝直线度/mm	≤2.0	≤2.0	5m 拉线、钢直尺		C
9	接缝宽度/mm	≤1.0	≤1.0	钢直尺		C

①空鼓面积不大于该块墙砖面积的 15% 时，不作空鼓计。

D. 6. 2　地面镶贴

D. 6. 2. 1　基本要求

D. 6. 2. 1. 1　镶贴应牢固，表面平整干净，无漏贴错贴；缝隙均匀，周边顺直，砖面无裂纹，掉角、缺楞等现象，留边宽度应一致。

D. 6. 2. 1. 2　用小锤在地面砖上轻击，应无空鼓声。

D. 6. 2. 1. 3　厨房、卫生间应做好防水层，防水必须使用环保材料，与地漏结合处应严密。

D. 6. 2. 1. 4　有排水要求的地面镶贴坡度应满足排水设计要求，与地漏结合处应严密牢固。

D. 6. 2. 2　验收要求和方法

地面镶贴验收应按表 2-3 的规定进行。

表 2-3　地面镶贴验收要求及方法

序号	项　目	质量要求及允许偏差	验收方法		项目分类
			量　具	测量方法	
1	外观	符合 D. 6. 2. 1. 1 的要求		目测全检	B
2	空鼓①	不允许	小锤	用小锤轻击全检	B
3	表面平整度/mm	≤2.0	建筑用电子水平尺或 2m 靠尺、楔形塞尺	每室测量两处，取最大值	C
4	接缝高低差/mm	≤0.5	钢直尺、楔形塞尺		C
5	接缝直线度/mm	≤2.0	5m 拉线、钢直尺		C
6	间隙宽度/mm	≤2.0	钢直尺		C
7	排水坡度/mm	坡度应＞2%，并满足排水要求，应无积水现象	建筑用电子水平尺	用建筑电子水平尺测量或泼水观察有无积水全检	C

①空鼓面积不大于该块地砖面积的 8% 且在同一空间内出现此类空鼓情况的地砖数不大于 4 块，不作空鼓计。

三、按国家规定、省级规定验收标准进行验收

1）准备规范中明确的检测工用具，如图 2-136 所示。

2）参照表2-1、表2-2规定，验收空鼓，如图2-137所示。敲击声为“咚咚”则表示此处有空鼓。敲击检验时，要重点轻敲地面砖的四个角和一片墙砖的上面两个角，因为这些地方最容易产生空鼓。

3）参照表2-1规定，验收墙砖表面平整度，如图2-138所示。

4）参照表2-2规定，验收地砖表面平整度，如图2-139所示。

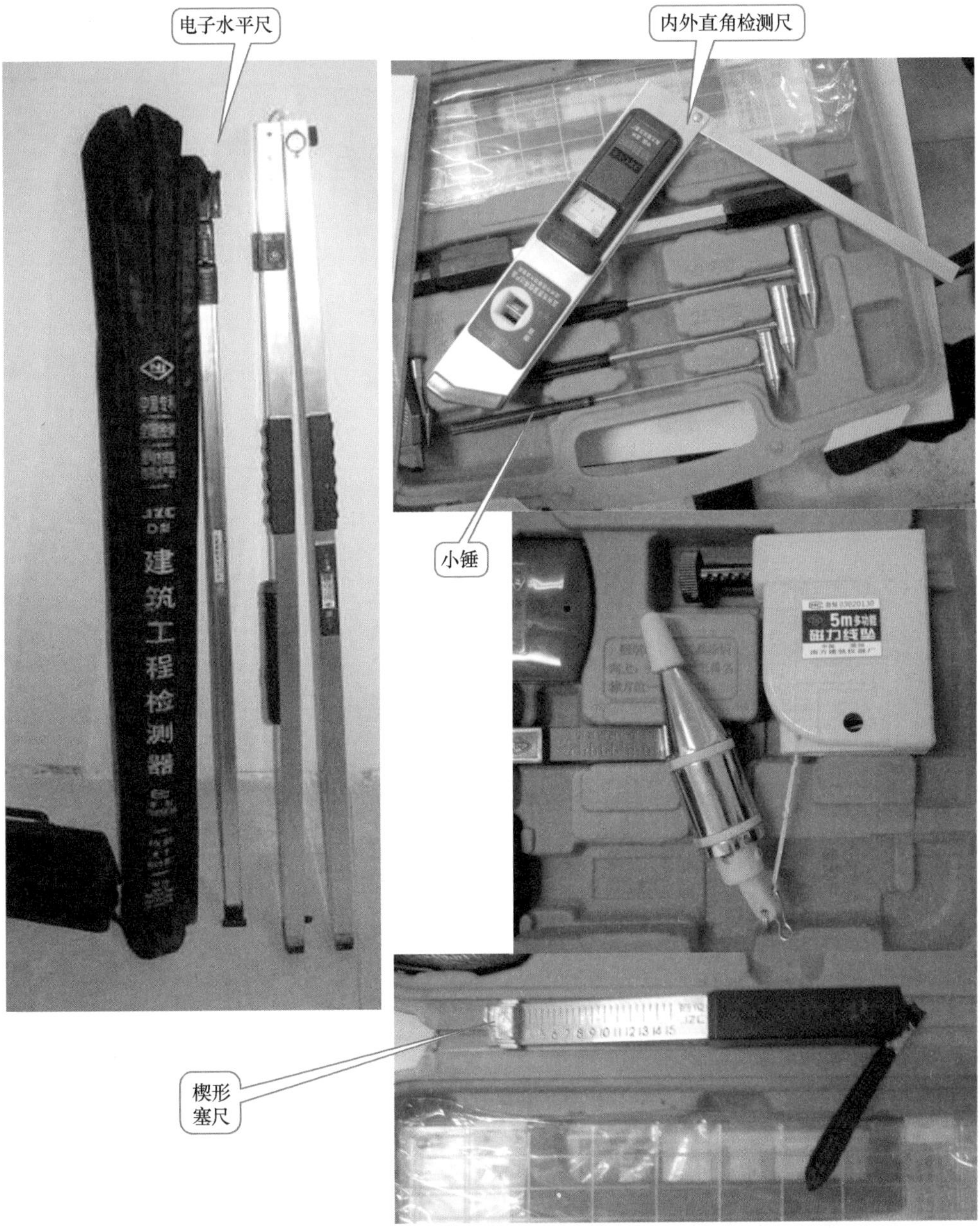

图2-136　墙、地砖镶贴验收常用工用具

5）参照表2-1规定，验收墙砖阴阳角方正，如图2-140所示。

6）参照表2-2规定，验收地砖排水坡度，如图2-141所示。

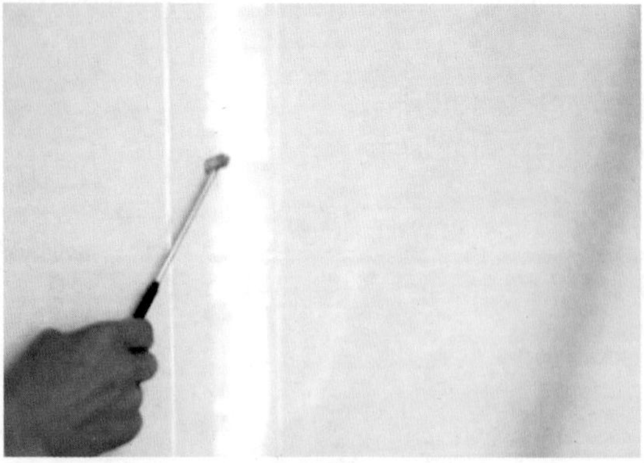

图 2-137　墙、地砖镶贴空鼓验收

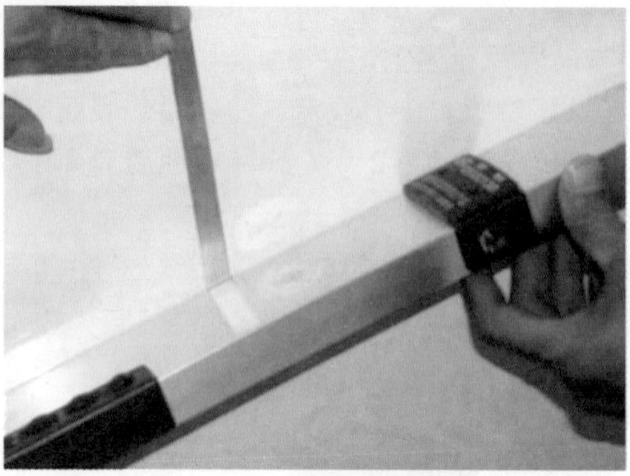

图 2-138　墙砖镶贴墙面平整度验收

图 2-139　地砖镶贴墙面平整度验收

图 2-140　地砖镶贴墙面平整度验收

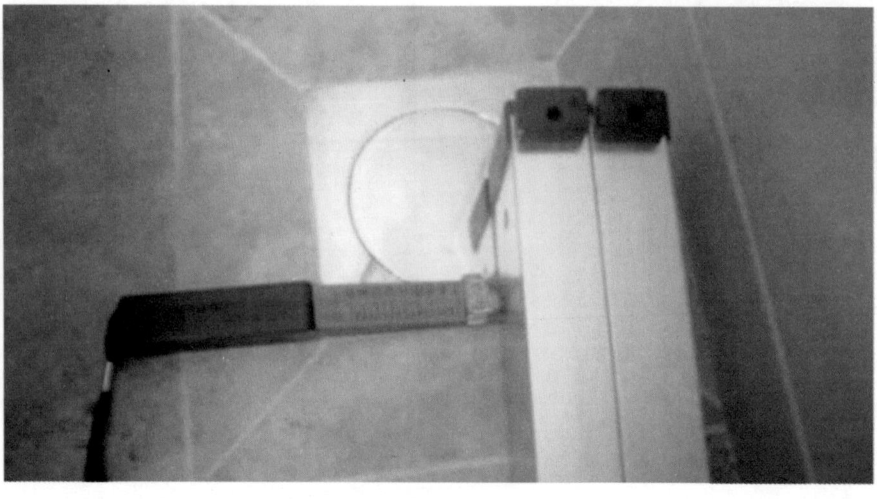

图 2-141　卫生间地砖镶贴排水坡度验收

四、按经验验收

主要用于面层平整度的验收，可以凭借经验进行，即用手摸墙和地砖的四个角检查其镶贴的平整度，平整的墙面四个角在一个平面上，否则，有凸凹感。

五、釉面墙砖的常见问题

除上述验收内容外，还要注意釉面砖的面层龟裂。龟裂也称细小裂纹，是釉面砖的底坯与釉面层间的应力超出了坯釉间的热膨胀等系数之差，釉面层会受到底坯或镶贴基层的拉伸应力而在釉面上出现较多的细小裂纹。龟裂多发生在釉面砖镶贴完工的 5 ~7d 后，15d 左右后细裂纹会增多。产生的原因很复杂：既有房产施工单位在建房屋时，抹灰基层选料、配合比、施工方法等不当的原因；也有业主过于着急装修且选购了质量不好的釉面砖的原因；还有装饰施工企业的以下原因：

① 水泥砂浆抹灰基层完好未开裂，而施工者却不考虑季节和南北方气候的差异，选用了不适合的黏结材料。

② 施工方法不当，黏结层的厚薄不均。

③ 少雨干燥、气温高或阳光直接照射。

六、质量缺陷的整修

小心敲凿掉有质量缺陷釉面墙砖，按规范再次镶贴直至符合施工质量要求。

大力吸盘吸起空鼓的大地砖，如图 2-142 所示，按规范再次镶贴至符合施工质量要求。

七、成品保护

重点对所有地砖进行纤维板或硬纸板胶粘保护，如图 2-143 所示。卫生间地面养护后，尽量不要使保护层潮湿浸渍地砖，或者用塑料保护膜、塑料雨布等罩盖，如图 2-144 所示；墙砖上贴水、电管线警示标签，提醒后续木工施工时避开此处钻孔，如图 2-145 所示。至此，所有的零星砌筑、镶贴施工结束，等待下序的木作施工。

图 2-142　大力吸盘吸起空鼓的大地砖

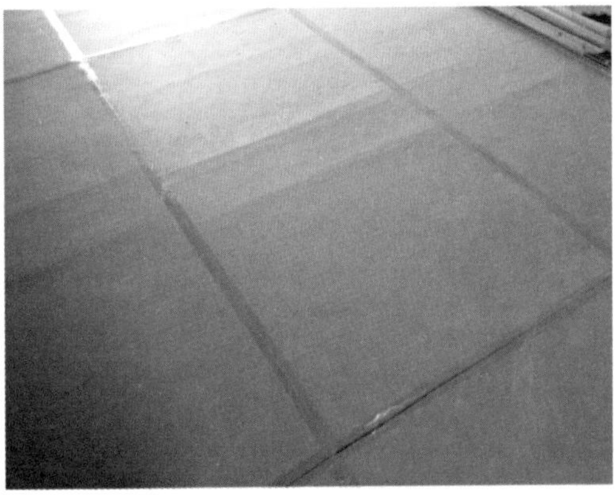

图 2-143　地面养护

图 2-144　条带雨布、塑料保护膜等遮盖卫生间等地面

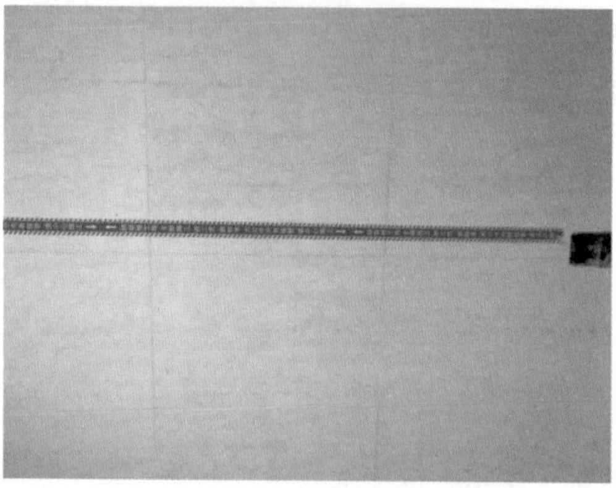

图 2-145　厨房、卫生间等墙面贴水、电管线警示

注：为了让工期衔接紧密，把瓷砖贴完后，就可以约专业橱柜公司到现场进行设计前尺寸测量，也可以约木门厂家上门测量门、窗洞尺寸，因为橱柜和实木门的定制周期较长，所以这样提前定制的橱柜、木门质量才能有所保障，等现场木作、乳胶漆和热水器安装后，就可以通知橱柜公司、木门厂家现场安装橱柜。

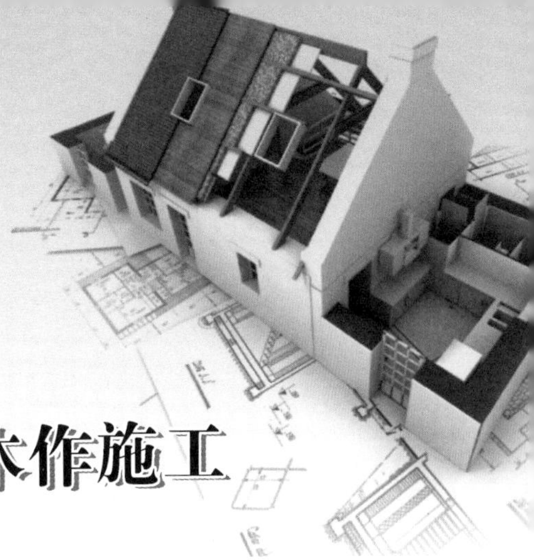

项目三 石膏板吊顶等现场木作施工

墙、地砖镶贴施工完工后，就可以进行现场木作施工。早些年，现场木作施工是工作量最大的施工项目，诸如现场打制大衣柜、书桌、书柜、橱柜、夹板门、门窗套、电视柜、石膏板吊顶、一些个性的艺术造型，铺设木地板等。随着市场的发展，目前，现场木作施工的项目、工程量也越来越少，如大衣柜、书桌、书柜、橱柜、电视柜、门、门窗套等项目都可以厂家定制安装，木地板也由地板经销商负责铺设安装，但唯独石膏板吊顶必须现场木作施工，另外，还有一些必须现场木作施工的个性设计以及业主不愿去厂家定制的现场木作施工。

典型工作过程一　现场木作施工前的准备工作

一、装饰公司的准备

1. 识读施工图

施工前，装饰公司项目经理需要了解现场木作施工的具体内容，并与设计师前期沟通，以便日后给木工师傅进行施工交底，规范的整套施工图纸中应包括顶平面规划图、主要家具施工图等，如图 3-1 ~ 图 3-3 所示。

2. 辅料准备

项目经理根据读图后了解的施工内容、工程量，在木工进场施工前，结合施工现场的面积大小、现场木作的工程量、房屋的安全等因素，将适量的成品条木方（断面尺寸为 30mm × 40mm）、马六甲或杉木板等装饰底板、石膏板、轻钢龙骨及其配件、聚醋酸乙烯乳液（白乳胶）等辅料备齐，如图 3-4 ~ 图 3-10 所示。另外，还要备足一些辅料：4 寸、2.5 寸、1.5 寸等不同规格的铁钉；F15、F20、F30 等不同规格的枪钉；6/12、6/15、6/18 等不同规格的蚊钉；180 目、280 目、800 目等不同规格的砂纸；万能胶水等，如图 3-11 所示。

将上述辅料搬进施工现场，堆放在提早安排好的位置，如图 3-12 所示。

3. 现场准备

上述准备完成后，项目经理再次检查工地现场是否符合现场木作施工的要求，否则，按施工要求准备至符合施工要求。

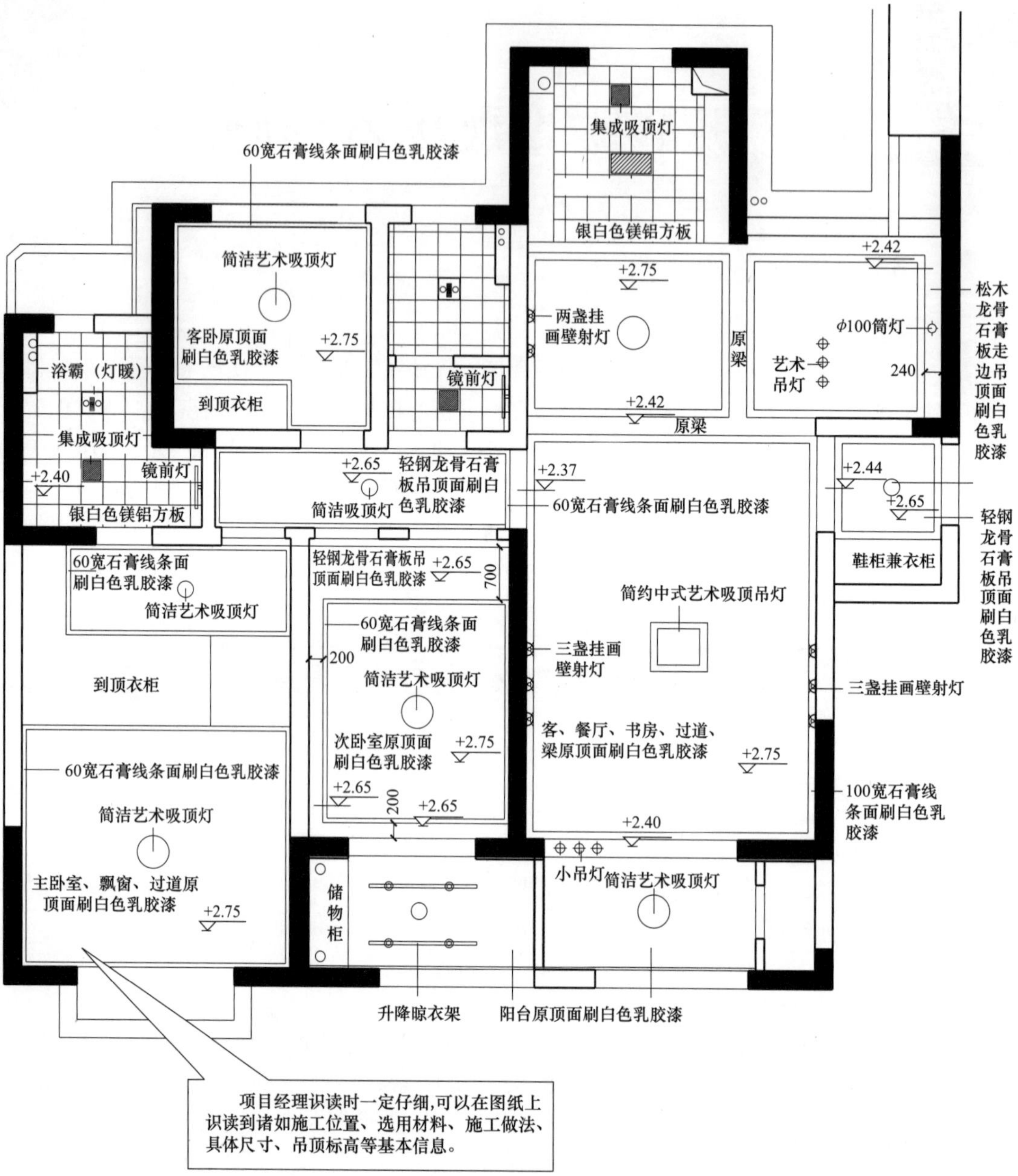

图 3-1　总平面规划尺寸、灯具、材料选用图

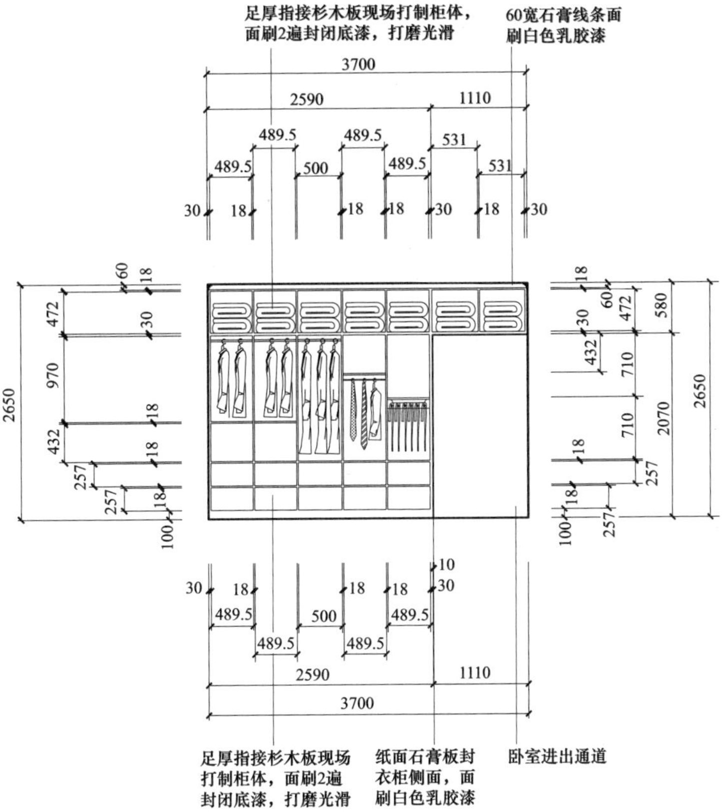

图 3-2　主卧衣柜柜体立面、尺寸、材料选用图

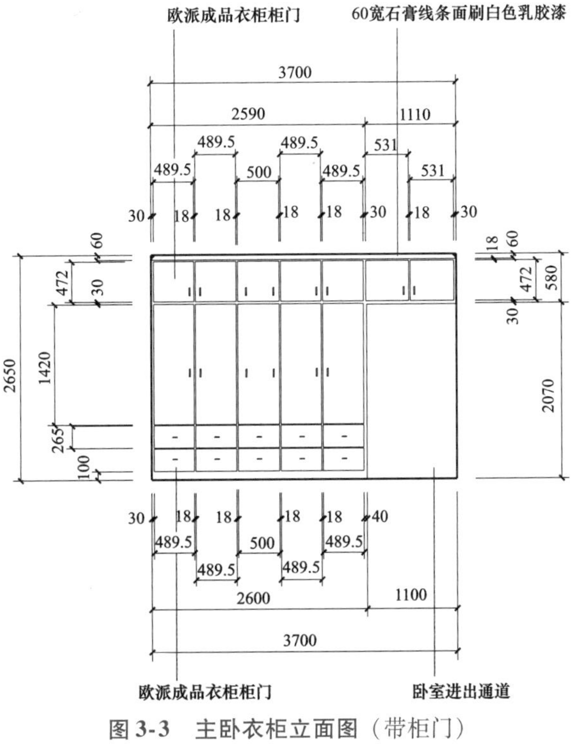

图 3-3　主卧衣柜立面图（带柜门）

白松木制条木方，质轻直顺，用于吊顶龙骨，断面尺寸为30mm×40mm，常用长度为2000mm、4000mm，有的成品条木方出场前就做好了防潮、防火处理，可直接使用。

图 3-4　不同长度的白松条木方

50直卡式U形天花轻钢龙骨及其配件，在安装施工方面比传统的D50（UC50）型轻钢龙骨方便快捷，常用规格为50mm×19mm×3000mm。

图 3-5　50 直卡式 U 形天花轻钢龙骨

纸面石膏板是以建筑石膏为主要原料，掺入适量添加剂与纤维做板芯，以特制的板纸为护面，经加工制成的板材，具有重量轻、隔声、隔热、加工性能强、施工方法简便的特点。目前市场上整张纸面石膏板规格很多，常用的是1200mm×3000mm×9.5mm。

图 3-6　纸面石膏板

指接板，又名集成板，是将经过深加工处理过的实木小块像“手指头”一样拼接而成的板材，木板间采用锯齿状接口，类似两手手指交叉对接，故得名。原木条之间是交叉结合的，这样的结合构造本身有一定的结合力，不用上下粘贴表面板，使用的胶量极少。环保级别高。常用于现场木作的衣柜柜体。常用规格为1220mm×2440mm×18mm。

图 3-7　指接杉木板

六甲板，是一种现在比较流行的免漆细木工板，是用一种产自南洋地区的马六甲木材做的芯板，两面胶贴免漆三夹板，环保低于指接杉木板。马六甲木材质地轻盈，属于速生木材，与江苏的泡桐差不多。平整度好，但马六甲木材松软，握钉力不太好，常用于现场木作的免漆衣柜柜体等。

图 3-8　马六甲木芯细木工板

细木工板　　　图 3-10　白乳胶

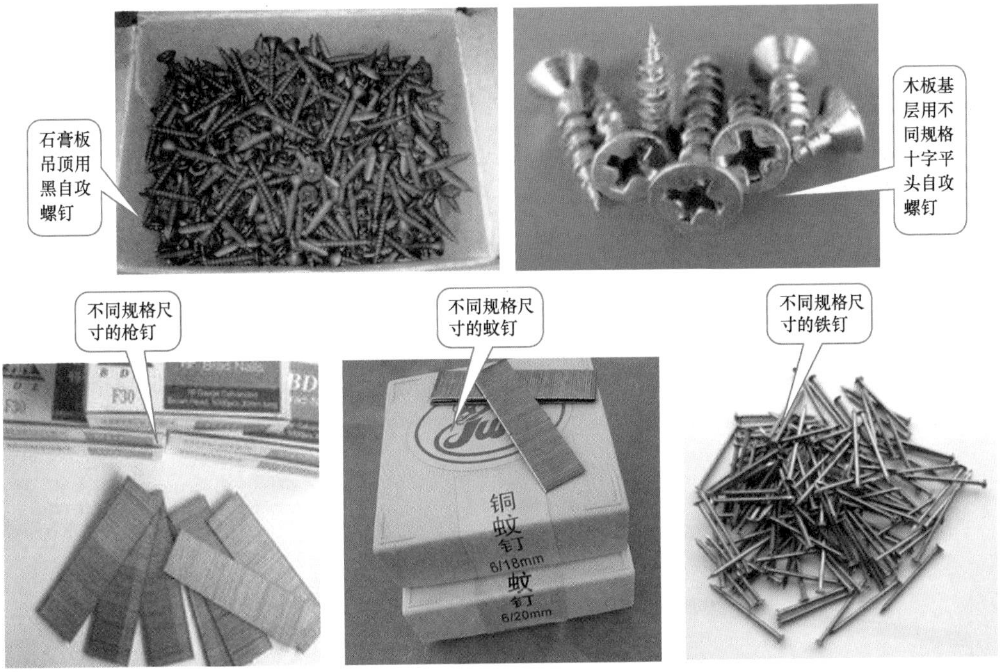

图 3-11　不同品种、规格的钉

进场后的木工板、石膏板等装饰板材要斜立靠在干燥墙边，斜靠角度适中，其他材料有序堆放在一起，也可根据空间大小，分散放置。

图 3-12　辅助材料有序堆放在施工现场

二、业主准备

1. 主材订购

为确保顺利施工和最终装饰效果，业主需提前与设计师一起去专业市场选购地板、橱柜、房门等主要材料，选定颜色、造型等。厂家定制家具的具体尺寸必须要等现场木作施工基本完成后。业主会通知厂家到施工现场进行仔细、准确的丈量，装饰公司应及时告知业主，业主要配合，以免由于定制时间拖延而延误工期。

2. 家电订购

早些年，在制作橱柜柜体前，必须要知道脱排油烟机的尺寸、煤气灶的尺寸、冰箱的尺寸，否则，施工完后无法恰当地安装这些必备的家用电器。目前，虽然橱柜公司可以定制橱柜，但还是有些家电需要提前订购，只有知道具体尺寸，才能在现场木作施工时预留空间，确保后续合适的安装施工，比如，家用保险箱常嵌入大衣柜内，电热小壁炉需要安装在餐厅酒柜中等。

典型工作过程二 石膏板吊顶现场施工

一、工具、用具准备

1. 常用手工、电动工具

施工前各项准备完成后，装饰公司安排的木工会带上主要工具、用具来到施工现场，常用手工工具、用具，如图 3-13 所示；常用电动工具、用具，如图 3-14 所示。

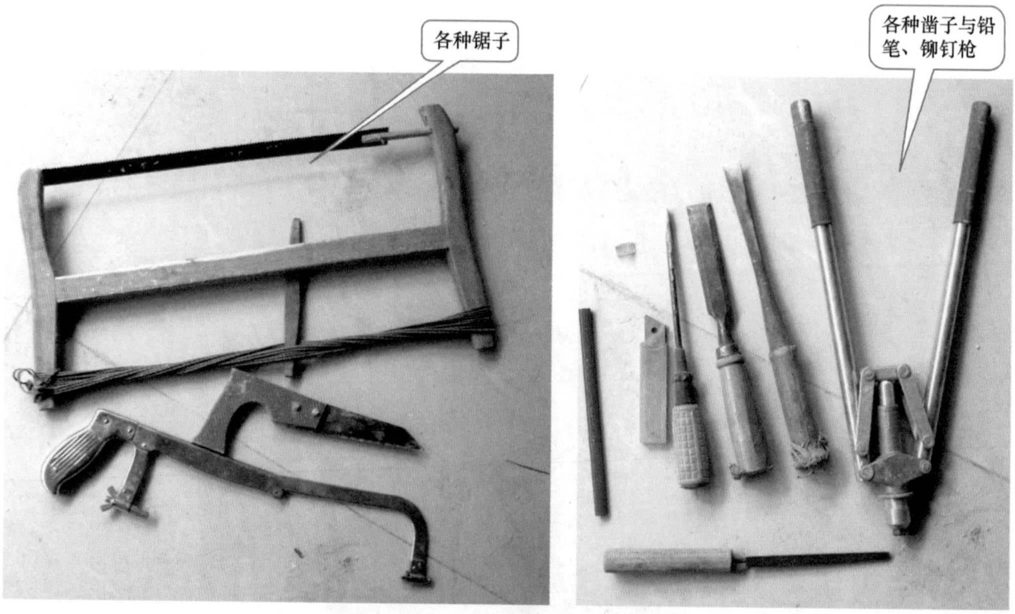

图 3-13 常用手工工具、用具

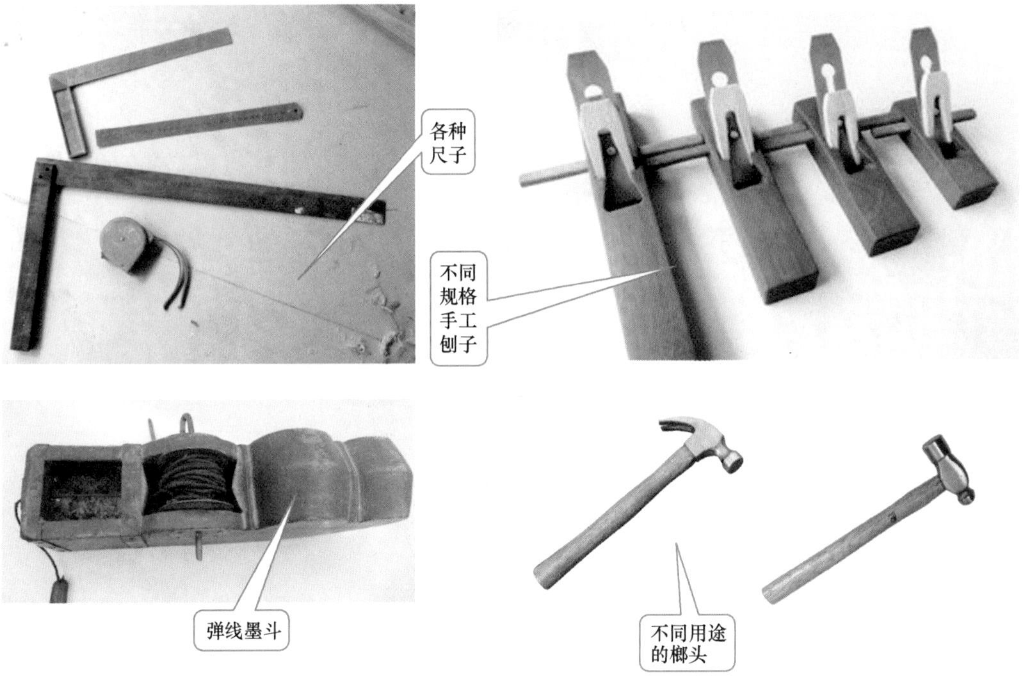

图 3-13　常用手工工具、用具（续）

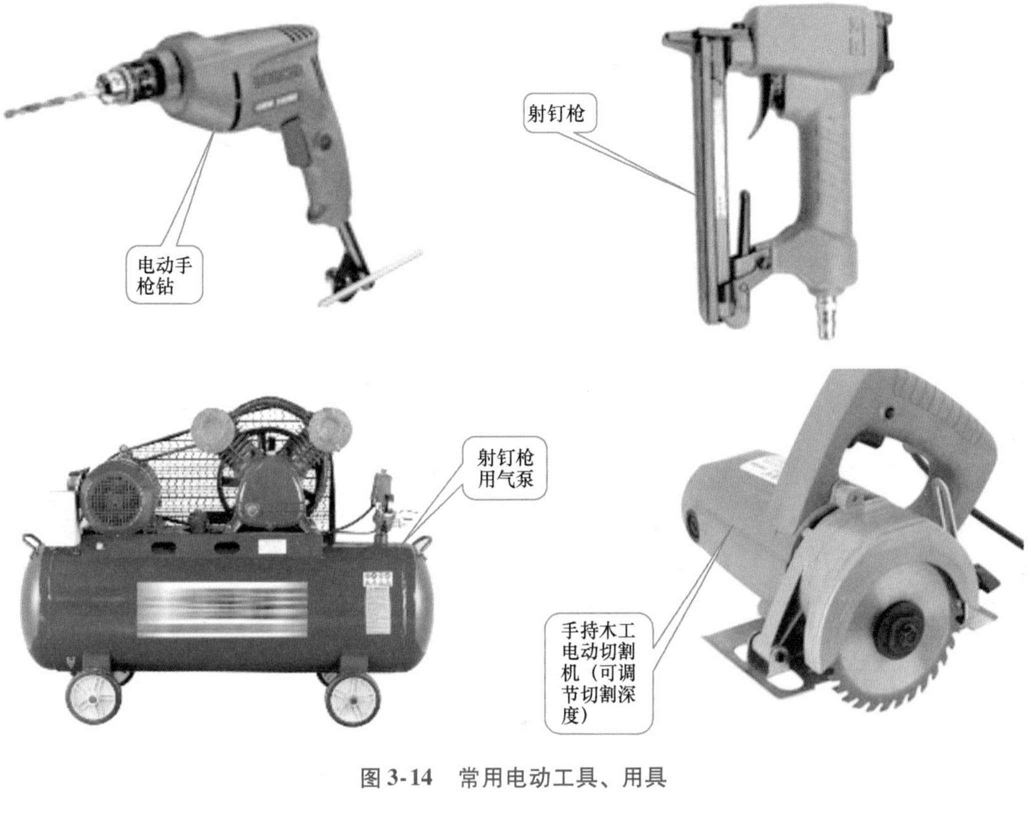

图 3-14　常用电动工具、用具

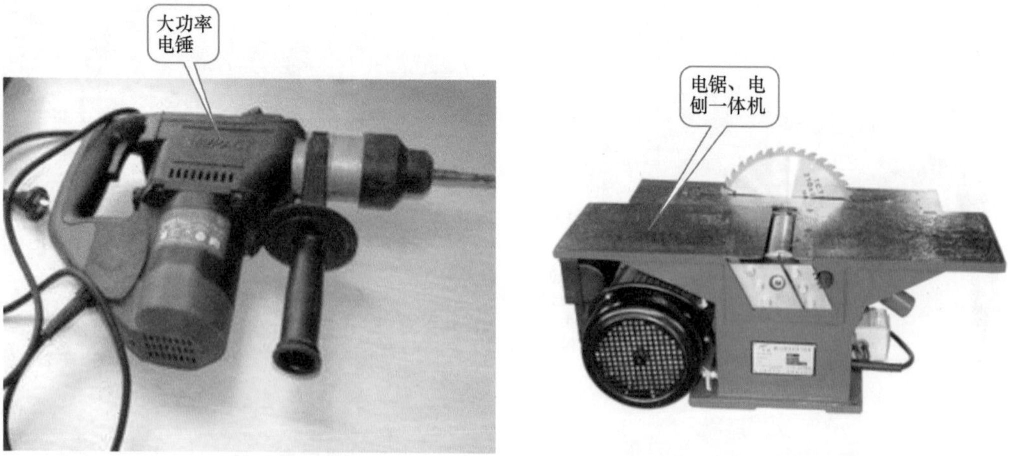

图 3-14　常用电动工具、用具（续）

2. 调试工具

为确保施工质量和进度，施工前应调试好工具，否则，等使用时发现有故障无法使用，就会影响施工质量和施工进度。

（1）大型电锯、电刨一体机架设与调试备用　在施工现场的空旷位置（多在客厅）将大型电锯、电刨一体机架设平整、牢固，然后，调试至满足使用要求，由于大型电锯、电刨一体机功率强大，极易对人体造成伤害，所以使用时，一定要加倍小心以确保施工安全，如图 3-15 所示。

由于目前市场上的装饰板材常用规格为 1220mm×2440mm，小型工具无法满足整张板材的切割和刨削，大型电锯、电刨一体机则可以满足要求，大大提高了工作效率，如图 3-16 所示。

（2）电动射钉枪调试备用　电动射钉枪内可以装入不同规格的枪钉、蚊钉，扣动扳机后射钉射进板材中，连接紧固板材。枪内装枪钉，如图 3-17 所示；试射调试好后备用，如图 3-18 所示。

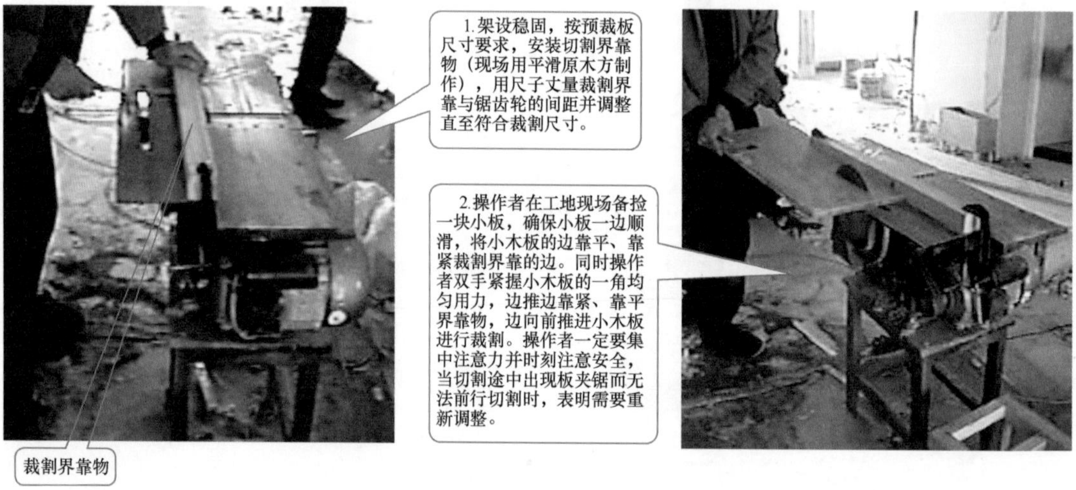

1.架设稳固，按预裁板尺寸要求，安装切割界靠物（现场用平滑原木方制作），用尺子丈量裁割界靠与锯齿轮的间距并调整直至符合裁割尺寸。
2.操作者在工地现场备捡一块小板，确保小板一边顺滑，将小木板的边靠平、靠紧裁割界靠的边。同时操作者双手紧握小木板的一角均匀用力，边推边靠紧、靠平界靠物，边向前推进小木板进行裁割。操作者一定要集中注意力并时刻注意安全，当切割途中出现板夹锯而无法前行切割时，表明需要重新调整。
裁割界靠物

图 3-15　架设、调试大型电锯、电刨一体机

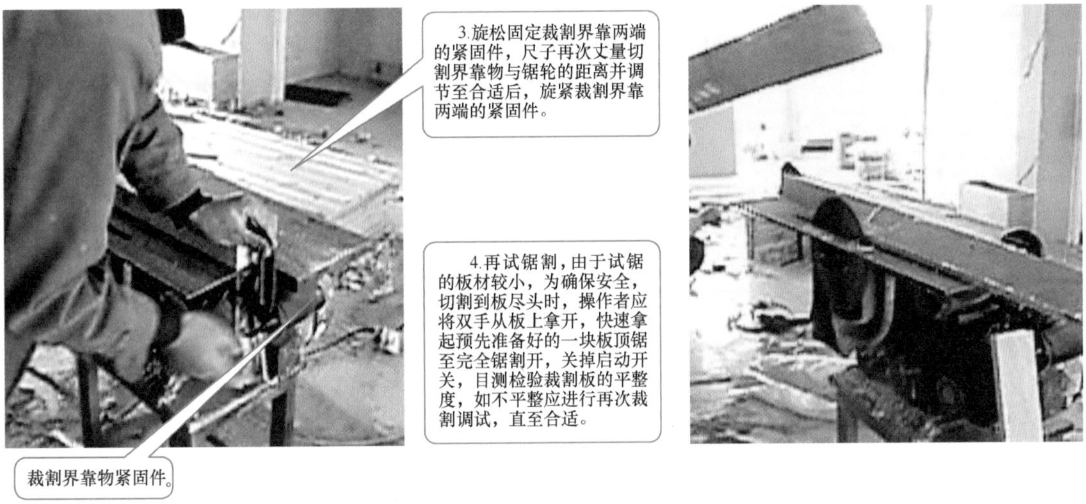

3.旋松固定裁割界靠两端的紧固件，尺子再次丈量切割界靠物与锯轮的距离并调节至合适后，旋紧裁割界靠两端的紧固件。
4.再试锯割，由于试锯的板材较小，为确保安全，切割到板尽头时，操作者应将双手从板上拿开，快速拿起预先准备好的一块板顶锯至完全锯割开，关掉启动开关，目测检验裁割板的平整度，如不平整应进行再次裁割调试，直至合适。
裁割界靠物紧固件。

图 3-15 架设、调试大型电锯、电刨一体机（续）

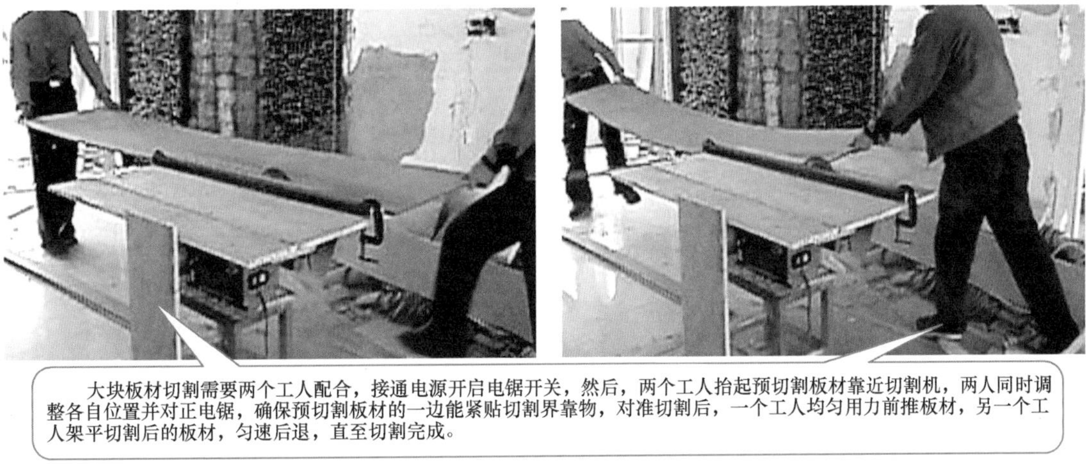

大块板材切割需要两个工人配合，接通电源开启电锯开关，然后，两个工人抬起预切割板材靠近切割机，两人同时调整各自位置并对正电锯，确保预切割板材的一边能紧贴切割界靠物，对准切割后，一个工人均匀用力前推板材，另一个工人架平切割后的板材，匀速后退，直至切割完成。

图 3-16 大块板材的裁割

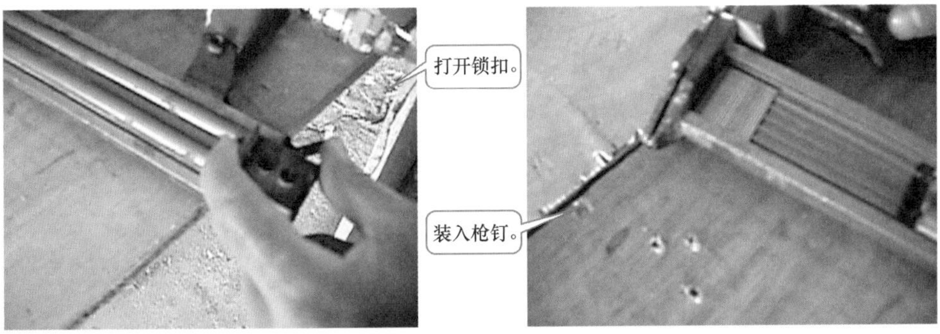

图 3-17 装枪钉入射钉枪内

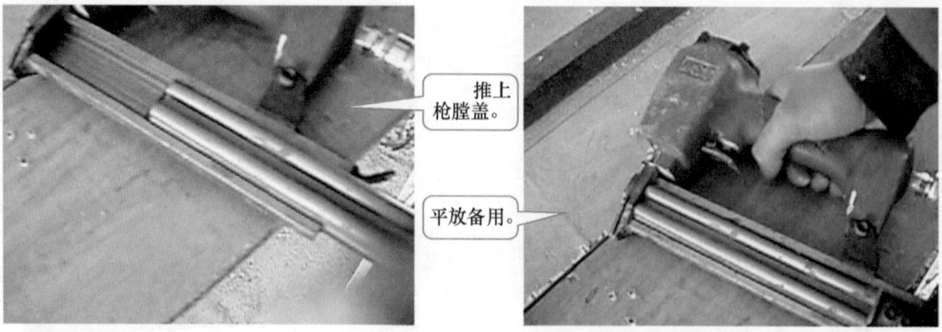

图 3-17　装枪钉入射钉枪内（续）

连接专用气泵，找一小块废旧木板，扣动扳机，试射后检查射钉射入板材内深度、气泵运行情况、输气管道及两端的连接头等是否符合施工要求，否则，调试至适合施工。

图 3-18　试射调试

（3）手持木工电动切割机调试备用　其实际是一种可调节切割深度电动锯子，如图 3-19所示。调试切割好后备用，如图 3-20 所示。

在木工板等板材锯割方面比手工锯子效率高，有别于瓦工使用的切割机。

图 3-19　调节切割深度

另外，还需对大功率电锤和电动手枪钻进行调试备用。大功率电锤用于基层上膨胀螺栓等连接支点的钻孔，如装轻钢龙骨石膏板吊顶时，先钻孔，后植入膨胀螺栓或落叶松木楔来固定吊杆。电动手枪钻用于木板基层钻孔后螺钉拧固，也用于轻钢龙骨石膏吊顶时将黑自攻螺钉旋至轻钢龙骨上。分别接通两个工具的电源，启动开关分别对墙体和废旧板材试钻，调试至满足施工要求，若出现故障，需要及时处理。

3. 现场制作简易操作台

现场制作简易操作台，如图 3-21 所示。

图 3-20　切割调试

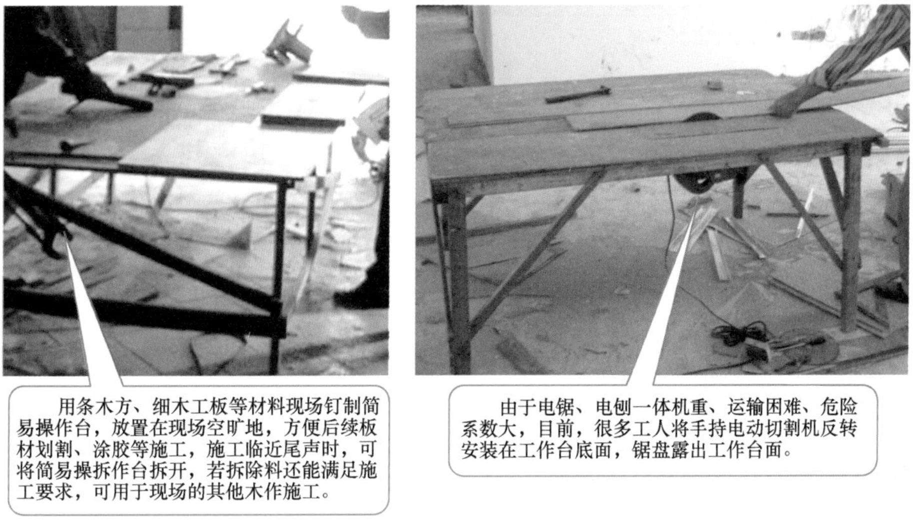

用条木方、细木工板等材料现场钉制简易操作台，放置在现场空旷地，方便后续板材划割、涂胶等施工，施工临近尾声时，可将简易操拆作台拆开，若拆除料还能满足施工要求，可用于现场的其他木作施工。
由于电锯、电刨一体机重、运输困难、危险系数大，目前，很多工人将手持电动切割机反转安装在工作台底面，锯盘露出工作台面。

图 3-21　现场制作简易操作台

二、石膏板吊顶施工

正常情况下，现场施工应先石膏板吊顶，然后再进行其他部位的木作施工。虽然对于轻钢龙骨石膏板吊顶，龙骨不会受潮变形，但是不方便做造型。而目前市场上，装饰公司设计的造型顶却不少，所以方便做各种造型的木龙骨石膏板吊顶很多，以木龙骨石膏板走边吊顶尤为多见。经验表明，小面积局部石膏板吊顶或造型石膏板吊顶常选用木龙骨，大面平整石膏板吊顶常选用轻钢龙骨。

1. 木龙骨石膏板吊顶

木龙骨石膏板吊顶分木龙骨石膏板走边吊顶和复杂造型吊顶。

（1）木龙骨石膏板走边吊顶　设计师到施工现场，与项目经理一起，依据施工图给木工进行施工交底，告知施工内容、构造做法等。施工人员应严格执行按图施工的原则，仔细识读设计师绘制的施工图、构造详图，因为不同部位的吊顶设计其构造做法会有所不同。图 3-22 所示为木龙骨石膏板走边吊顶构造详图，若在识读过程中对施工图样有疑问，要和设计师沟通解决，直至确认无疑后，才可以按图施工。

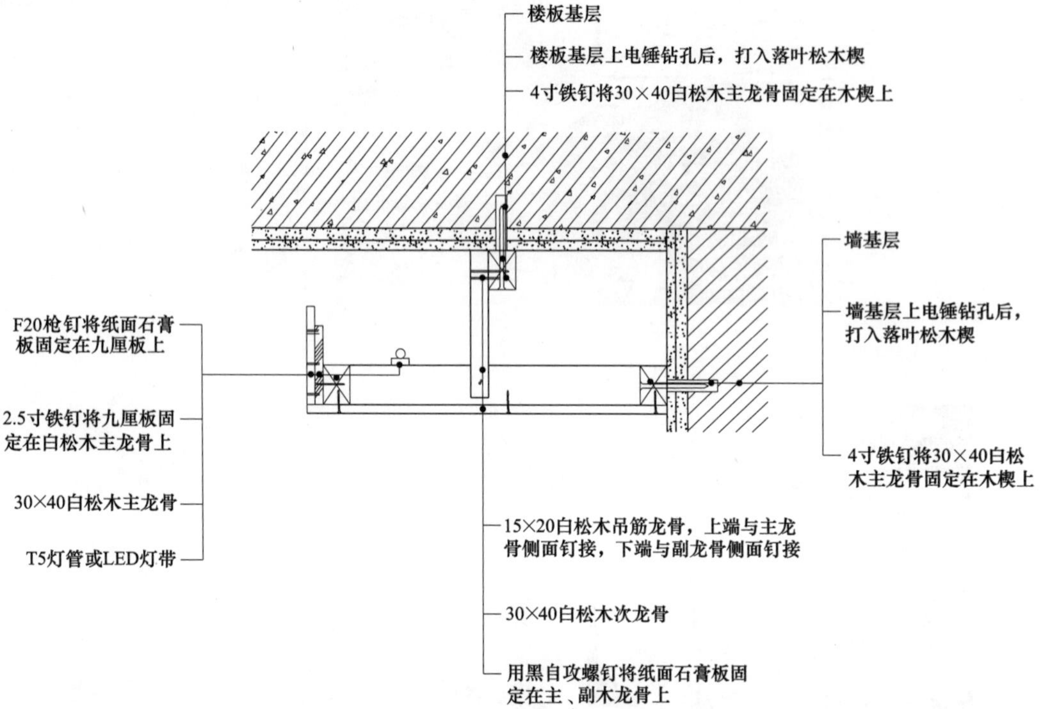

图 3-22　木龙骨石膏板走边吊顶构造详图

木龙骨石膏板走边吊顶施工常按“定位、放线→吊点打孔、塞入木楔→挑选优质条木方→钉接沿边主龙骨→钉接吊点木龙骨→钉接吊杆、主、次龙骨→安装石膏板”这几个工序进行施工，具体工艺逻辑如下：

1）定位放线。丈量尺寸，定位吊点位置，如图 3-23 所示；墨斗弹线，确定吊点定位线，如图 3-24 所示。

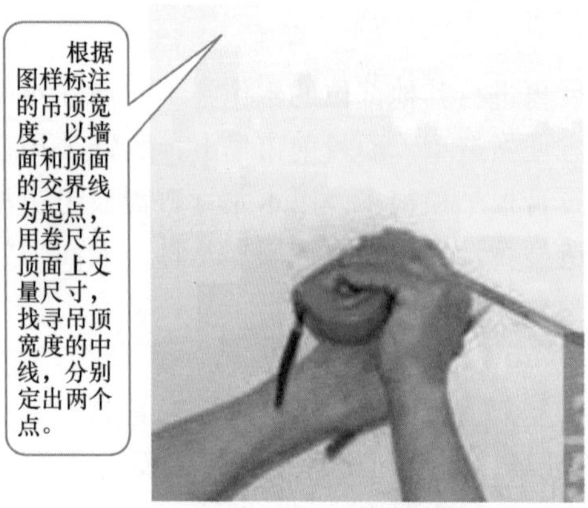

图 3-23　丈量尺寸，定位吊点位置

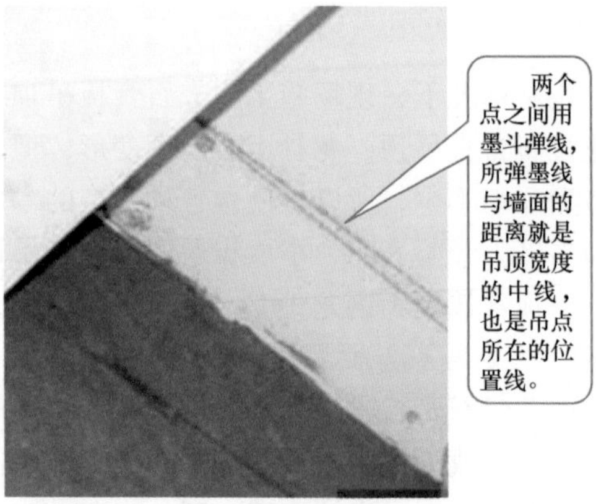

图 3-24　墨斗弹线，确定吊点定位线

2）吊点打孔、塞入木楔。确定吊点，电锤钻孔，如图3-25所示；钻孔内打入木楔，如图3-26所示。

沿已弹出的吊点定位线，用大功率电锤在顶面基层上钻孔，钻头大小一般为12mm×12mm，孔间距宜保持在300mm左右，钻孔时需要登高、仰面，所以，既要注意施工安全，又要保护眼睛以防灰尘落入。

图3-25　确定吊点，电锤钻孔

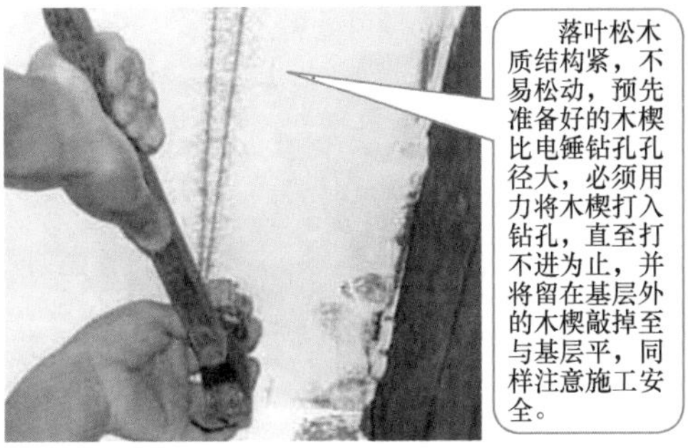

落叶松木质结构紧，不易松动，预先准备好的木楔比电锤钻孔孔径大，必须用力将木楔打入钻孔，直至打不进为止，并将留在基层外的木楔敲掉至与基层平，同样注意施工安全。

图3-26　钻孔内打入木楔

3）挑选直顺、节疤少的优质条木方备用。

4）钉接沿边主龙骨，在墙面上标画钉位，如图3-27所示；钉接牢固沿边主龙骨，如图3-28所示。

5）钉接吊点木龙骨，如图3-29所示。

6）钉接吊杆，主、次龙骨，如图3-30所示。

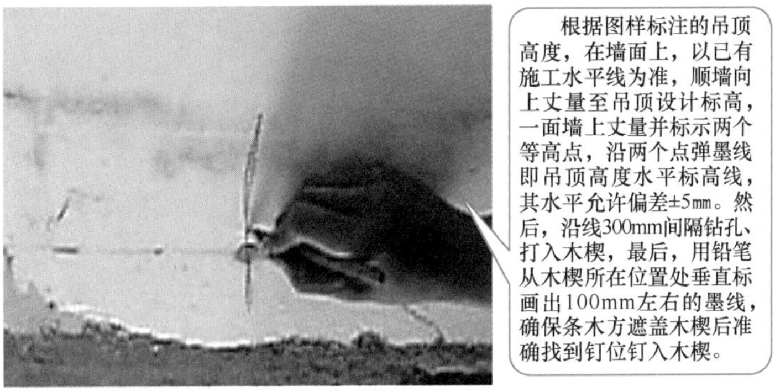

根据图样标注的吊顶高度，在墙面上，以已有施工水平线为准，顺墙向上丈量至吊顶设计标高，一面墙上丈量并标示两个等高点，沿两个点弹墨线即吊顶高度水平标高线，其水平允许偏差±5mm。然后，沿线300mm间隔钻孔、打入木楔，最后，用铅笔从木楔所在位置处垂直标画出100mm左右的墨线，确保条木方遮盖木楔后准确找到钉位钉入木楔。

图3-27　墙面上标画钉位

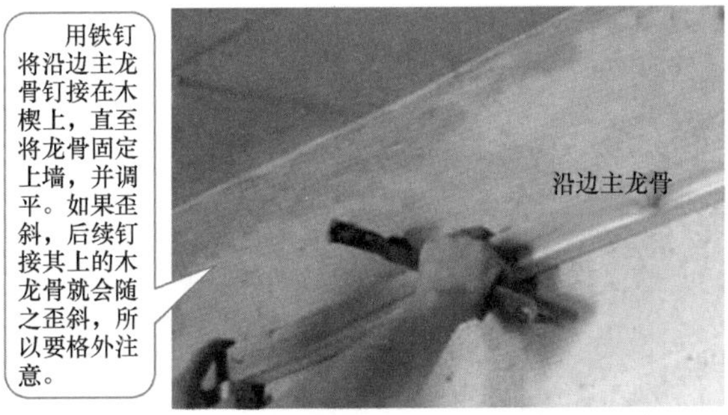

用铁钉将沿边主龙骨钉接在木楔上，直至将龙骨固定上墙，并调平。如果歪斜，后续钉接其上的木龙骨就会随之歪斜，所以要格外注意。
沿边主龙骨

图3-28　钉接沿边主龙骨

吊点木龙骨
沿边主龙骨
用铁钉将吊点用木龙骨钉牢在顶面，该龙骨的位置一定要钉好、调平。如果歪斜，整个木龙骨外框就会随之歪斜，用美固钉加固木龙骨。该木龙骨是承重面，要格外注意。

图3-29　钉接吊点木龙骨

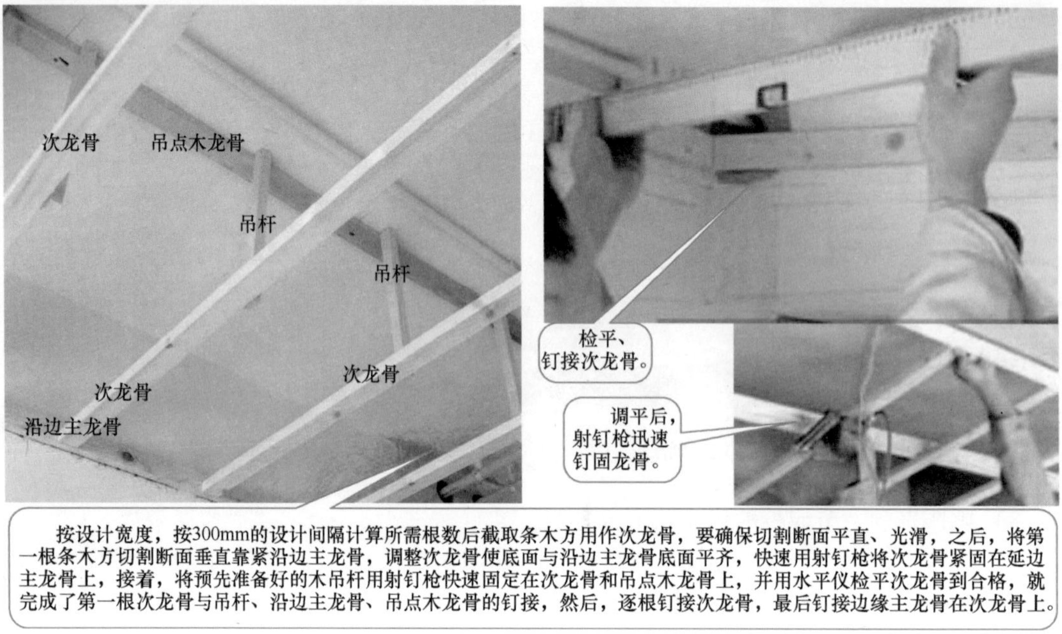

次龙骨
吊点木龙骨
吊杆
吊杆
次龙骨
次龙骨
沿边主龙骨
检平、钉接次龙骨。
调平后，射钉枪迅速钉固龙骨。
按设计宽度，按300mm的设计间隔计算所需根数后截取条木方用作次龙骨，要确保切割断面平直、光滑，之后，将第一根条木方切割断面垂直靠紧沿边主龙骨，调整次龙骨使底面与沿边主龙骨底面平齐，快速用射钉枪将次龙骨紧固在延边主龙骨上，接着，将预先准备好的木吊杆用射钉枪快速固定在次龙骨和吊点木龙骨上，并用水平仪检平次龙骨到合格，就完成了第一根次龙骨与吊杆、沿边主龙骨、吊点木龙骨的钉接，然后，逐根钉接次龙骨，最后钉接边缘主龙骨在次龙骨上。

图 3-30　钉接吊杆，主、次龙骨

由于上述施工都是用枪钉钉接完成的框架，在安装石膏板前，必须对主、次龙骨间的连接再次钉接牢固，框架完成后效果如图 3-31 所示。

7）龙骨架上安装石膏板。原则上是先安装窄些的侧边立板，再安装宽些的底板。

① 龙骨架侧立面石膏板安装。

第一步：丈量侧立面高度尺寸，确保裁割后石膏板与顶面留有 5mm 左右的伸缩缝，按尺寸裁割断石膏板，并刨平石膏板裁割面，如图 3-32 所示。

第二步：用射钉枪将石膏板快速固定在木龙骨上，如图 3-33 所示；用黑自攻螺钉将石膏板紧固在木龙骨上，如图 3-34 所示。

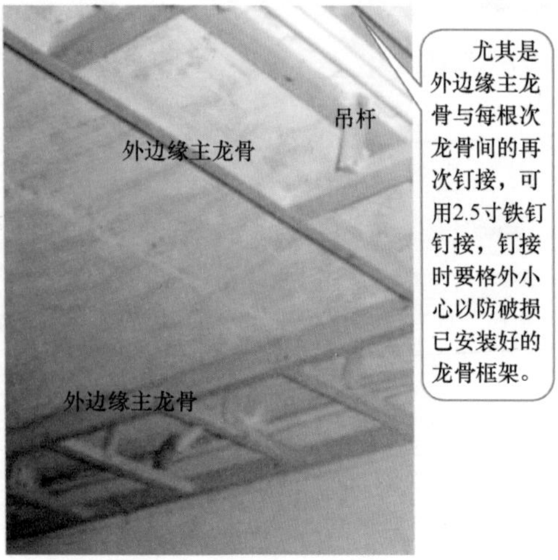

吊杆
外边缘主龙骨
外边缘主龙骨
尤其是外边缘主龙骨与每根次龙骨间的再次钉接，可用2.5寸铁钉钉接，钉接时要格外小心以防破损已安装好的龙骨框架。

图 3-31　木龙骨框架钉接完成后效果

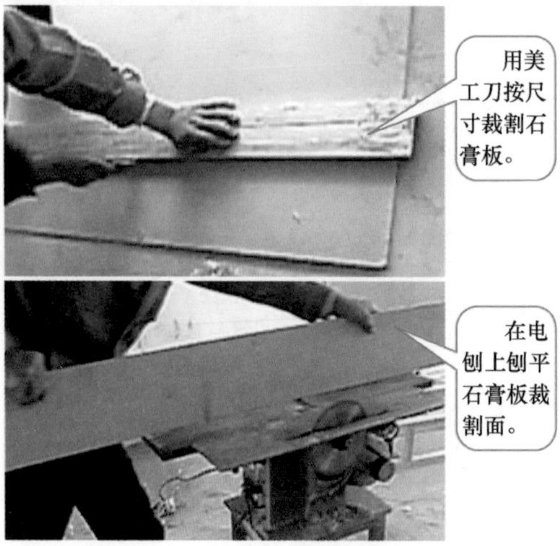

图 3-32　侧立面石膏板备料

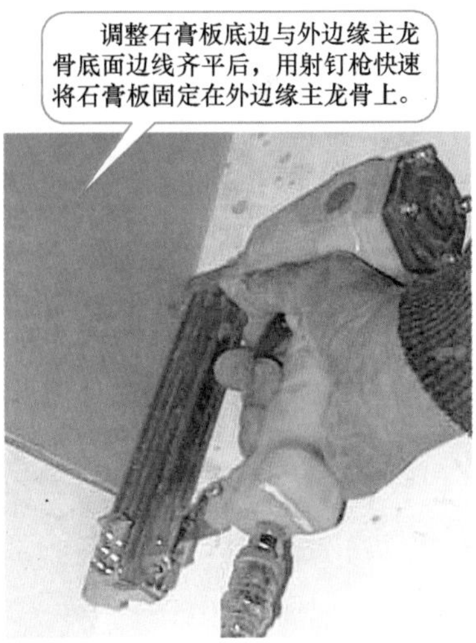

调整石膏板底边与外边缘主龙骨底面边线齐平后，用射钉枪快速将石膏板固定在外边缘主龙骨上。

图 3-33　射钉枪固定侧立面石膏板

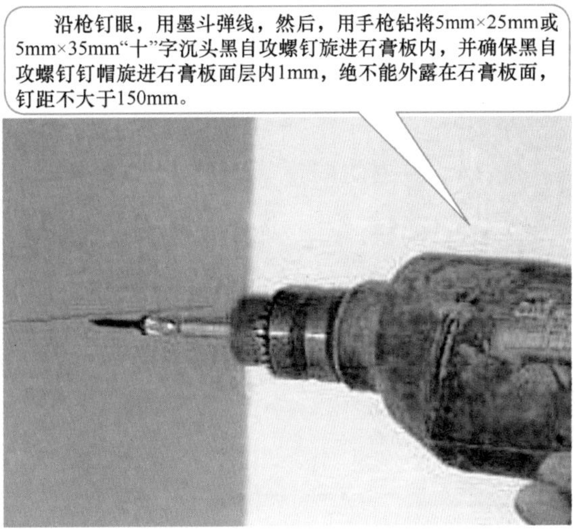

沿枪钉眼，用墨斗弹线，然后，用手枪钻将5mm×25mm或5mm×35mm“十”字沉头黑自攻螺钉旋进石膏板内，并确保黑自攻螺钉钉帽旋进石膏板面层内1mm，绝不能外露在石膏板面，钉距不大于150mm。

图 3-34　黑自攻螺钉再次紧固石膏板

重复上述步骤与方法，完成所有侧立面石膏板的安装。

② 龙骨架底平面石膏板安装。龙骨架底平面上每块石膏板都需要经历“丈量尺寸、裁割石膏板、枪钉快速钉接、手枪钻旋钉黑自攻螺钉”几个步骤完成安装。由于石膏板自重大，且需人工登高、上举安装在木龙骨架底平面上，如果石膏板裁割块过大，则会增加上举施工的困难进而影响施工质量。所以工人应根据自身情况，每次裁割石膏板时尽量小些，每块石膏板间、石膏板与墙壁间都要预留 5mm 左右的伸缩缝。枪钉快速钉接在石膏板上的方法同龙骨架侧立面石膏板安装。由于钉接在木龙骨底面的石膏板面积较大，遮住了木龙骨，无法准确将黑自攻螺钉紧固在木龙骨上，尤其是次龙骨的位置很难找寻，所以铺设石膏板前，必须在紧挨木龙骨下方的墙面上用铅笔标画出次龙骨中心线所在位置，然后铺设石膏板并用枪钉迅速钉固，接着，墨斗弹线后沿弹线旋钉黑自攻螺钉，如图 3-35 所示。

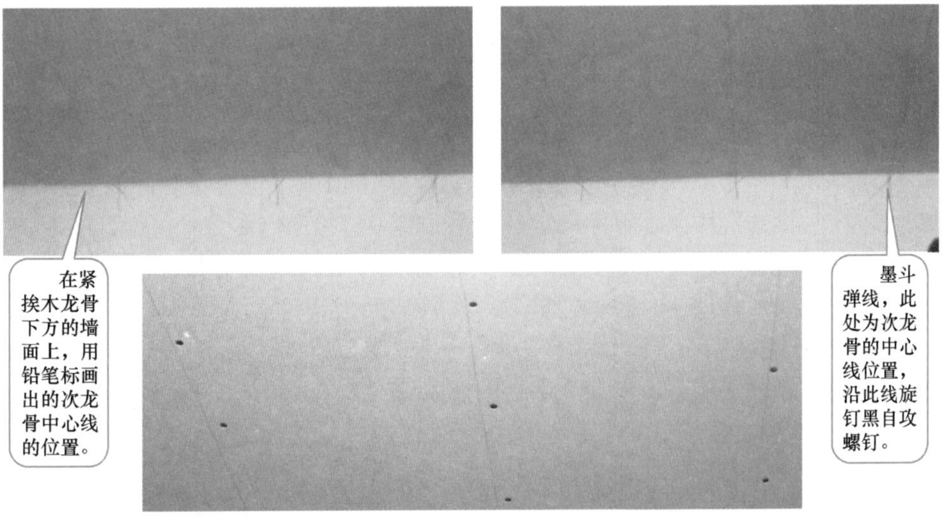

墨斗弹线，此处为次龙骨的中心线位置，沿此线旋钉黑自攻螺钉。

图 3-35　龙骨架底平面石膏板安装

木龙骨石膏板走边吊顶完成效果与接缝处局部放大，如图 3-36 所示。

图 3-36　木龙骨石膏板走边吊顶完成效果与接缝处局部放大

木龙骨上不允许吊挂灯具、设备等重物。目前，另一种木龙骨架设的施工方法在工地上也比较常见，有别于上述施工方法，如图 3-37 所示。

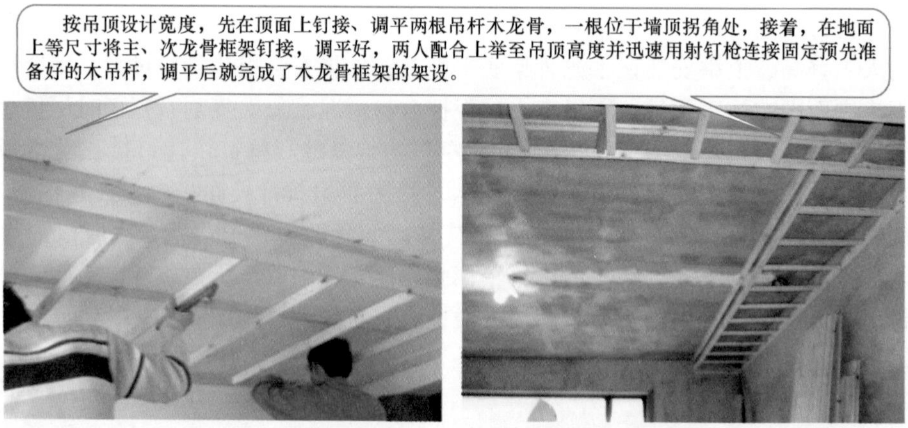

按吊顶设计宽度，先在顶面上钉接、调平两根吊杆木龙骨，一根位于墙顶拐角处，接着，在地面上等尺寸将主、次龙骨框架钉接，调平好，两人配合上举至吊顶高度并迅速用射钉枪连接固定预先准备好的木吊杆，调平后就完成了木龙骨框架的架设。

图 3-37　木龙骨框架架设的另一种常用施工方法

（2）木龙骨石膏板复杂吊顶　木龙骨石膏板复杂吊顶施工也是按“定位、放线→吊点打孔、塞入木楔→挑选优质条木方→钉接延边主龙骨→钉接吊点木龙骨→钉接吊杆、主、次龙骨→安装石膏板”这几个工序进行施工，具体施工方法与木龙骨石膏板走边吊顶基本相同，唯一的区别是弧形处理耗时，工艺复杂，如图 3-38 所示。

2. 轻钢龙骨石膏板吊顶

目前，装饰市场上常用 D50 型轻钢龙骨石膏板吊顶和 50 直卡式 U 形轻钢龙骨石膏板吊顶，UC50 型轻钢龙骨石膏板吊顶是传统做法，50 直卡式 U 形轻钢龙骨石膏板吊顶是较为新型的做法。

（1）D50 型轻钢龙骨石膏板吊顶　D50 型轻钢龙骨石膏板吊顶分轻钢龙骨石膏板平整面吊顶和复杂造型吊顶。

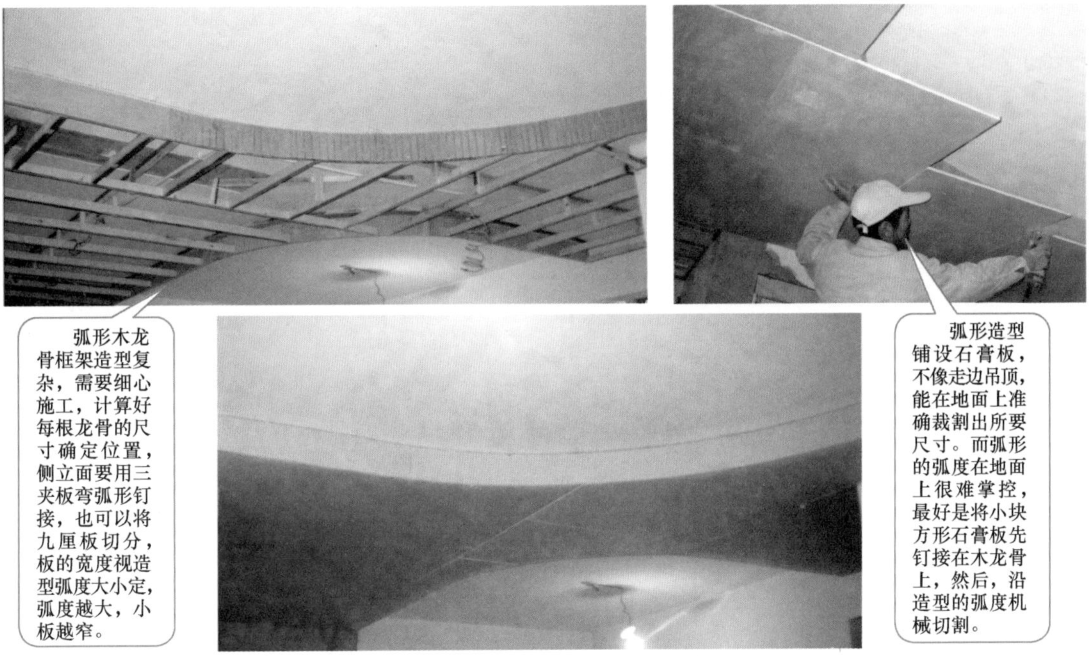

弧形木龙骨框架造型复杂，需要细心施工，计算好每根龙骨的尺寸确定位置，侧立面要用三夹板弯弧形钉接，也可以将九厘板切分，板的宽度视造型弧度大小定，弧度越大，小板越窄。
弧形造型铺设石膏板，不像走边吊顶，能在地面上准确裁割出所要尺寸。而弧形的弧度在地面上很难掌控，最好是将小块方形石膏板先钉接在木龙骨上，然后，沿造型的弧度机械切割。

图 3-38　木龙骨石膏板复杂造型吊顶

1）轻钢龙骨石膏板平整面吊顶。吊顶轻钢龙骨由承载龙骨（主龙骨）、覆面龙骨（辅龙骨）及各种配件组成。按承载能力分上人龙骨与不上人龙骨，按系列分类分为 D38（UC38）、D50（UC50）和 D60（UC60）三个系列。轻钢龙骨 D38 用于吊点间距为 900～1200mm 的不上人吊顶；D50 用于吊点间距为 900～1200mm 的上人吊顶；D60 用于吊点间距为 1500mm 的上人加重吊顶，能承受上人检修 80kg 集中荷载。

按设计要求，选用合适的 U 形龙骨系列，并根据实际平面尺寸备齐龙骨主件及其配件，了解其节点构造图，如图 3-39、图 3-40 所示。

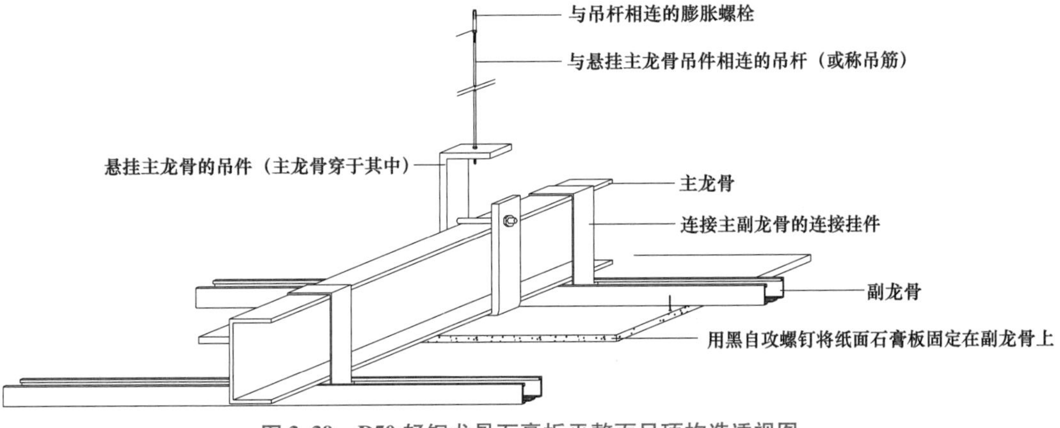

图 3-39　D50 轻钢龙骨石膏板平整面吊顶构造透视图

D50 型轻钢龙骨石膏板大面积吊顶施工常按“按设计吊顶标高弹画水平线→安装沿边龙骨→弹画主龙骨分档线→定位吊点、安装吊杆→安装主龙骨→安装副龙骨→安装纸面石膏板”这几个工序进行施工，具体如下：

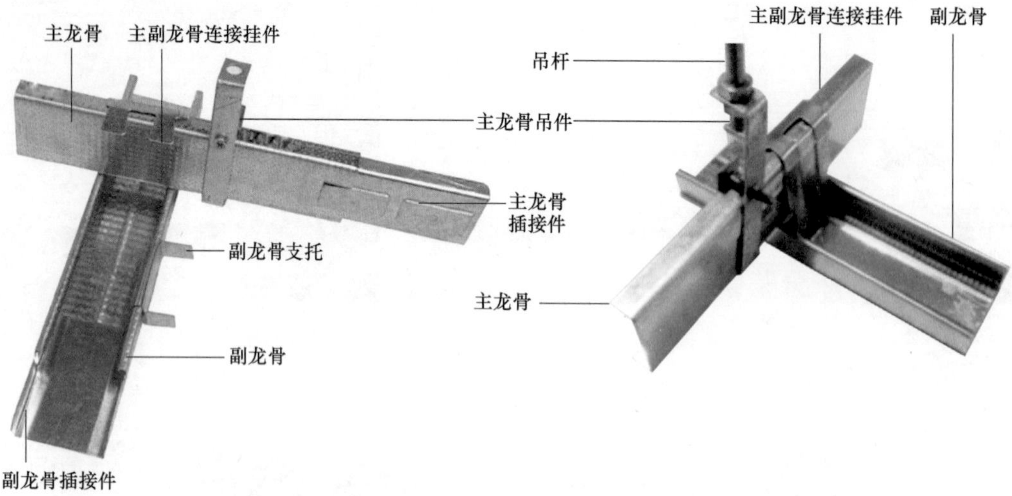

图 3-40　D50 型轻钢龙骨石膏板平整面吊顶连接实景局部透视图

① 按设计吊顶标高弹画水平线。具体步骤与方法同木龙骨石膏板吊顶墙面弹线，如图 3-27 所示。

② 安装沿边龙骨。沿边龙骨可以是配套的轻钢龙骨，也可以是木龙骨，配套的沿边轻钢龙骨安装，如图 3-41 所示；沿边木龙骨安装，如图 3-42 所示。

③ 弹画主龙骨分档线，如图 3-43 所示。

安装时需在轻钢龙骨上打眼并固定，确保沿边龙骨的水平度。

图 3-41　安装沿边轻钢龙骨

木龙骨安装参见图3-28。

图 3-42　沿边木龙骨安装

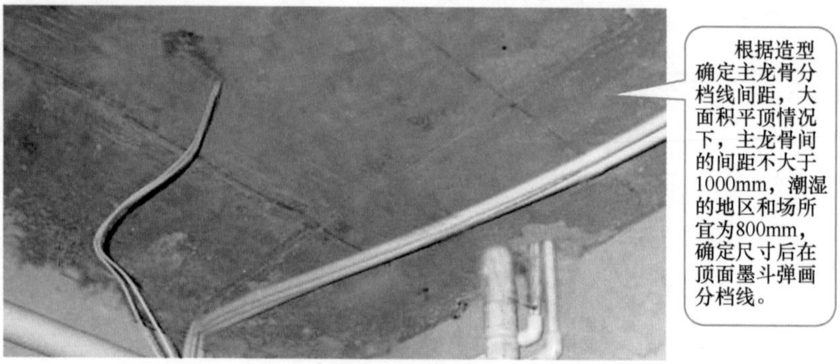

根据造型确定主龙骨分档线间距，大面积平顶情况下，主龙骨间的间距不大于1000mm，潮湿的地区和场所宜为800mm，确定尺寸后在顶面墨斗弹画分档线。

图 3-43　弹划主龙骨分档线

④ 定位吊点、安装吊杆。目前市场上吊点、吊杆、吊件是连体的，安装施工，如图 3-44所示；安装后效果，如图 3-45 所示。

⑤ 安装主龙骨。首先，按设计尺寸要求切割，如图 3-46 所示；然后，安装主龙骨，如图 3-47 所示；主龙骨安装后效果，如图 3-48 所示。

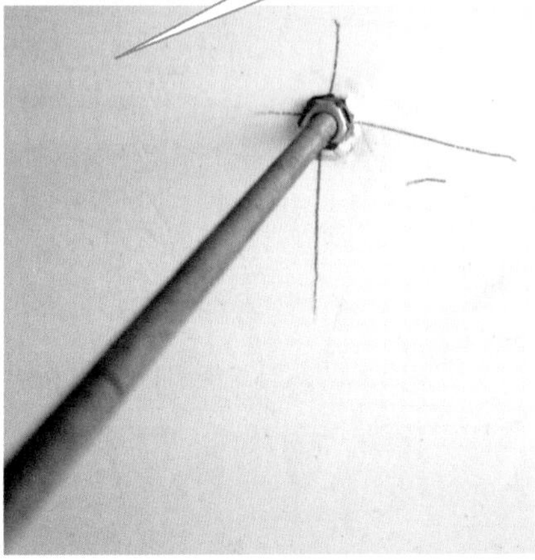

根据造型，沿已弹画的主龙骨分档线，在主龙骨分档线上确定吊点位置，大面积平顶的主龙骨吊点间距为1000~1200mm，靠墙边的吊点300mm左右为宜，然后，电锤在吊点定位上打孔，用ϕ8mm以上膨胀螺栓固定。

图 3-44　定位吊点、安装吊杆

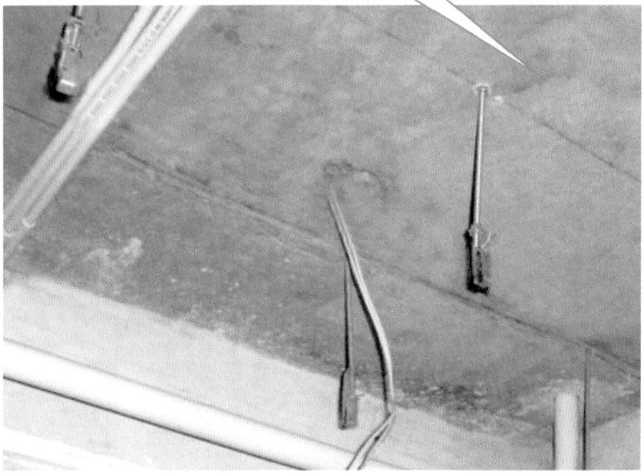

图 3-45　吊点、吊杆、吊件安装后效果

先丈量墙间尺寸，用电动切割机按丈量尺寸等长切割轻钢龙骨。

图 3-46　电动切割主龙骨

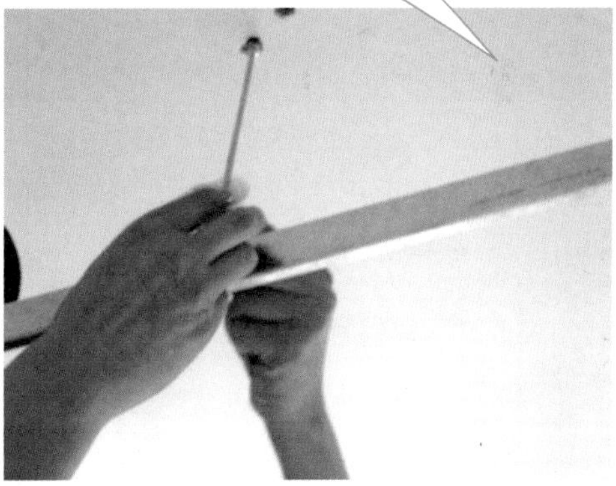

将切割后的主龙骨套装入吊件后，装上螺钉拧紧安装后的主龙骨，要用水平尺进行调平。

图 3-47　主龙骨安装、调平

⑥ 安装副龙骨，如图 3-49 所示。

若沿边龙骨为木龙骨时，连接施工，如图 3-50 所示；若沿边龙骨为配套轻钢龙骨时，连接施工，如图 3-51 所示；安装过程中，当副龙骨不够长时，需要用副龙骨接插连接件来延长副龙骨，直至符合施工质量要求，如图 3-52 所示。

重复上述步骤与方法，直至完成所有龙骨架的安装，如图 3-53 所示。

考虑吊顶的起拱高度，应按房间短向跨度的1%～8%起拱。

图 3-48　主龙骨安装后效果

副龙骨通过主副龙骨连接挂件吊挂在主龙骨上，一般间距为300mm，各龙骨的排布应详细对照设计图样，避让灯具的开孔，泛光灯槽部分的龙骨应是整根龙骨的延伸，应无拼接。副龙骨底平面与沿边龙骨底边平齐。

图 3-49　安装副龙骨

沿边木龙骨
副龙骨
将副龙骨与木龙骨接头处劈分成3部分，与沿边龙骨用钉子固定连接。

图 3-50　轻钢副龙骨与沿边木龙骨连接

图 3-51　轻钢副龙骨与沿边轻钢龙骨铆钉连接

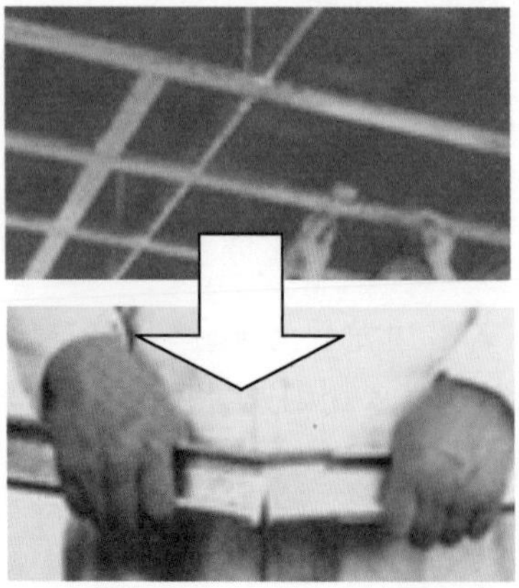

图 3-52　轻钢副龙骨架接插连接

图 3-53　轻钢龙骨骨架安装完成后的效果

⑦ 安装纸面石膏板。检查吊顶龙骨架，牢固性、稳定性等是否符合施工质量要求。安装纸面石膏板至副龙骨上，宜整张石膏板安装，如图 3-54 所示，也可按设计要求化整为零安装固定纸面石膏板，如图 3-55 所示。

重复上述施工步骤与方法，直至完成所有纸面石膏板的安装，安装过程中还要注意留有检修口，如图 3-56 所示。

先丈量好纸面石膏板预安装处的轻钢副龙骨间的中线距离，接着，将整张纸面石膏板平放在地面上，两个工人配合按丈量的尺寸在纸面石膏板上弹画墨线，最后两个工人合力将纸面石膏板上举，贴紧轻钢副龙骨，顶固、调正位置后，沿已弹墨线，用电动手枪钻将黑自攻螺钉旋紧固石膏板至轻钢副龙骨上，因为，枪钉无法钉进轻钢龙骨内。自攻螺钉钉帽旋进石膏板面层内1~2mm，钉距不大于150~200mm。

图 3-54　轻钢龙骨架上安装整张纸面石膏板

图 3-55　轻钢龙骨架安装小块纸面石膏板

图 3-56　轻钢龙骨石膏板预留检修口

2）轻钢龙骨石膏板复杂造型吊顶。D50 型轻钢龙骨石膏板复杂造型吊顶施工的工艺顺序、施工方法与 D50 型轻钢龙骨石膏板平整面吊顶施工工艺顺序、施工方法相同，区别在于，轻钢龙骨石膏板复杂造型吊顶是用细木工板与轻钢龙骨共同制作完成造型的，复杂造型处常用细木工板制作骨架，其他平整面用轻钢龙骨制作骨架。骨架完成后的效果，如图 3-57、图 3-58 所示。

（2）50 直卡式 U 形轻钢龙骨石膏板吊顶　按设计要求，根据实际平面尺寸备齐龙骨主件及配件，了解其构造图，如图 3-59、图 3-60 所示。50 直卡式 U 形轻钢龙骨石膏板吊顶，也分平整面吊顶和复杂造型吊顶，每种类型吊顶都要遵循“按设计吊顶标高弹画水平线→安装沿边龙骨→弹画主龙骨分档线→定位吊点、安装吊杆→安装主龙骨→安装副龙骨→安装纸面石膏板”这几个工艺顺序进行施工。

图 3-57　D50 型轻钢龙骨石膏板复杂吊顶骨架效果一

图 3-58　D50 型轻钢龙骨石膏板复杂吊顶骨架效果二

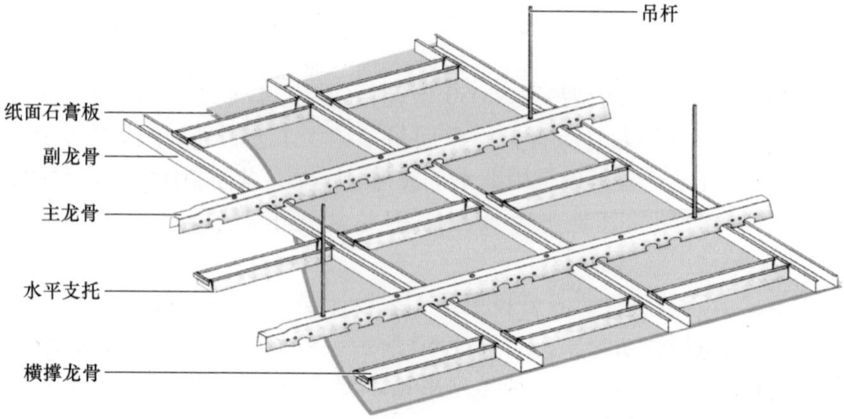

图 3-59　50 直卡式 U 形轻钢龙骨石膏板吊顶连接构造透视图

图3-60　50 直卡式 U 形轻钢龙骨石膏板吊顶连接实景局部透视图

1）平整面吊顶施工过程按以下步骤：

①“按设计吊顶标高弹画水平线→安装沿边龙骨→弹画主龙骨分档线→定位吊点、安装吊杆”施工方法与步骤同 D50 型轻钢龙骨石膏板吊顶。

② 安装主龙骨。完成吊挂，如图 3-61 所示；调平固定，如图 3-62 所示；重复操作直至完成所有主龙骨的吊挂与调平固定。

旋开吊杆下端的螺帽，将主龙骨扣齿朝下插入吊杆，接着旋上螺帽完成主龙骨的吊挂。

图3-61　50 直卡式 U 形
轻钢主龙骨吊挂

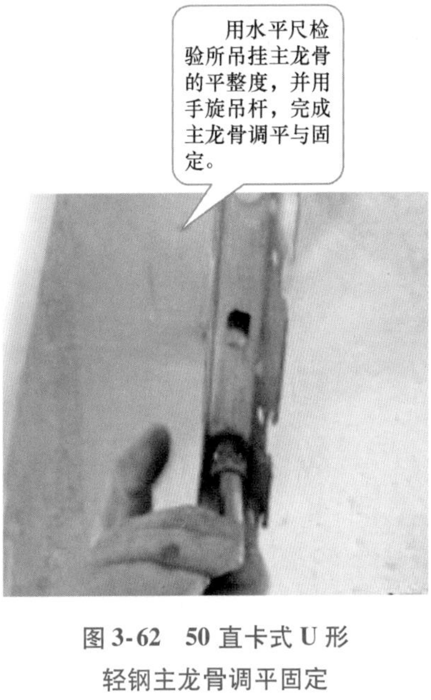

用水平尺检验所吊挂主龙骨的平整度，并用手旋吊杆，完成主龙骨调平与固定。

图3-62　50 直卡式 U 形
轻钢主龙骨调平固定

③ 安装副龙骨，如图3-63所示；调平副龙骨，如图3-64所示。

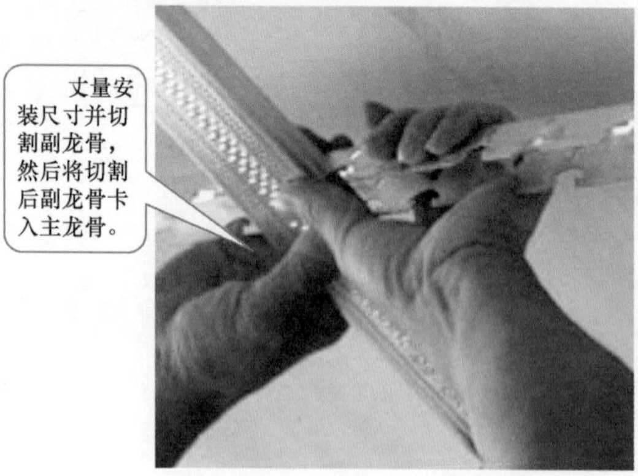

丈量安装尺寸并切割副龙骨，然后将切割后副龙骨卡入主龙骨。

图3-63　副龙骨安装、固定

副龙骨安装后，水平尺检平并通过调整吊杆来完成副龙骨的调平。

图3-64　调平副龙骨

若沿边龙骨为配套轻钢龙骨或为木龙骨时，其各自连接施工，及副龙骨接插连接件延长等施工方法，同D50型轻钢龙骨石膏板吊顶。

重复上述步骤与方法，直至完成所有主、副龙骨等的安装，当平顶施工面积较大时，可以在副龙间安装横撑龙骨，增加石膏板的着力点，确保施工质量，如图3-65所示；轻钢副龙骨与沿边木龙骨连接且没有安装横撑龙骨，如图3-66所示。

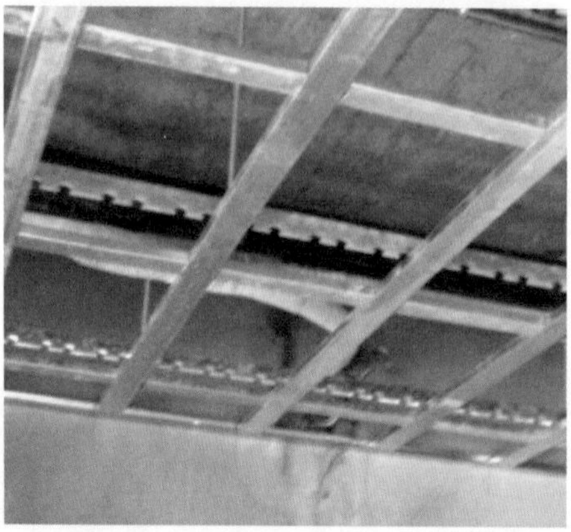

图3-65　轻钢副龙骨与沿边轻钢龙骨铆钉连接（带横撑龙骨）

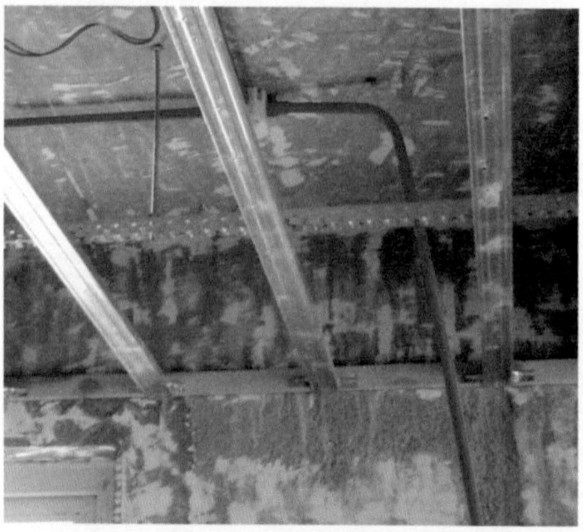

图3-66　轻钢副龙骨与沿边木龙骨连接（不带横撑龙骨）

④ 安装纸面石膏板。施工方法与步骤，同D50型轻钢龙骨石膏板吊顶。

2）复杂造型吊顶。50直卡式U形轻钢龙骨石膏板复杂造型吊顶施工的工艺顺序、施工方法与50直卡式U形轻钢龙骨石膏板平整面吊顶施工工艺顺序、施工方法相同，区别在于，其复杂造型吊顶是用细木工板等与轻钢龙骨共同制作完成造型的，复杂造型处常用细木工板制作骨架，其他平整面用轻钢龙骨制作骨架，骨架完成后的效果及局部举例，如图3-67、图3-68所示。

图 3-67　50 直卡式 U 形钢龙骨石膏板复杂吊顶骨架举例

图 3-68　50 直卡式 U 形钢龙骨石膏板复杂吊顶骨架局部举例

典型工作过程三　石膏板吊顶施工的竣工验收

上述施工完成后，需要进行质量验收，如发现有质量缺陷要及时整修至符合质量要求，整体验收合格后才能进行下一道工序的施工。目前，质量验收常用两种标准，一是国家标准，二是地方标准。国标是 2001 年发布的，地方标准是在国标基础上发布的，如江苏省地方标准是在国标基础上于 2007 年发布的。可以根据需要选择不同的验收标准进行验收，摘录如下：

一、国家规定验收标准

国家验收标准《建筑装饰装修工程质量验收规范》（GB 50210—2001）中规定吊顶工程

的验收规范摘录如下：

6.2　暗龙骨吊顶工程

6.2.1　本节适用于以轻钢龙骨、铝合金龙骨、木龙骨等为骨架，以石膏板、金属板、矿棉板、木板、塑料板或格栅等为饰面材料的暗龙骨吊顶工程的质量验收。

主控项目

6.2.2　吊顶标高、尺寸、起拱和造型应符合设计要求。

检验方法：观察；尺量检查。

6.2.3　饰面材料的材质、品种、规格、图案和颜色应符合设计要求。

检验方法：观察；检查产品合格证书、性能检测报告、进场验收记录和复验报告。

6.2.4　暗龙骨吊顶工程的吊杆、龙骨和饰面材料的安装必须牢固。

检验方法：观察；手扳检查；检查隐蔽工程验收记录和施工记录。

6.2.5　吊杆、龙骨的材质、规格、安装间距及连接方式应符合设计要求。金属吊杆、龙骨应经过表面防腐处理；木吊杆、龙骨应进行防腐、防火处理。

检验方法：观察；尺量检查；检查产品合格证书、性能检测报告、进场验收记录和隐蔽工程验收记录。

6.2.6　石膏板的接缝应按其施工工艺标准进行板缝防裂处理。安装双层石膏板时，面层板与基层板的接缝应错开，并不得在同一根龙骨上接缝。

检验方法：观察。

一般项目

6.2.7　饰面材料表面应洁净、色泽一致，不得有翘曲、裂缝及缺损。压条应平直、宽窄一致。

检验方法：观察；尺量检查。

6.2.8　饰面板上的灯具、烟感器、喷淋头、风口箅子等设备的位置应合理、美观，与饰面板的交接应吻合、严密。

检验方法：观察。

6.2.9　金属吊杆、龙骨的接缝应均匀一致，角缝应吻合，表面应平整，无翘曲、锤印。木质吊杆、龙骨应顺直，无劈裂、变形。

检验方法：检查隐蔽工程验收记录和施工记录。

6.2.10　吊顶内填充吸声材料的品种和铺设厚度应符合设计要求，并应有防散落措施。

检验方法：检查隐蔽工程验收记录和施工记录。

6.2.11　暗龙骨吊顶工程安装的允许偏差和检验方法应符合表3-1的规定。

表3-1　暗龙骨吊顶工程安装的允许偏差

项　次	项　目	允许偏差/mm				检验方法
		纸面石膏板	金属板	矿棉板	木板、塑料板、格栅	
1	表面平整度	3	2	2	3	用2m靠尺和塞尺检查
2	接缝直线度	3	1.5	3	3	拉5m线，不足5m拉通线，用钢直尺检查
3	接缝高低差	1	1	1.5	1	用钢直尺和塞尺检查

二、江苏省规定验收标准

江苏省地方标准《住宅装饰装修服务规范》（DB32/T 1045—2007），是在国家规范《建筑装饰装修工程质量验收规范》（GB 50210—2001）的基础上，根据江苏经济发达地区装修的标准制定的，有一定示范性，江苏省地方标准《住宅装饰装修服务规范》（DB32/T 1045—2007）中规定吊顶工程的验收规范摘录如下：

D.8　吊顶与隔墙

D.8.1　基本要求

吊顶与隔墙的安装应牢固，表面平整，无污染、折裂、缺棱、掉角、锤痕等缺陷。黏结的饰面板应粘贴牢固，无脱层。搁置的饰面板无漏、透、翘角等现象。吊顶及隔墙位置应正确，所有连接件必须拧紧、夹牢，主龙骨无明显弯曲，次龙骨连接处无明显错位。采用木质吊顶时，木龙骨等应进行防火处理，吊顶中的预埋件、钢吊筋等应进行防腐防锈处理，在嵌装灯具等物体的位置要有加固处理。采用金属吊顶时应用螺钉连接，钉帽应进行防锈处理。

D.8.2　验收要求及方法

吊顶与隔墙的安装验收要求及方法应按表3-2的规定进行。

表3-2　吊顶与隔墙安装验收要求及方法

序号	项目	质量要求及允许偏差	验收方法		项目分类
			量具	测量方法	
1	安装	应牢固，无弯曲错位		目测手感全检	A
2	防火处理	宜进行防火处理		目测，木质部位安装电器的全检，金属件全检	A
	防腐处理	应有防腐处理			
3	表面质量	符合D.9.1的要求		目测全检	B
4	表面平整度，mm	≤2	建筑用电子水平尺或2m靠尺、塞尺	随机测量两处，取最大值	C
5	接缝直线度，mm	≤3	5m拉线、钢直尺		C
6	接缝高低差，mm	≤1	钢直尺、塞尺		C
7	分隔板立面垂直度，mm	≤2	建筑用电子水平尺或垂直检测尺		C
8	分隔板阴阳角方正，mm	≤3	建筑用电子水平尺或直角检测尺		C

典型工作过程四　实木个性电视柜现场拼接施工与质量自检标准和方法

按正常的工艺逻辑，石膏板吊顶施工完成后，就可以进行其他的木作施工。若施工界面允许、施工人员较多且不影响石膏板吊顶施工，那么其他现场木作施工也可以与石膏板吊顶施工同时交叉进行，包括打制大衣柜柜体、门窗套及一些个性家具，但目前现场打制木作施工项目越来越少，唯有一些需要追求个性风格的家具需要按图现场打制，如杉木电视柜现场木作施工，具体施工如下所述。

一、设计师技术交底、项目经理施工标记

由于是个性家具设计，所以施工前，装饰公司的设计师必须到施工现场拿出施工图给项目经理和施工人员进行技术交底，确认施工的具体内容，直至项目经理和施工人员确认无疑，便准备按图施工。规范的整套施工图样中应包括家具三视图及透视图等详图，如图 3-69 所示。

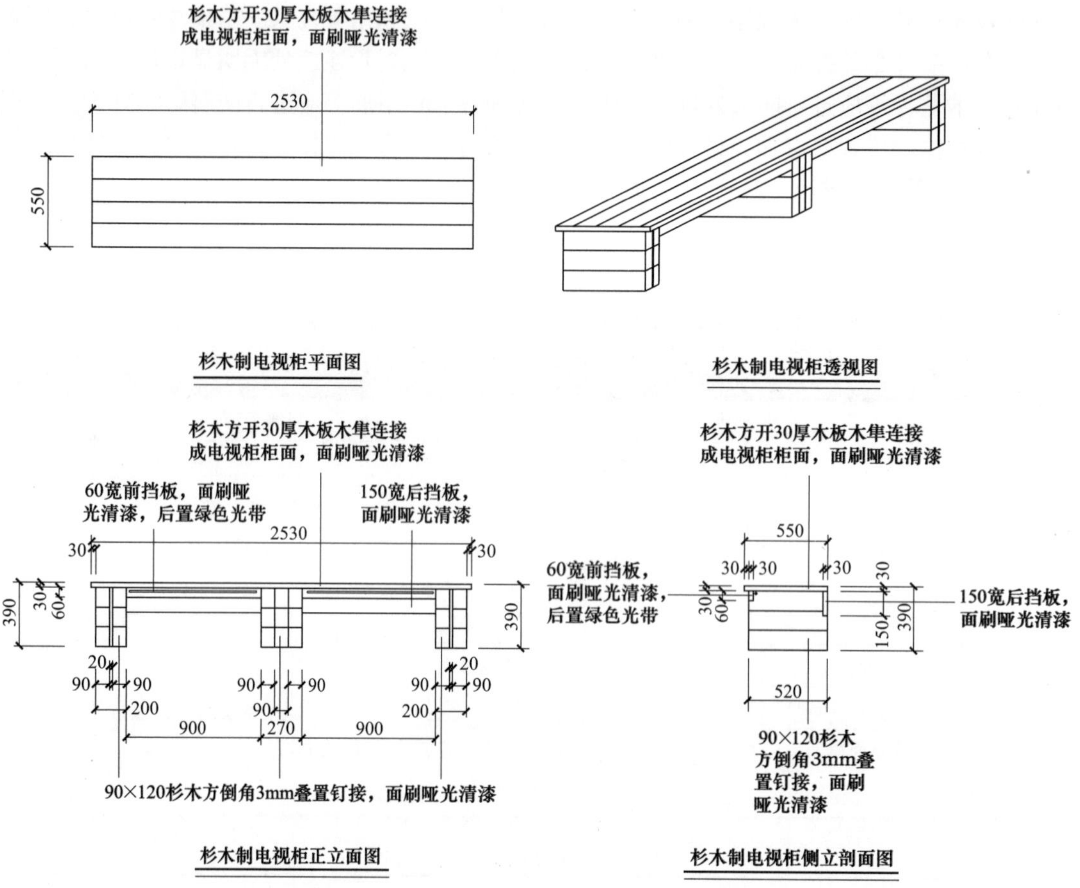

图 3-69　现场打制个性电视柜三视图、透视图

二、杉木电视柜现场木作施工

杉木电视柜现场木作施工应按“备料→板面上标画钻孔标识→沿钻孔标识在板侧面钻孔→板件拼接→拼接后板面刨平→按设计尺寸锯除宽出的板材→锯除后板侧面刨平→按设计尺寸锯除长出的板材→用杉木方制作电视柜脚→砂磨成品电视柜”等多个工序进行，具体施工工艺如下所述。

1）备料。按电视柜台面厚 30mm、宽 550mm、长 2530mm 的设计要求，将选购来的干

燥杉木放在大型电锯、电刨一体机（图 3-15、图 3-16）上切割出所需块数，切割块数的总宽度应大于电视柜台面设计宽度。然后，刨平板材正反面、侧边面。

2）板面上标画钻孔标志。在切割、刨平后的杉木板上标画铅笔线作为钻孔标志，如图 3-70 所示；杉木板上标画钻孔标志后，如图 3-71 所示；重复上述方法，直至完成所有杉木板材的平铺与标画钻孔标志，如图 3-72 所示。

将切割下的杉木板材平铺、对齐摆放在平整地面上，拼铺摆放两块或三块板后即可用角尺、木工铅笔在板面上标画出钻孔标志。

图 3-70　杉木板上标画钻孔标志

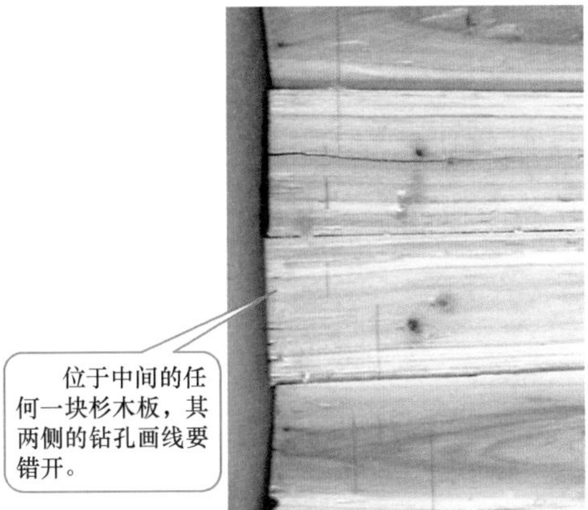

位于中间的任何一块杉木板，其两侧的钻孔画线要错开。

图 3-71　标画钻孔标志后

每块板上的钻孔间距宜在400mm左右。

图 3-72　完成所有板材拼铺，标画钻孔标志

3）沿钻孔标识在板侧面钻孔，如图 3-73 所示。

4）板件拼接。相邻两块杉木板侧面钻孔结束后，就可以进行两块板的拼接，如图 3-74 所示。

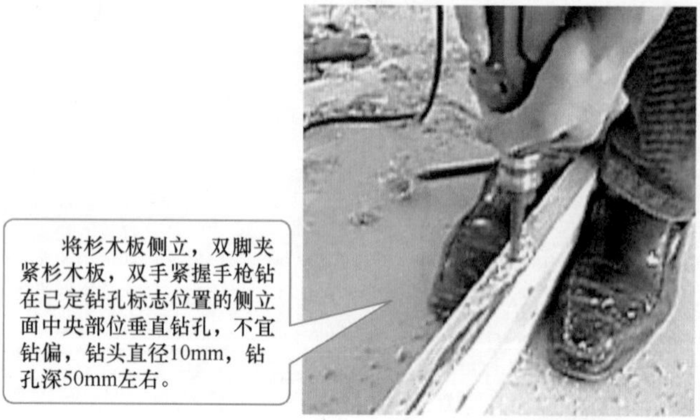

将杉木板侧立，双脚夹紧杉木板，双手紧握手枪钻在已定钻孔标志位置的侧立面中央部位垂直钻孔，不宜钻偏，钻头直径10mm，钻孔深50mm左右。

图 3-73　沿钻孔标志钻孔

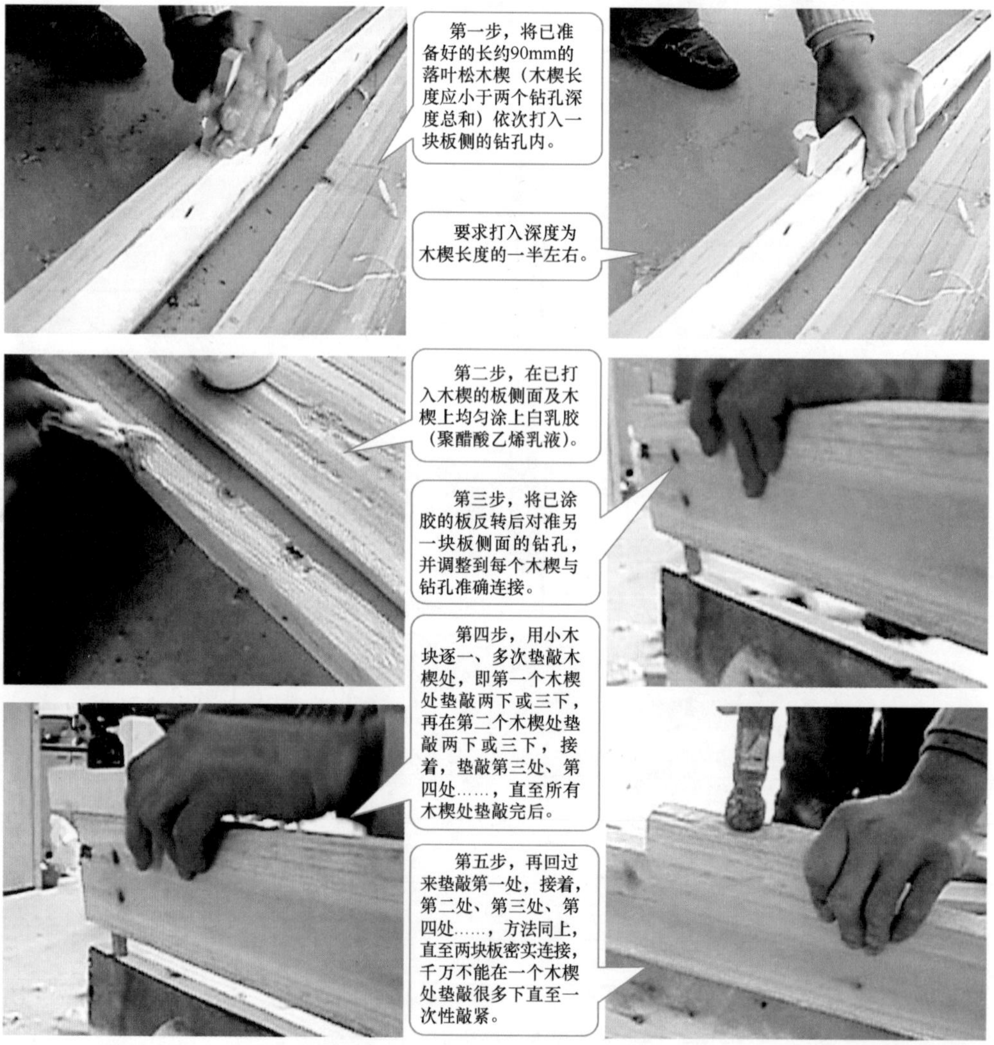

第一步，将已准备好的长约90mm的落叶松木楔（木楔长度应小于两个钻孔深度总和）依次打入一块板侧的钻孔内。
要求打入深度为木楔长度的一半左右。
第二步，在已打入木楔的板侧面及木楔上均匀涂上白乳胶（聚醋酸乙烯乳液）。
第三步，将已涂胶的板反转后对准另一块板侧面的钻孔，并调整到每个木楔与钻孔准确连接。
第四步，用小木块逐一、多次垫敲木楔处，即第一个木楔处垫敲两下或三下，再在第二个木楔处垫敲两下或三下，接着，垫敲第三处、第四处……，直至所有木楔处垫敲完后。
第五步，再回过来垫敲第一处，接着，第二处、第三处、第四处……，方法同上，直至两块板密实连接，千万不能在一个木楔处垫敲很多下直至一次性敲紧。

图 3-74　相邻两块杉木板的拼接

重复上述方法与步骤，一块板一块板的连接固定，如图 3-75 所示；直至完成最后一块板的敲击连接，如图 3-76 所示。

图 3-75　多块板件依次拼接

图 3-76　最后一块板件拼接后完成电视柜台面雏形

5）拼接后板面刨平，如图 3-77 所示。

首先，将拼接好的电视柜台面平放在地面上，用手工木刨子试刨面层。
然后，调节刨刀深度和平整度并再次试刨直到合适。最后，刨平整板面。

图 3-77　刨平拼接完成后的电视柜台面

6）按设计尺寸锯除宽出的板材，如图 3-78 所示。

7）锯除后板侧面刨平，如图 3-79 所示。

8）按设计尺寸锯除长出的板材，如图 3-80 所示。

9）用杉木方制作电视柜脚，首先，制作柜脚构件，如图 3-81 所示。接着，制作柜脚且与台面连接，如图 3-82 所示。

10）砂磨成品电视柜，如图 3-83 所示；电视柜油漆后得到如图 3-84 所示的效果。

由于拼接后电视柜台面宽度要宽于电视柜台面设计宽度，所以，在台面刨平后，必须切割掉宽出设计尺寸的木板，才能刨平侧面。
首先，将刨平后的电视柜台面平放在工作台上，在保证平稳放置的前提下，将预裁割边凸出工作平台；接着，按设计宽度在电视柜台面板上墨斗弹线，调整手持电动切割机的切割深度；最后，双手紧握电动切割机沿墨线切割，切割时，要匀速、平稳，直至切割掉宽出设计尺寸的板材。

图 3-78　按设计尺寸锯除板宽方向上多余板材

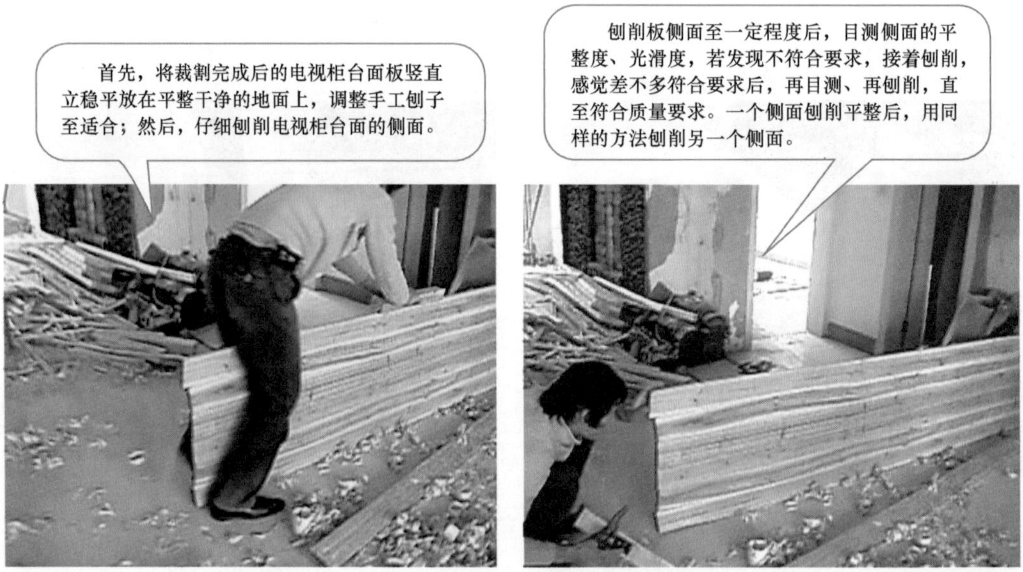

首先，将裁割完成后的电视柜台面板竖直立稳平放在平整干净的地面上，调整手工刨子至适合；然后，仔细刨削电视柜台面的侧面。
刨削板侧面至一定程度后，目测侧面的平整度、光滑度，若发现不符合要求，接着刨削，感觉差不多符合要求后，再目测、再刨削，直至符合质量要求。一个侧面刨削平整后，用同样的方法刨削另一个侧面。

图 3-79　手工刨平电视柜台面板侧面

三、质量自检标准和方法

国家与省验收标准中没有明确规定如何验收现场打制的个性家具，但可以参照橱柜的验收标准，造型、结构和安装位置必须符合设计要求，表面应砂磨光滑，无毛刺或锤痕，连接、安装牢固，金属配件表面处理良好且无锈边、毛刺，表面平整度、拐角的垂直方正度等符合质量要求，上述检验项目可以用目测和工具来验收。

按锯割要求架设好电视柜台面，用手工锯子按设计尺寸，沿弹画墨线小心、仔细地锯除长出的板材。

图 3-80　按设计尺寸锯除长出的板材

根据设计尺寸，将杉木方切割、刨削平整至电视柜脚所需构件。

图 3-81　用杉木方制作电视柜脚构件

制作足量的构件后，将电视柜脚构件钉接，要求涂抹白乳胶后用2.5寸铁钉钉接;然后，将钉接好的柜脚与电视柜台面板连接，要求涂抹白乳胶后用4寸铁钉钉接，直至完成电视柜的制作。

图 3-82　柜脚与板面连接制成电视柜

用180目砂纸打磨成品的电视柜台面等，使其表面较为光滑。

图 3-83　砂磨成品电视柜

图 3-84　油漆后的打制电视柜

典型工作过程五　石膏板个性墙面造型现场制作

目前，石膏板墙面造型主要体现在电视背景上，由于做得太多而逐渐缺失了个性，但业主追求个性设计的初衷没有改变，所以为了追求个性设计，可以尝试用石膏板来制作艺术门套，就是说在套装门套的基础上创新施工方法来创造艺术个性，具体施工如下所述。

一、设计师技术交底、项目经理施工标记

由于是个性立面造型设计，施工前，设计师必须到施工现场进行技术交底，指导施工甚至亲自放样，严格按图施工，石膏板艺术门套造型部分图样实例如图 3-85 ~ 图 3-87 所示。

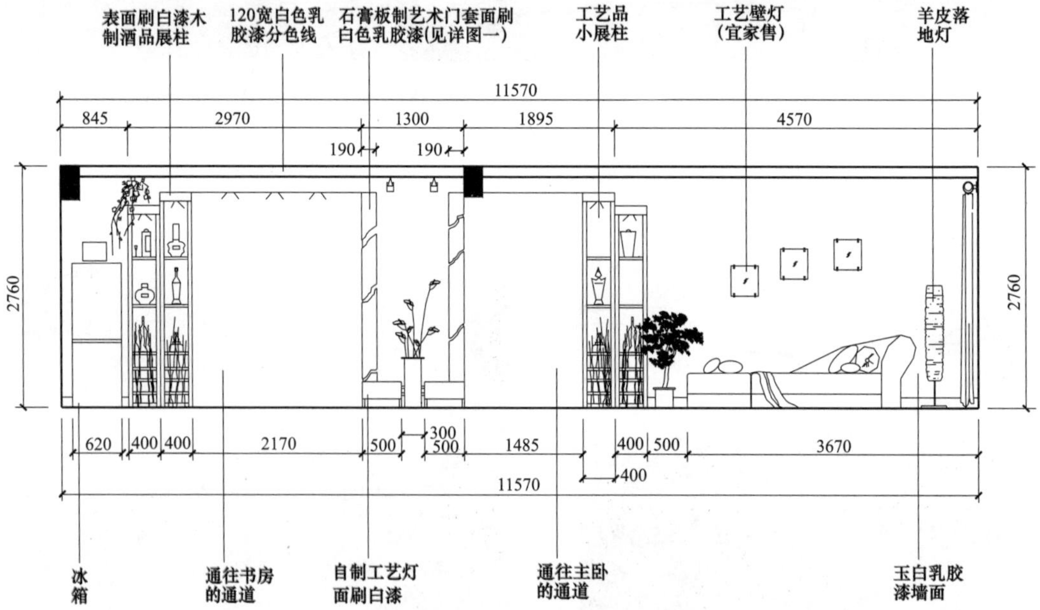

图 3-85　客厅、餐厅、过道东立面图（常州文亨花园）

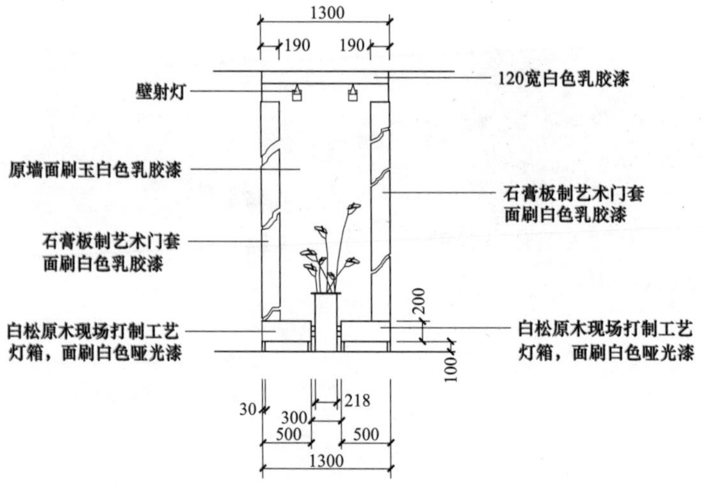

图 3-86　某石膏板艺术门套施工图详图一

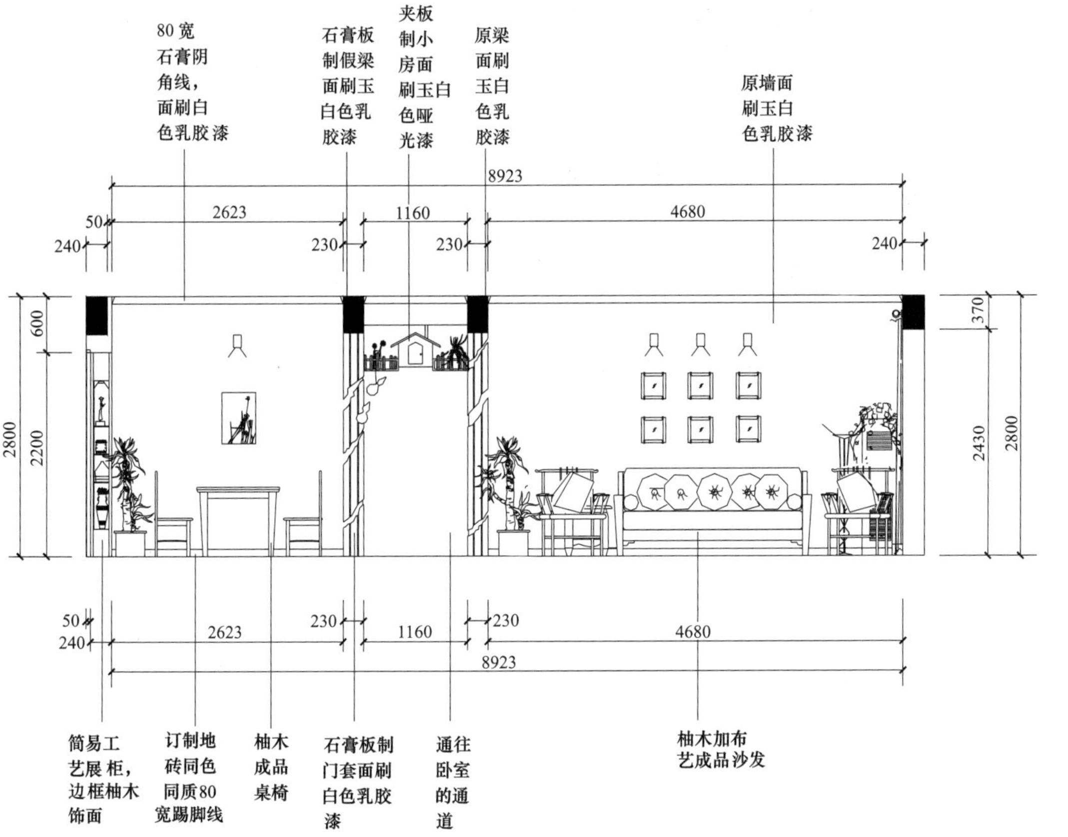

图 3-87　客厅、餐厅、过道东立面图（常州世茂香槟湖）

二、石膏板艺术门套现场施工

目前，套装门套是家居和公共装修中的常规门套，在工厂中定制，然后到施工现场安装。如果门洞基层不平整或门洞过大，可以先用质量好的细木工板制作门框；然后，再进行安装。石膏板艺术门套就是将常规的实木门套线换为石膏板艺术造型，其施工应按“门立框备料→门立框制作→门立框板的检验与调平→石膏板造型备料、放样→安装造型石膏板”五个工序进行施工。

1. 门立框备料

用于制作门套的门立框板常用细木工板，需要从整张或较大张细木工板材上裁割下来。首先，丈量门洞基层墙体的厚度、高度，调试大型电锯以备切割，详细操作如图 3-15 所示。接着，两个人协作裁割，详细操作如图 3-16 所示，直至裁割完所需数量，要求裁割的门立框板材尺寸要稍大于实际丈量的门洞基层尺寸。

2. 门立框制作

裁割后的门立框板按门洞净尺寸进行再次裁割，裁割后，用手工刨子刨平裁割处，如图 3-88 所示；接着，按图 3-25、图 3-26 所示方法用电锤钻孔并在孔内打入预先准备好的落叶松木楔；最后，用2.5 寸铁钉将门立框板固定在门洞的侧墙面上，直至完成所有的门立框板材制作，如图 3-89 所示。

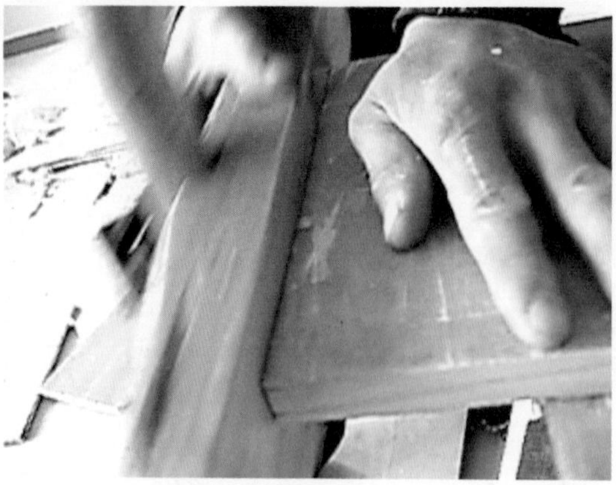

图 3-88　手工刨平门立框板

图 3-89　门立框板初步制作完成

3. 门立框板的检验与调平

1）检验门框板的垂直度。门立框板是否垂直、平整，是确保高质量完成门套制作的一个重要指标。检验与校正的方法，如图 3-90 所示。也可以使用激光水平仪检验与校正。

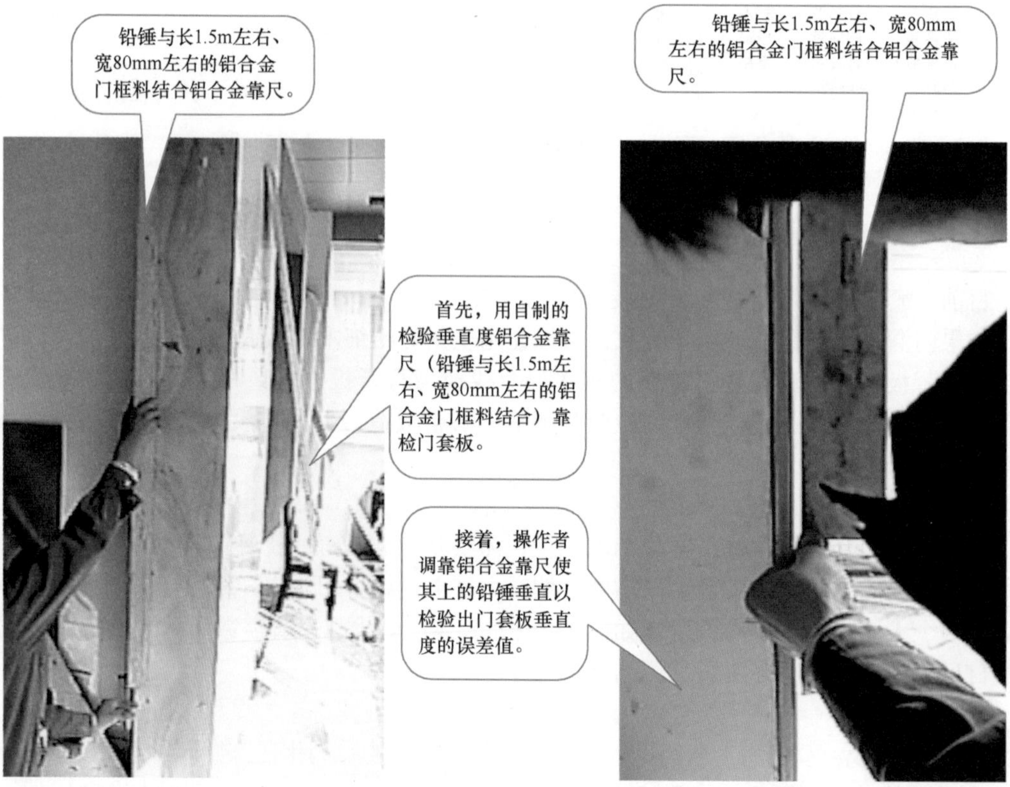

铅锤与长1.5m左右、宽80mm左右的铝合金门框料结合铝合金靠尺。
首先，用自制的检验垂直度铝合金靠尺（铅锤与长1.5m左右、宽80mm左右的铝合金门框料结合）靠检门套板。
接着，操作者调靠铝合金靠尺使其上的铅锤垂直以检验出门套板垂直度的误差值。
铅锤与长1.5m左右、宽80mm左右的铝合金门框料结合铝合金靠尺。

图 3-90　检验门立框板的垂直度

2）调平门立框板的垂直度，如图 3-91 所示。

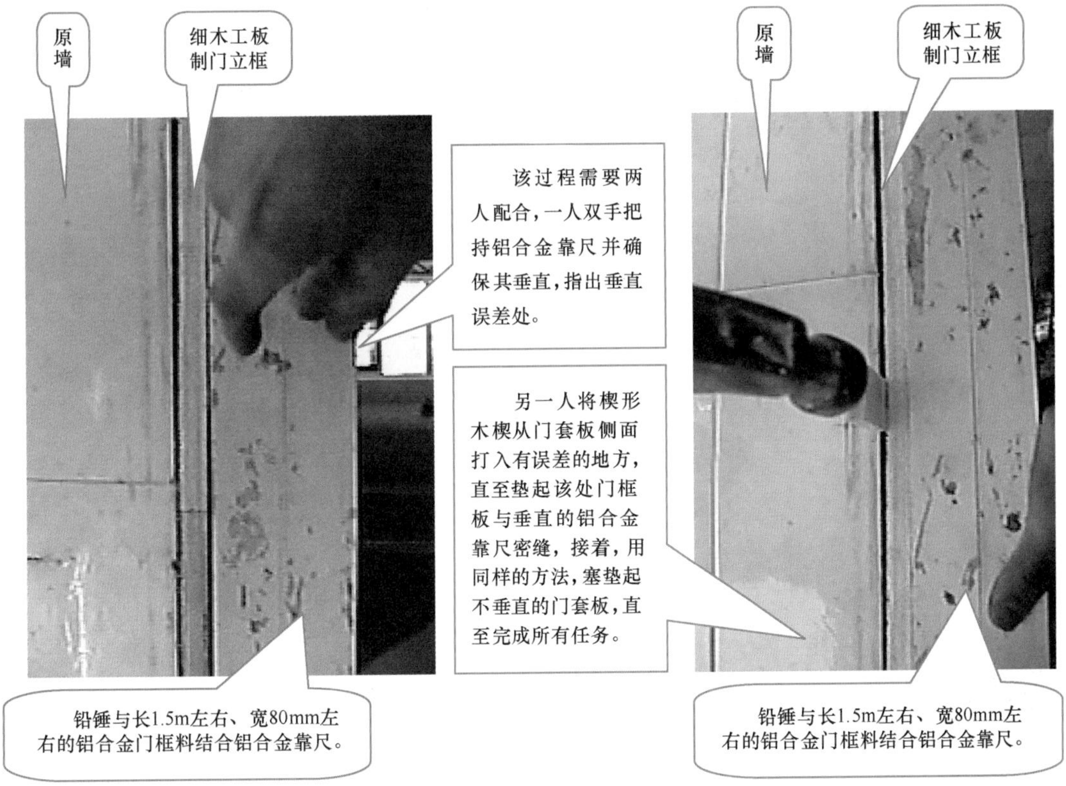

原墙
细木工板制门立框
该过程需要两人配合，一人双手把持铝合金靠尺并确保其垂直，指出垂直误差处。
另一人将楔形木楔从门套板侧面打入有误差的地方，直至垫起该处门框板与垂直的铝合金靠尺密缝，接着，用同样的方法，塞垫起不垂直的门套板，直至完成所有任务。
铅锤与长1.5m左右、宽80mm左右的铝合金门框料结合铝合金靠尺。
原墙
细木工板制门立框
铅锤与长1.5m左右、宽80mm左右的铝合金门框料结合铝合金靠尺。

图 3-91　调平门立框板的垂直度

4. 石膏板造型备料、放样

在石膏板上弹画裁割线，如图 3-92 所示；接着，用美工刀沿线裁割石膏板，修刨平整，详细操作如图 3-32 所示；放样、裁割、修整石膏板，如图 3-93 所示。

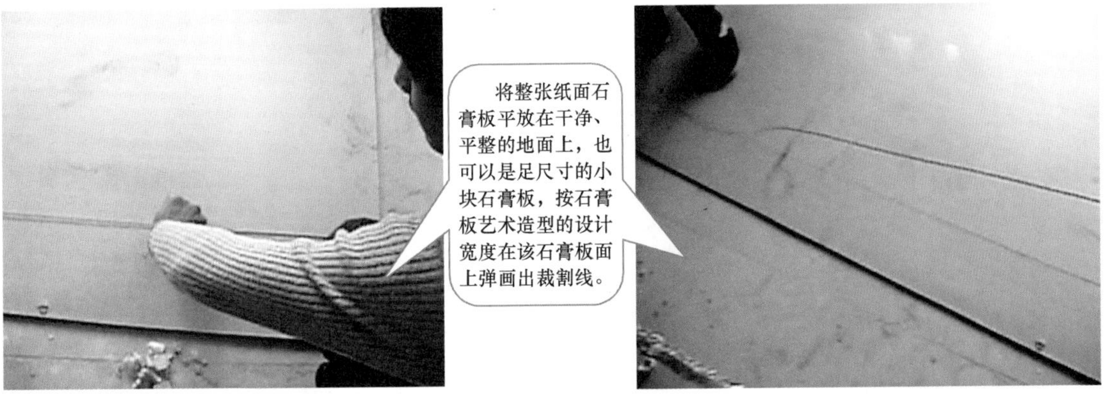

将整张纸面石膏板平放在干净、平整的地面上，也可以是足尺寸的小块石膏板，按石膏板艺术造型的设计宽度在该石膏板面上弹画出裁割线。

图 3-92　在石膏板上弹画裁割线

5. 安装造型石膏板

1）墙面弹线，如图 3-94 所示。

2）造型板贴墙描画出造型轮廓线，如图 3-95 所示。

3）电锤钻孔、打入木楔，如图 3-96 所示。

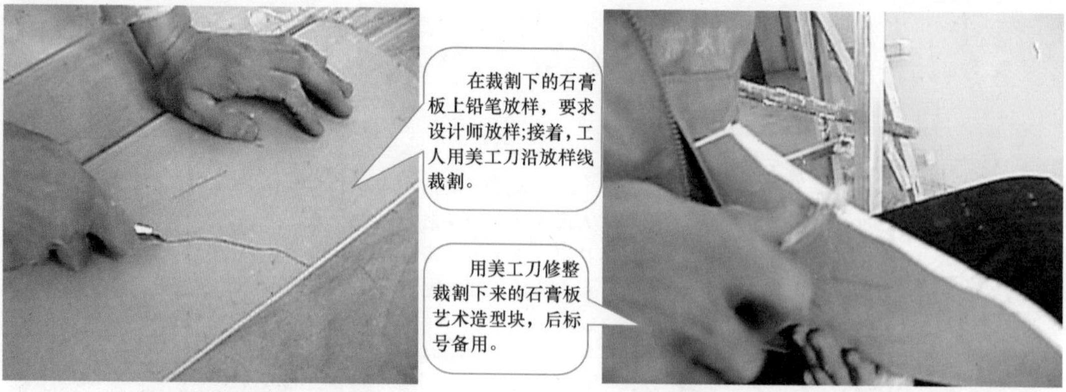

在裁割下的石膏板上铅笔放样，要求设计师放样；接着，工人用美工刀沿放样线裁割。
用美工刀修整裁割下来的石膏板艺术造型块，后标号备用。

图 3-93　放样、裁割、修整石膏板

两人合作，在墙面上弹画出电锤钻孔基准线，该线离门套板的距离要小于石膏造型板的宽度。

图 3-94　墙面弹画钻孔线

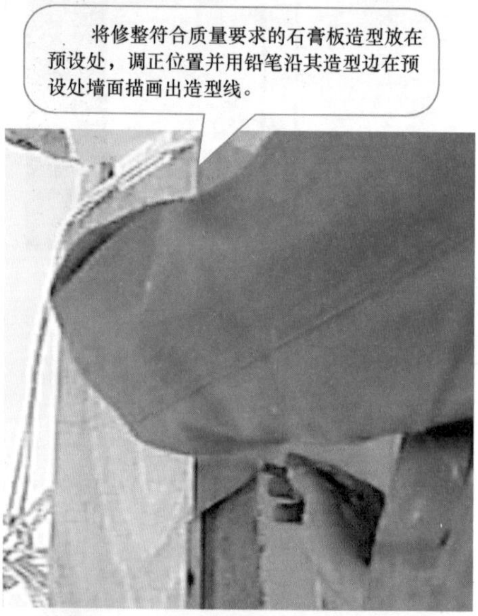

将修整符合质量要求的石膏板造型放在预设处，调正位置并用铅笔沿其造型边在预设处墙面描画出造型线。

图 3-95　造型板贴墙描画出造型轮廓线

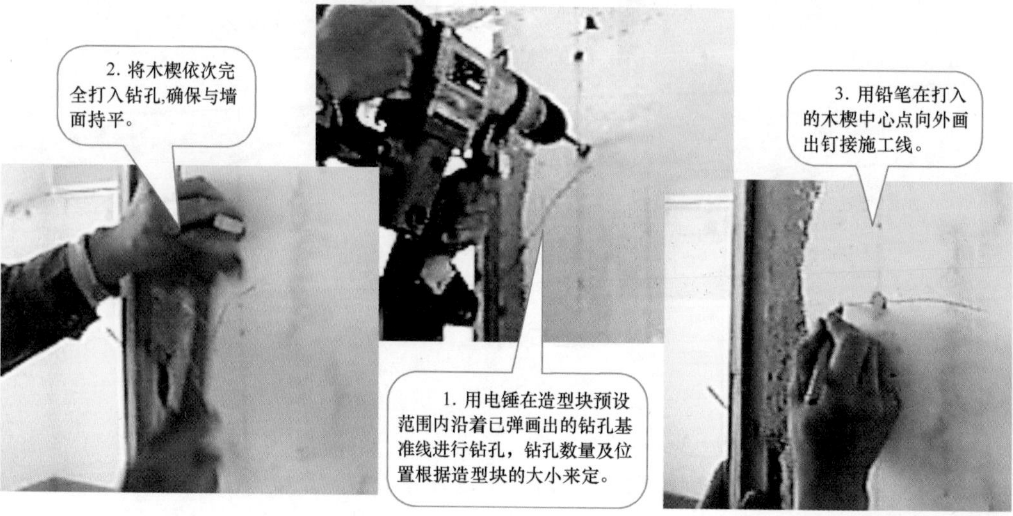

2. 将木楔依次完全打入钻孔，确保与墙面持平。
3. 用铅笔在打入的木楔中心点向外画出钉接施工线。
1. 用电锤在造型块预设范围内沿着已弹画出的钻孔基准线进行钻孔，钻孔数量及位置根据造型块的大小来定。

图 3-96　电锤钻孔、打入木楔

4）检查射钉枪内是否还有枪钉，如果没有，可按如图 3-17 所示的方法重新装入。

5）抹胶、钉接造型石膏板，如图 3-97 所示。

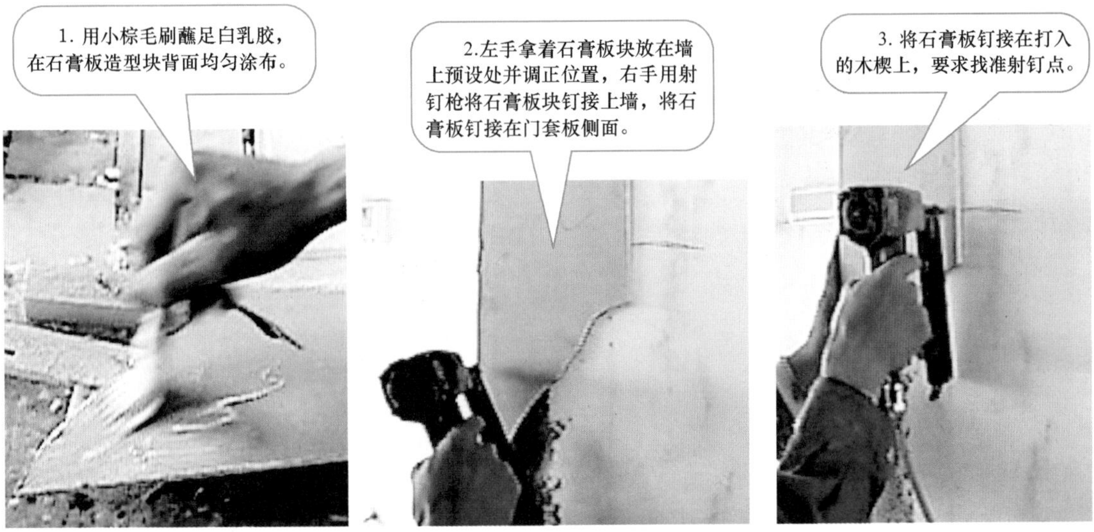

1. 用小棕毛刷蘸足白乳胶，在石膏板造型块背面均匀涂布。
2.左手拿着石膏板块放在墙上预设处并调正位置，右手用射钉枪将石膏板块钉接上墙，将石膏板钉接在门套板侧面。
3. 将石膏板钉接在打入的木楔上，要求找准射钉点。

图 3-97　抹胶、钉接造型石膏板

重复上述施工步骤与方法，完成第二块石膏板艺术造型块的施工，如图 3-98 所示，直至完成所有任务。

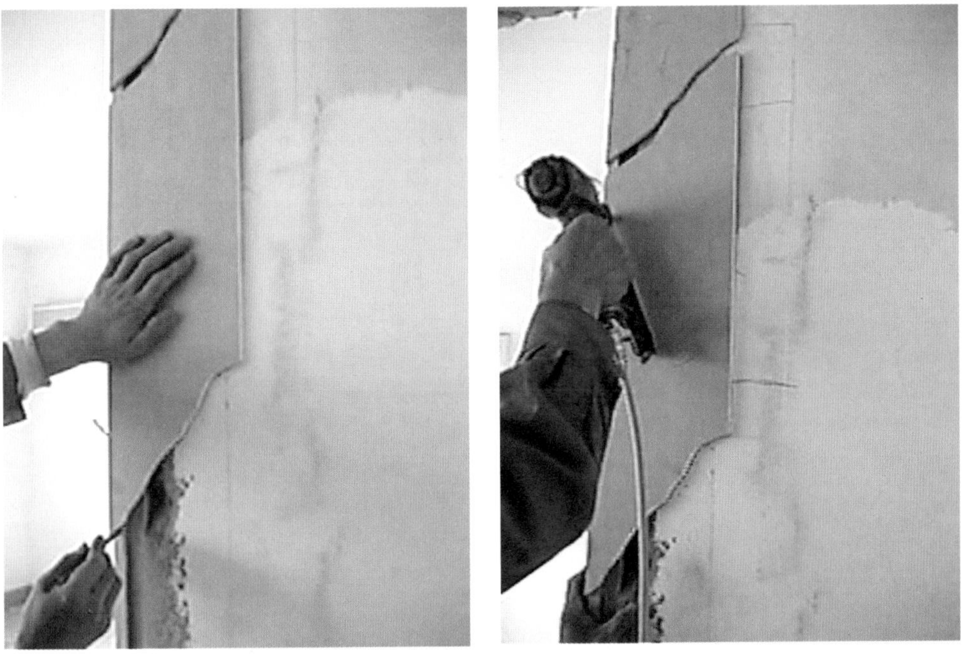

图 3-98　第二块石膏板艺术造型块的施工

石膏板艺术门套乳胶漆施工、软装配饰后效果，如图 3-99 所示。

图 3-99　艺术石膏板门套软装配饰后的效果

项目四 室内墙、顶面乳胶漆刷涂施工

典型工作过程一 刷涂施工前料具准备

前序工作完成后，正常情况下，施工人员会边识读图样边听设计师进行技术交底，以便准确知道乳胶漆的施涂范围、遍数、用料和面积，其中包括不同基层乳胶漆施涂构造图。构造图识读时，文字自上向下读表示构造图的自左向右，如图 4-1、图 4-2 所示。接下来，进行料具准备。

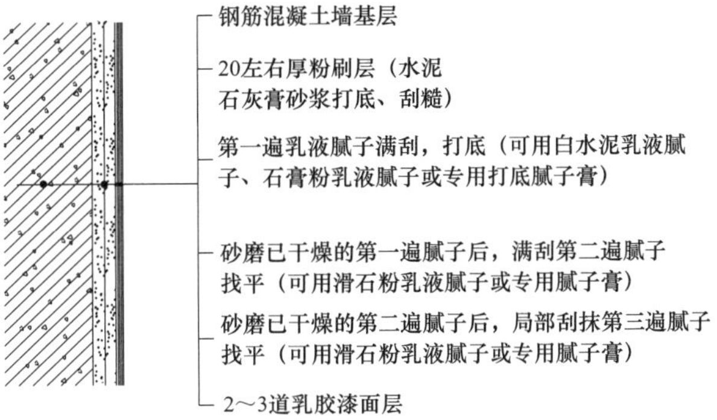

图 4-1　钢筋混凝土墙基层乳胶漆施涂构造图

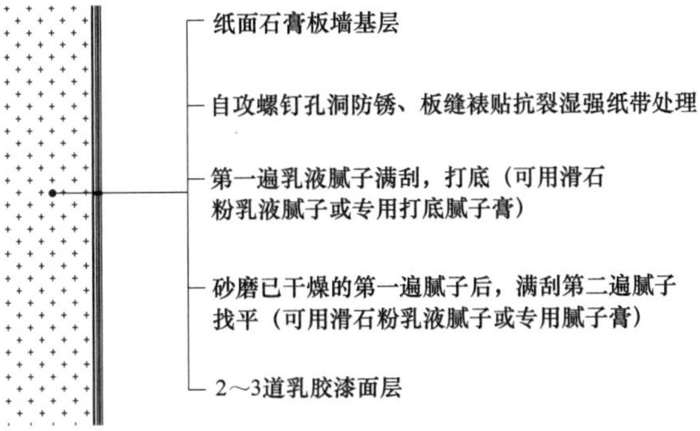

图 4-2　石膏板基层乳胶漆施涂构造图

一、刷涂施工用主、辅料

1. 主料（乳胶漆）

合成树脂乳液内墙涂料称为乳胶漆，乳胶漆主要有聚醋酸乙烯乳胶漆、乙-丙乳胶漆、苯丙-环氧乳胶漆、丙烯酸酯乳胶漆等几个品种。常用塑料或镀锌铁皮桶密封包装，如图 4-3 所示。

产品的外包装上会注明其品名、种类、颜色、生产日期、储存有效期、使用说明等，购买前仔细查看。
乳胶漆具有安全、无毒，施工方便，耐久性较好，防火性、透气性好，有一定的耐碱性等优点。
ALL IN ONE
全效合一
净含量：5升

图 4-3　乳胶漆外包装

乳胶漆在 0℃以下严禁施工，5℃以下、雨天、高湿度及大风天气不要施工，一般在 5℃以上才能施工。最佳施工气候条件为：气温 15 ~ 25℃，空气相对湿度 50% ~ 75%。严格来讲，底层、面层乳胶漆宜采用同一种类型配套使用，才可以获得较好的涂层和装饰效果。所以选购乳胶漆时，要求购买足量，且不能与聚氨酯等强溶剂涂料同时、同地施工，以防止乳胶漆黄变。

2. 辅助材料

（1）腻子用料　目前，市场上有售成品腻子粉料和现场配制的传统腻子用料。

成品腻子粉料主要成分包括碳酸钙（大白粉、老粉）、滑石（滑石粉）、聚合物和添加剂，如图 4-4 所示。其实，成品腻子粉料就是将传统腻子用料在工厂中按一定配合比混合而成，施工现场只需按照包装上注明的施工说明加水操作即可，施工性能优异，但成本高于现场配制的腻子用料。因此，就目前装饰装修市场来看，选用现场配制的传统腻子用料的客户占大多数。

现场配制的腻子用料包括各种粉料、胶黏剂、羧甲基纤维素。

1）粉料。粉料包括重质碳酸钙（大白粉、老粉）、硅酸镁（滑石粉）、硫酸钙（石膏粉）、32.5 级普通硅酸盐白水泥。粉料通常是白色微细粉料，分天然石材加工磨细和人工制造两类。

由于基层施工要求的不同，通常会按比例选择老粉、滑石粉、少量 32.5 级普通硅酸盐白水泥或滑石粉、少量 32.5 级普通硅酸盐白水泥和石膏粉调制成滑石粉乳液腻子，用来刮

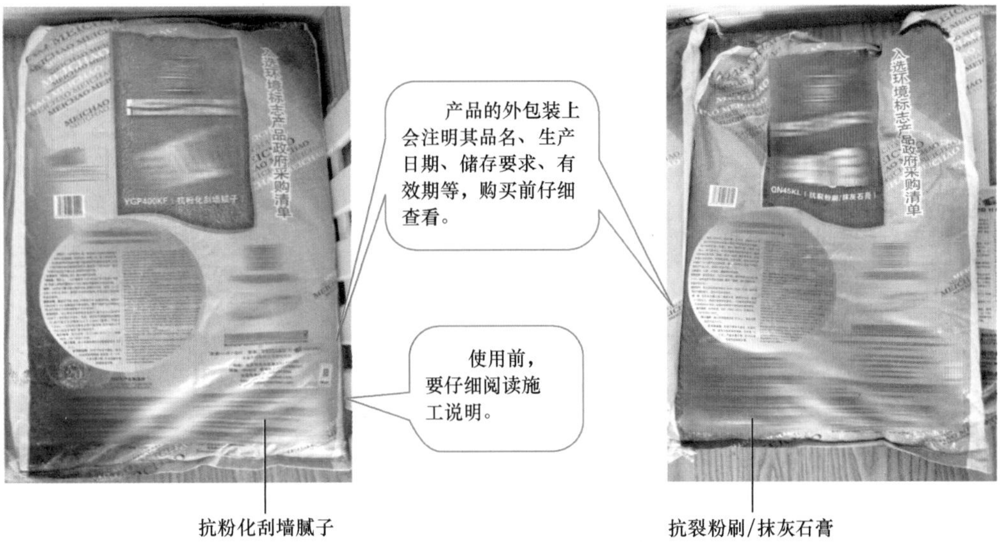

产品的外包装上会注明其品名、生产日期、储存要求、有效期等，购买前仔细查看。
使用前，要仔细阅读施工说明。
抗粉化刮墙腻子
抗裂粉刷/抹灰石膏

图 4-4　成品腻子用料外包装

抹大面积基层，该基层适用于刷涂一般乳胶漆；单独选择 32.5 级普通硅酸盐白水泥调制成白水泥乳液腻子，用来基层打底（即在大面积基层面上满刮第一遍腻子），适用于刷涂高档和彩色乳胶漆；单独选择石膏粉调制成石膏粉乳液腻子，用来嵌缝和塑造直顺的阴阳角。

① 老粉、滑石粉，如图 4-5 所示，常用塑料编织袋密封包装。由于滑石粉耐水、耐磨性优于老粉，所以，目前较高质量的装饰装修施工多选用滑石粉。

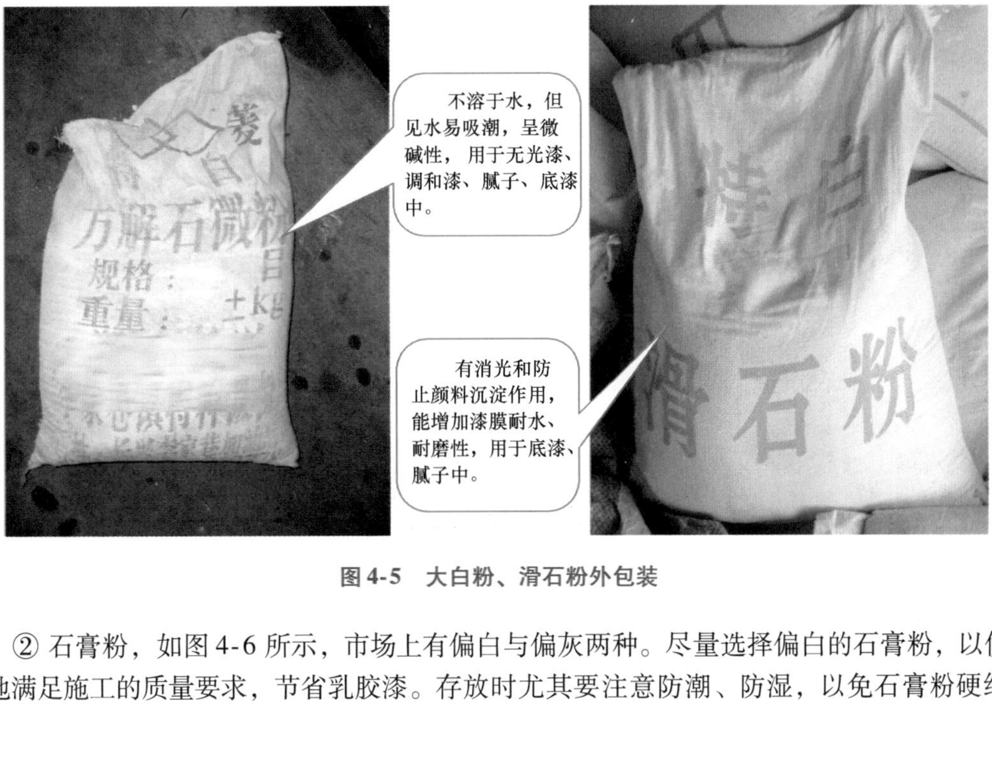

不溶于水，但见水易吸潮，呈微碱性，用于无光漆、调和漆、腻子、底漆中。
有消光和防止颜料沉淀作用，能增加漆膜耐水、耐磨性，用于底漆、腻子中。
滑石粉

图 4-5　大白粉、滑石粉外包装

② 石膏粉，如图 4-6 所示，市场上有偏白与偏灰两种。尽量选择偏白的石膏粉，以便更好地满足施工的质量要求，节省乳胶漆。存放时尤其要注意防潮、防湿，以免石膏粉硬结而

失去功效。

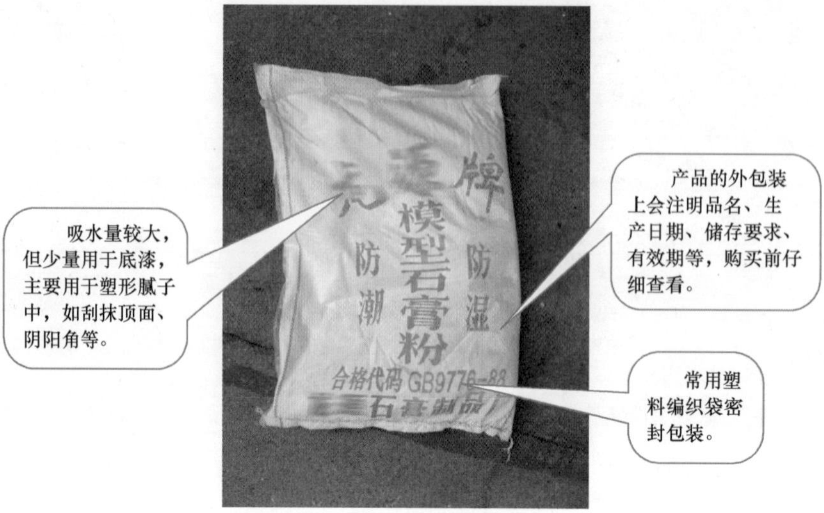
吸水量较大，但少量用于底漆，主要用于塑形腻子中，如刮抹顶面、阴阳角等。
模型石膏粉
防潮
防湿
合格代码GB9776-88
产品的外包装上会注明品名、生产日期、储存要求、有效期等，购买前仔细查看。
常用塑料编织袋密封包装。

图 4-6　石膏粉外包装

③ 白水泥，如图 4-7 所示。市场上有一种颜色微黄的 32. 5 级普通硅酸盐白水泥，是纯水泥；还有一种是装饰白水泥，是在 32. 5 级普通硅酸盐白水泥中掺入适量老粉的白水泥，颜色比较白。用白水泥乳液腻子打底可以提高腻子层的牢固性并能有效阻隔了砖墙的毛细水，从而提高面层质量和使用寿命；装饰白水泥主要适用于墙地砖嵌缝。

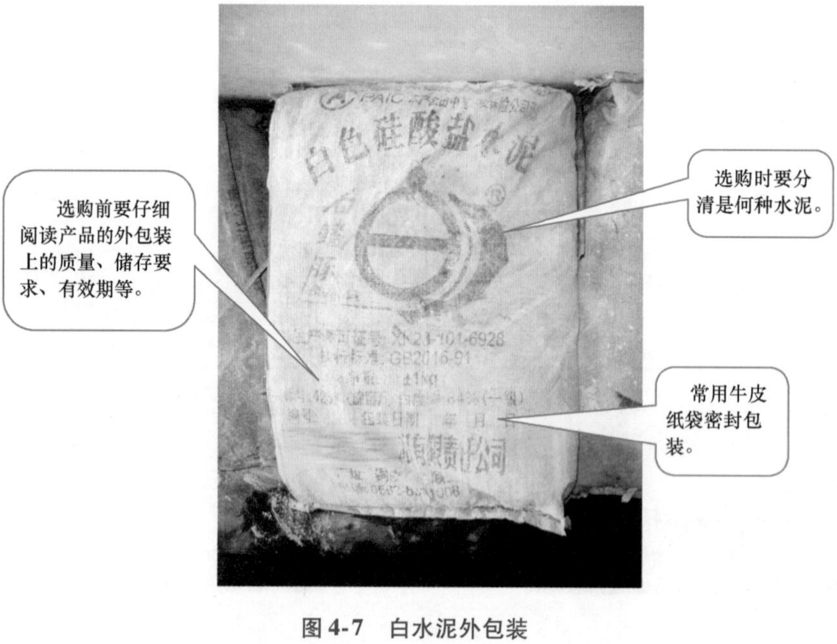
白色硅酸盐水泥
选购前要仔细阅读产品的外包装上的质量、储存要求、有效期等。
选购时要分清是何种水泥。
常用牛皮纸袋密封包装。

图 4-7　白水泥外包装

选购以上粉料时，可以用手按一按粉料包装袋，若感觉袋下粉料松散，即为新出厂的合格产品，可放心购买。相反，则不能选用。

2）胶黏剂。我国于 1972 年开始普遍使用 107 胶，由于其甲醛含量较高，施工中刺激性气味强，后出现801胶、901胶水，近些年，逐渐被901环保型（无甲醛）胶取代。市场上胶水的品种很多，选购时尽量选购注明无甲醛环保的901胶水，901胶常用塑料桶密封包装，如图4-8所示。

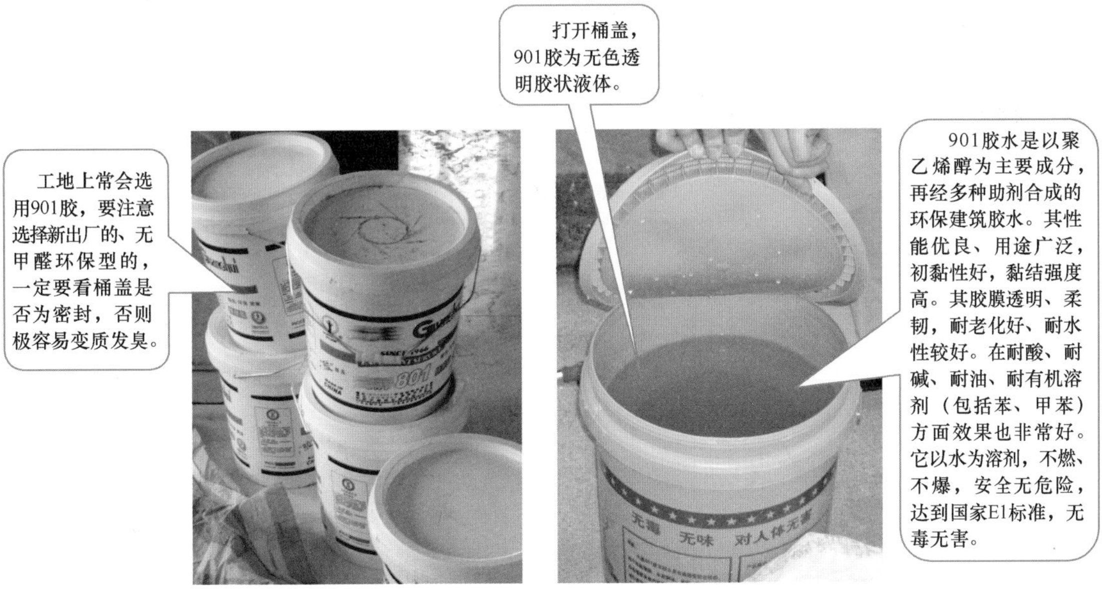

工地上常会选用901胶，要注意选择新出厂的、无甲醛环保型的，一定要看桶盖是否为密封，否则极容易变质发臭。
打开桶盖，901胶为无色透明胶状液体。
901胶水是以聚乙烯醇为主要成分，再经多种助剂合成的环保建筑胶水。其性能优良、用途广泛，初黏性好，黏结强度高。其胶膜透明、柔韧，耐老化好、耐水性较好。在耐酸、耐碱、耐油、耐有机溶剂（包括苯、甲苯）方面效果也非常好。它以水为溶剂，不燃、不爆，安全无危险，达到国家E1标准，无毒无害。
无毒　无味　对人体无害

图4-8　901胶及其外包装

聚醋酸乙烯乳液，又称白乳胶，如图4-9所示。掺入少量白乳胶搅拌配制的滑石粉乳液腻子，不仅可以增加腻子层的防水性、耐久性、黏结性，还可以增强腻子层的平整度，更能增加腻子刮抹的顺滑度，利于刮抹施工，有效降低劳动强度，提高劳动效率。

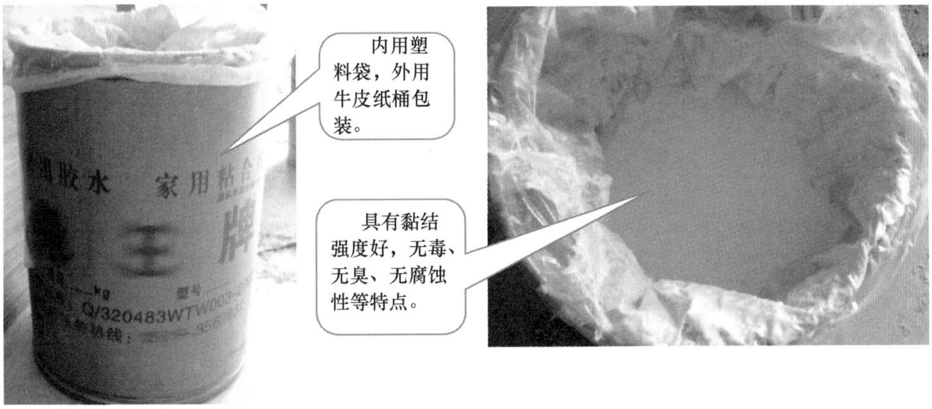

内用塑料袋，外用牛皮纸桶包装。
具有黏结强度好，无毒、无臭、无腐蚀性等特点。

图4-9　聚醋酸乙烯乳液及其外包装

选择白乳胶时，要选择正规厂家近期生产的产品，才有质量保证。

3）羧甲基纤维素，又称化学浆糊，如图4-10所示。必须用一定比例的清水浸泡羧甲基纤维素配制成水溶液，隔夜即可使用。用羧甲基纤维素水溶液配制腻子，可以有效提高粉料的粘连，减少甚至避免由于腻子层干燥收缩而产生的细小裂纹。

选择羧甲基纤维素时，要选择正规厂家近期生产的产品，才有质量保证，并注意检查小袋的密封情况。

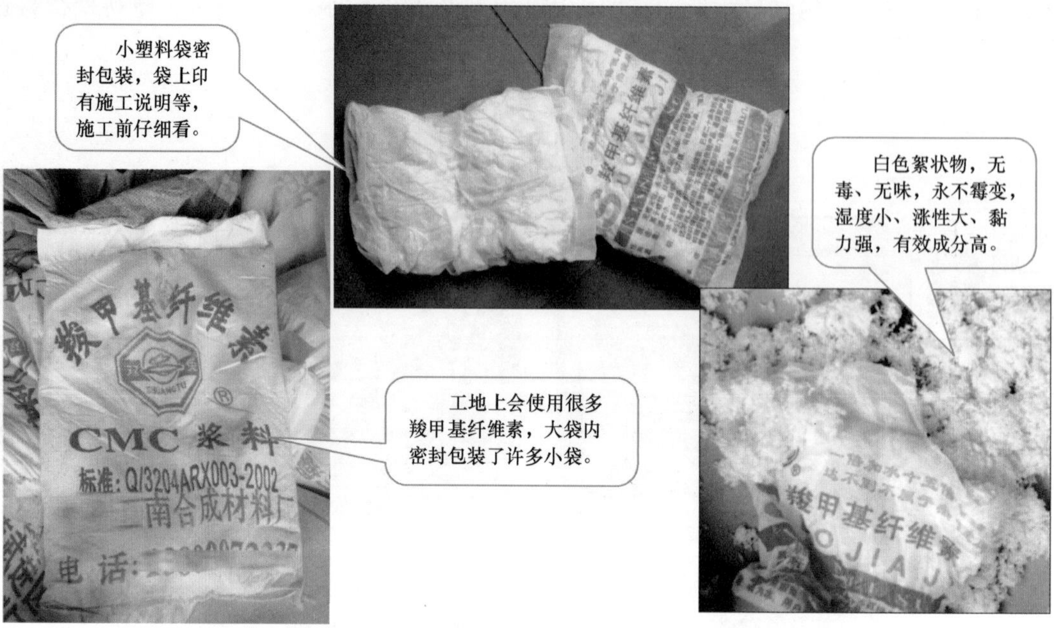
小塑料袋密封包装，袋上印有施工说明等，施工前仔细看。
白色絮状物，无毒、无味，永不霉变，湿度小、涨性大、黏力强，有效成分高。
羧甲基纤维素
CMC 浆料
标准：Q/3204ARX003-2002
工地上会使用很多羧甲基纤维素，大袋内密封包装了许多小袋。

图 4-10　羧甲基纤维素及其包装

（2）绷缝及其他用料　绷缝及其他用料包括嵌缝带、美纹纸等。

1）嵌缝带是乳胶漆施工时重要的辅料之一，是一种裱贴于板与板之间缝隙上的绷缝材料，作用是防止施工后面层出现缝隙而影响美观。嵌缝带有玻璃纤维网格布嵌缝带、穿孔牛皮纸带、抗裂湿强接缝纸带等类型，如图 4-11 所示。由于抗裂湿强纸带、玻璃纤维网格布嵌缝带各自的抗张拉、抗湿裂性能优于穿孔牛皮纸嵌缝带，所以，逐渐取代了穿孔牛皮纸带

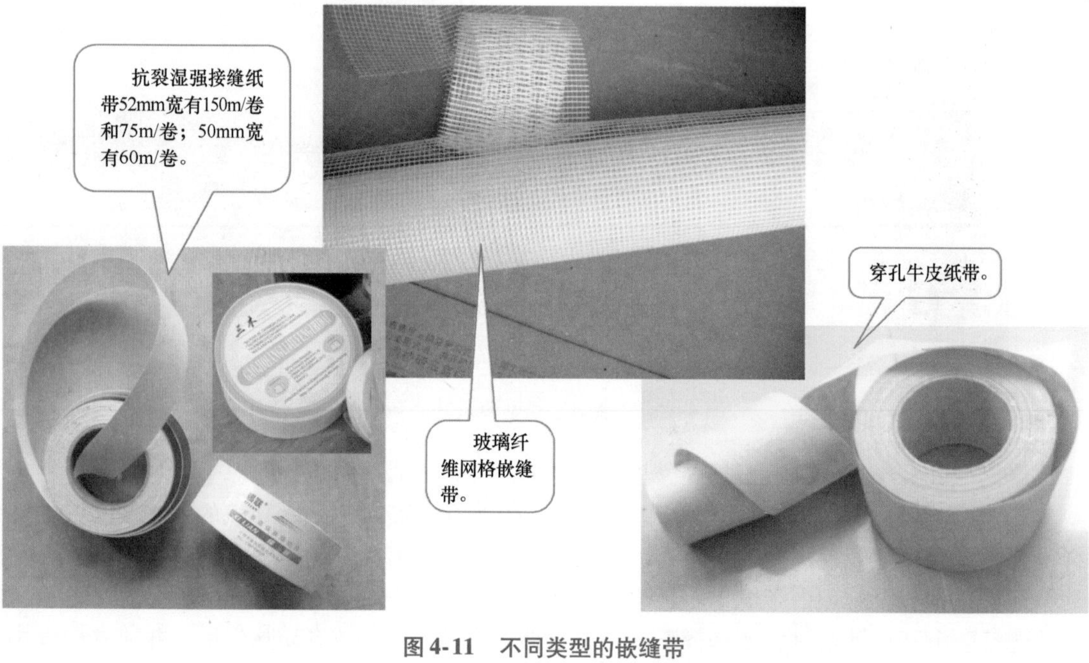
抗裂湿强接缝纸带52mm宽有150m/卷和75m/卷；50mm宽有60m/卷。
穿孔牛皮纸带。
玻璃纤维网格嵌缝带。

图 4-11　不同类型的嵌缝带

而成为市场上首选的嵌缝带。选择抗裂湿强纸带时要注意购买正规厂家且塑料包装薄膜密闭的产品。

2）美纹纸是一种卷状带背胶的皱纹纸带，是乳胶漆施工时必不可少的辅料之一。在木制件上封底漆施工后、基层面上腻子施工前，将美纹纸贴在木制件（如踢脚板、门窗套线等）与墙面交界部位及五金门锁上，以防刮抹腻子、涂刷乳胶漆时污损门窗套线、五金门锁等，乳胶漆施工完即可揭除踢脚线等部位的美纹纸，被裱贴部位则不会留有污痕，且不影响其下道工序（油漆施工）。目前，市场在售美纹纸纸带的宽度有20mm和30mm两种规格，白色和绿色居多，如图4-12所示。

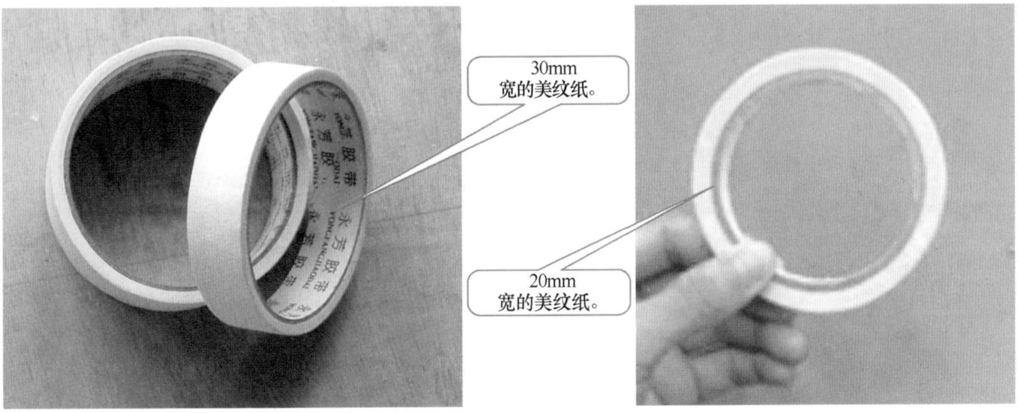

图4-12　不同规格的美纹纸

要根据被裱贴物的宽度来确定选择美纹纸的宽度，正常情况下多选用宽20mm的美纹纸，颜色要根据施工对象的颜色来确定，如白色腻子、白色乳胶漆墙面，要选择绿色美纹纸裱贴在踢脚线、门窗套线上才比较显眼，利于施工。如选择的美纹纸与施工对象是相同的白色，则不利于施工。

二、刷涂施工用工具、机具及其用具

刷涂施工用工具、机具及其用具，分搅拌、刮抹、砂磨腻子用和刷涂乳胶漆施工用工具、机具及其用具。

1. 搅拌、刮抹、砂磨腻子用工具，机具及其用具

（1）电动搅拌器　电动搅拌器是搅拌腻子用的机具，其外观及组成，如图4-13所示。传统的人工搅拌腻子劳动效率低，而且会由于搅拌不够均匀而出现粉料疙瘩，影响墙面刮腻子施工。使用电动搅拌器搅拌腻子又快又能搅拌均匀。

电动搅拌器是用其高速旋转的电钻带动搅拌圆盘快速旋转，随即将它插入需要搅拌的腻子材料中，犬牙交错的搅拌齿就会对腻子材料进行充分搅拌，直至形成匀厚质糊状腻子。

工地上，也常发现自制的电动搅拌器，主要区别在搅拌圆盘上，如图4-14所示。

选用质量合格的电动搅拌器，才能保证施工时的人身安全。

（2）铲刀、钢抹子、塑料刮板等　铲刀、钢抹子、塑料刮板等是刮抹腻子的必备工具，其外观如图4-15所示。铲刀除嵌抹被涂物面上孔洞、缝隙外，在刮抹墙面腻子时，常和钢抹子、塑料刮板配合使用，以提高工作效率。铲刀与钢抹子配合使用，多用于石膏粉乳液腻子的细部刮嵌施工，如刮嵌石膏板缝或阴阳角等细微处，可使缝隙平整、阴阳角顺直；铲刀与塑料刮板配合使用，多用于大面积墙面腻子的刮抹施工。

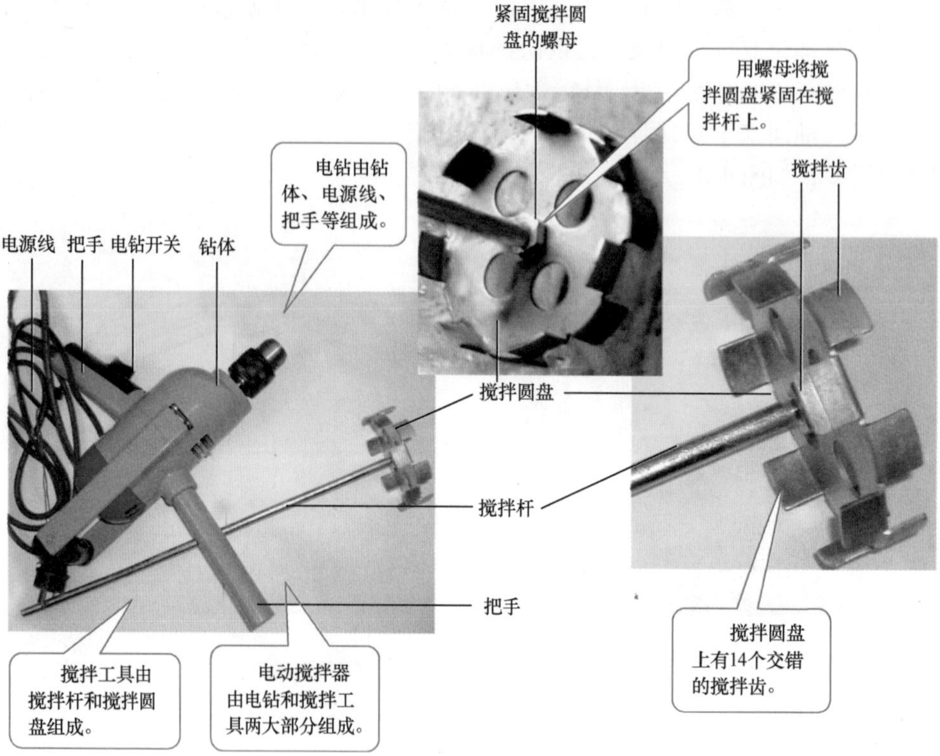

图 4-13　电动搅拌器外观及组成

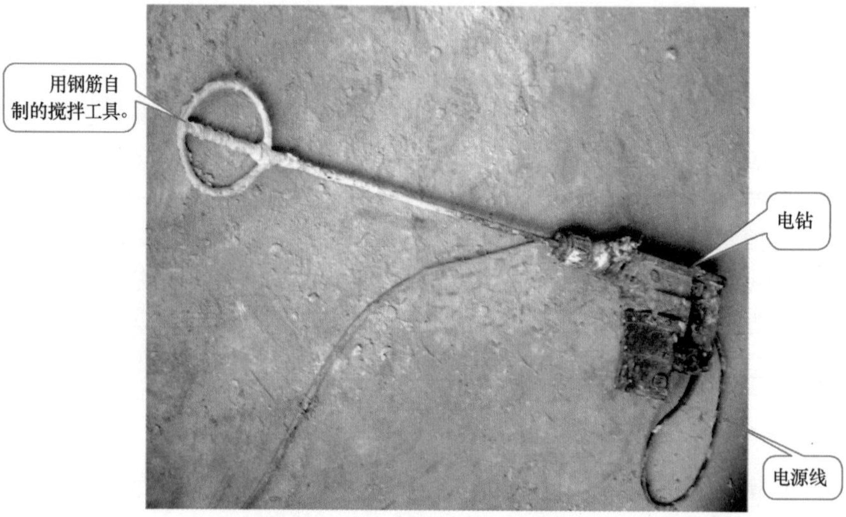

图 4-14　自制电动搅拌器外观及组成

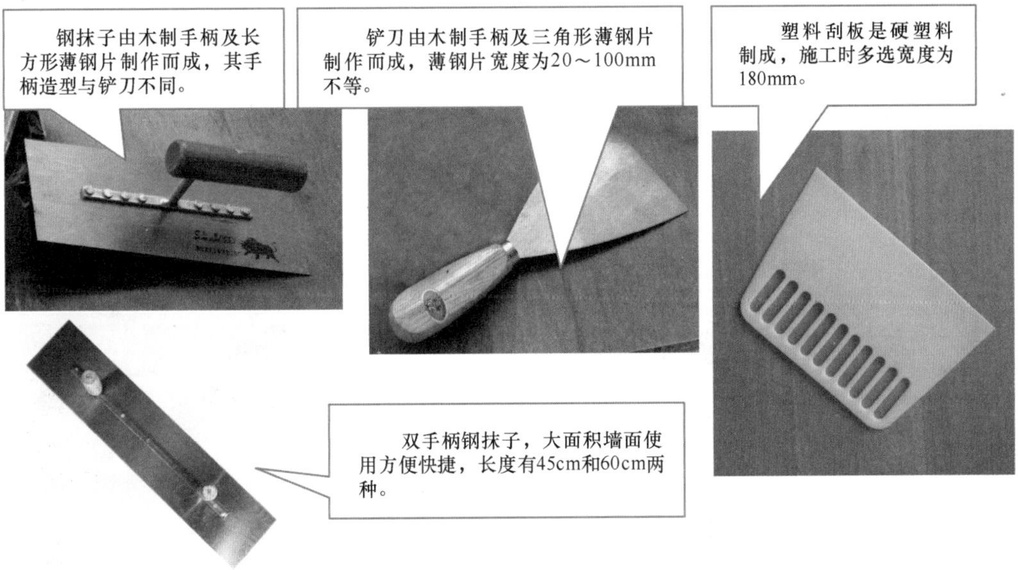

钢抹子由木制手柄及长方形薄钢片制作而成，其手柄造型与铲刀不同。
铲刀由木制手柄及三角形薄钢片制作而成，薄钢片宽度为20～100mm不等。
塑料刮板是硬塑料制成，施工时多选宽度为180mm。
双手柄钢抹子，大面积墙面使用方便快捷，长度有45cm和60cm两种。

图 4-15　钢抹子、铲刀、塑料刮板外观

施工时，应选择把手与薄钢片连接牢固、无松动，把手表面光滑、无刺物，薄钢片无变形、弯曲，手感好的铲刀、钢抹子以及表面光滑、无刺物，厚薄均匀，无变形、扭曲，手感好的塑料刮板。

（3）1m 长铝合金刮尺　1m 长铝合金刮尺，俗称“刮尺”，是刮抹顶棚腻子的必备工具，这样可以使顶棚更加平整，满足施工质量要求，如图 4-16 所示。

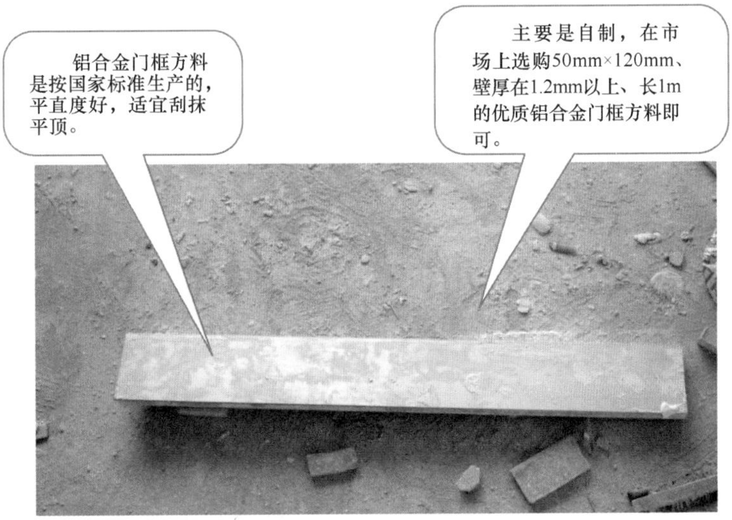

铝合金门框方料是按国家标准生产的，平直度好，适宜刮抹平顶。
主要是自制，在市场上选购50mm×120mm、壁厚在1.2mm以上、长1m的优质铝合金门框方料即可。

图 4-16　1m 长自制铝合金刮尺

（4）夹纸板及打磨用砂纸　夹纸板，形状如同抹子，如图 4-17 所示，是夹住水砂纸砂磨墙面腻子的工具，施工时可提高劳动效率和施工质量。

施工时，应选择质量好的夹纸板：整个夹纸板无变形、扭曲，塑料底板坚硬、不毛糙；泡沫板与底板黏结牢固、无脱胶，泡沫板面平整、方正，有弹性，无凹槽、突起物、缺角等

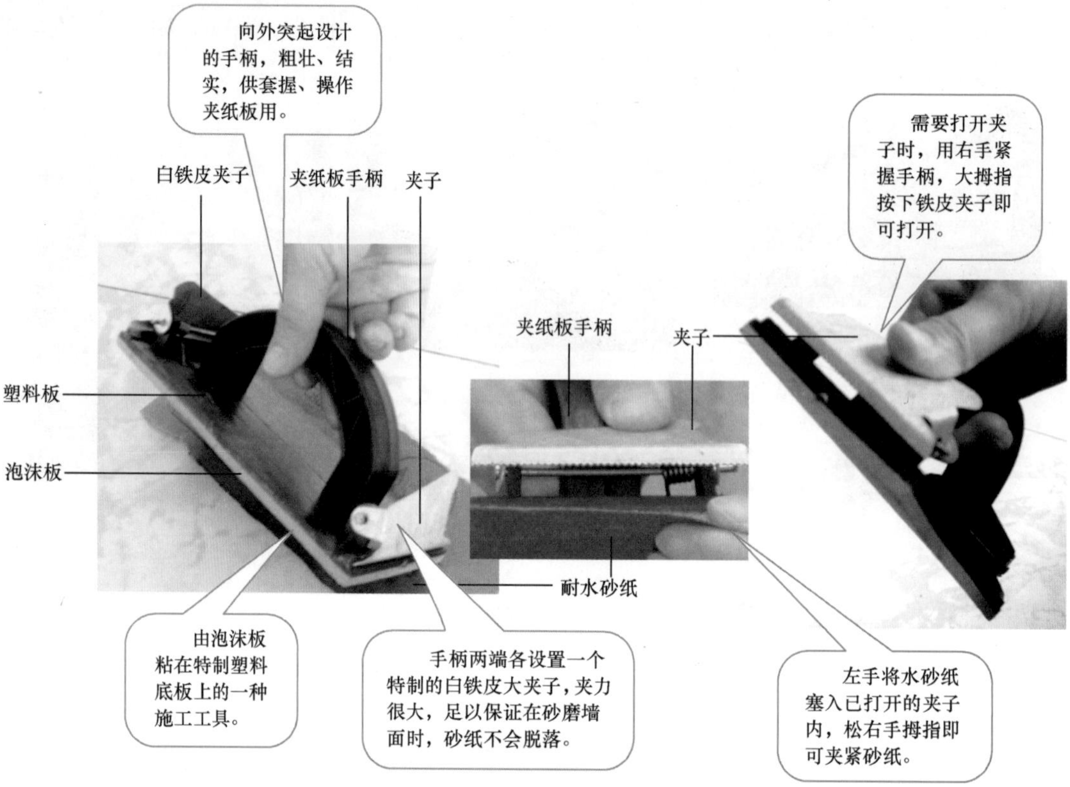

向外突起设计的手柄，粗壮、结实，供套握、操作夹纸板用。
白铁皮夹子
夹纸板手柄
夹子
需要打开夹子时，用右手紧握手柄，大拇指按下铁皮夹子即可打开。
夹纸板手柄
夹子
塑料板
泡沫板
耐水砂纸
由泡沫板粘在特制塑料底板上的一种施工工具。
手柄两端各设置一个特制的白铁皮大夹子，夹力很大，足以保证在砂磨墙面时，砂纸不会脱落。
左手将水砂纸塞入已打开的夹子内，松右手拇指即可夹紧砂纸。

图 4-17　夹纸板外观及组成

缺陷；手柄光滑、无刺物、手感舒适，与塑料底板连接牢固；两端大夹子表面光滑、边缘顺滑、无刺物，夹子开启灵便，松紧适中（过紧会打不开或需费力才能打开，过松会夹不住砂纸或砂磨腻子时造成砂纸脱落）。

打磨用砂纸一般选用静电植砂氧化铝耐水砂纸，是刷涂施工的必备工具之一，如图 4-18 所示。用它来打磨干透后的腻子层使之平整光滑，从而保证施涂在腻子层上乳胶漆美观、光洁。

耐水砂纸的背面都会标明砂纸的名称、号数等，购买时应辨明。
要选择正面植砂密度、颗粒均匀的耐水砂纸。

图 4-18　耐水砂纸

施工时，注意看清砂纸背面写明的砂纸号数，因为不同遍数的腻子选用的砂纸规格不同：多选砂颗粒、砂间距大的180号耐水砂纸砂磨第一遍腻子（好处有两个：一是容易砂磨掉突起物、滴溅物；二是砂磨后腻子层上留下的砂痕大，利于刮抹第二遍腻子）；多选砂颗粒、砂间距较小的280号或360号耐水砂纸砂磨第二遍腻子，打磨后腻子层表面砂痕较细小、光滑，有利于涂刷乳胶漆，保证面层质量。

另外，足够长的2.5mm^2护套线配上白炽灯螺口灯头、螺口200W白炽灯泡、口罩、防护眼镜、帽子、水桶及橡胶手套等，也是施工时必备的用具，如图4-19所示。

图4-19　灯泡及配套用具

2. 刷涂乳胶漆用工具及其用具

（1）辊筒　辊筒，又称滚动刷，一般用羊毛、化纤等材料制成，如图4-20所示，常和羊毛刷（图4-21）、油漆刷等配套使用。辊筒有4寸、7寸、8寸、9寸、10寸等不同规格，施工中使用最多的是4寸、8寸。

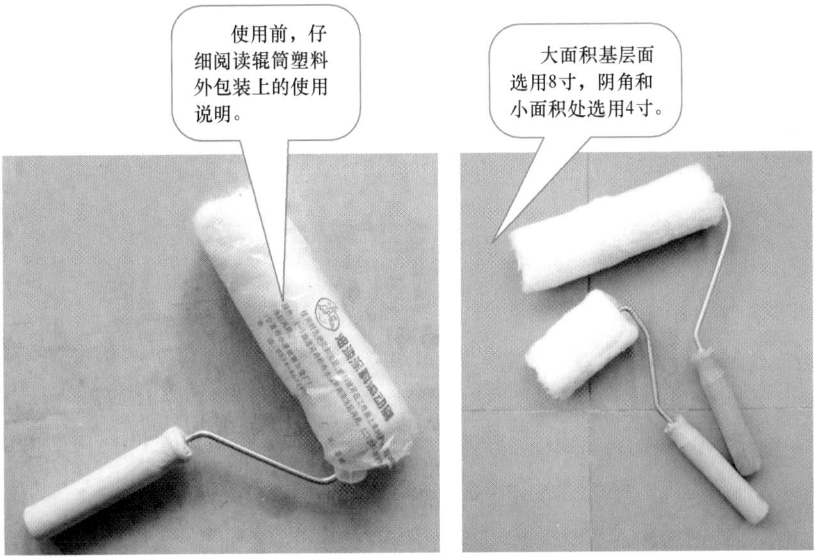

使用前，仔细阅读辊筒塑料外包装上的使用说明。
大面积基层面选用8寸，阴角和小面积处选用4寸。

图4-20　辊筒

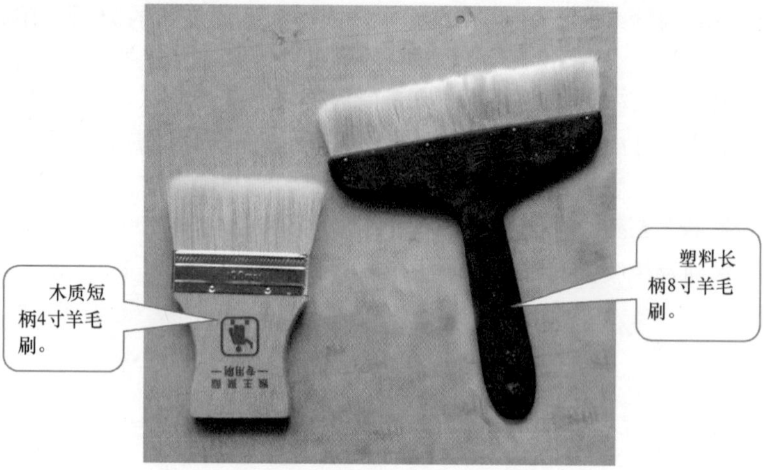

图 4-21　羊毛刷

辊筒由手柄、支架、筒芯、筒套四部分组成，如图 4-22 所示。手柄上端与有一定强度和耐腐蚀能力的支架相连；筒芯与支架弯连成一体，弯连处制成环状突起物并配上镀锌铁垫圈，以防筒套滑脱；筒芯的另一端车螺纹后配螺帽，以固定筒套防止其滑落；筒套的外圈多为人造马海毛制，内圈为硬质塑料套衬，筒套套在筒芯上后，旋紧螺帽即可组装成辊筒。

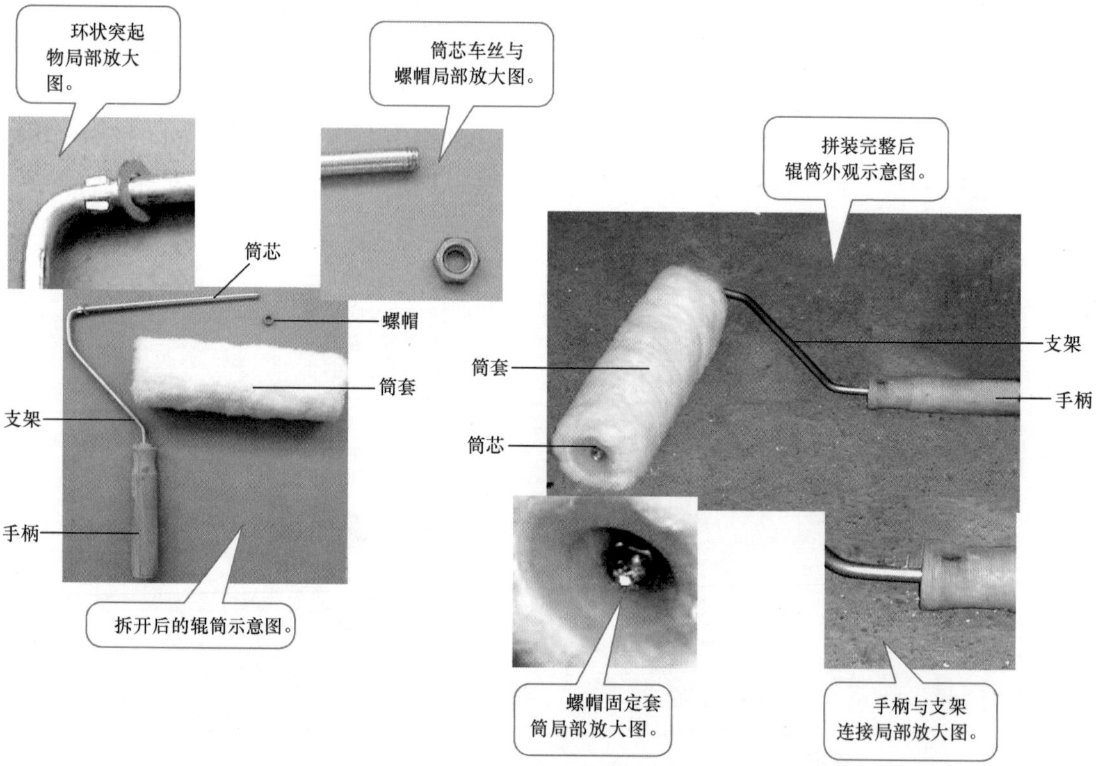

图 4-22　辊筒外观与结构局部放大图

质量好的辊筒是面层质量好的保证之一，学会购买质量好的辊筒，有三个步骤：

1）看外观。一看塑料包装纸：包装纸应该密封完整，应该有厂名、厂址、联系电话等；二看手柄与支架：手柄表面光滑无毛刺、无破裂，支架光滑，无扭曲、锈迹，手柄与支架连接处无胶液渗出且连接牢固。

2）转动辊筒，如图 4-23 所示。撕除辊筒外包装纸，右手拿着辊筒先空滚几下并选择手感好的辊筒，然后转动辊筒选择质量好的。

3）检查辊毛，如图 4-24 所示。质量好的辊筒毛色纯白无灰尘、油污；辊毛厚薄均匀、长短适中、无逆毛；辊毛均匀、牢固、不掉毛。

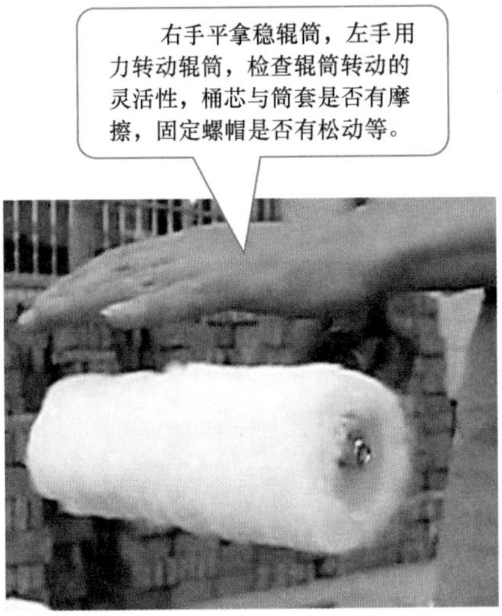

右手平拿稳辊筒，左手用力转动辊筒，检查辊筒转动的灵活性，桶芯与筒套是否有摩擦，固定螺帽是否有松动等。

图 4-23　辊筒的选购之转动辊筒

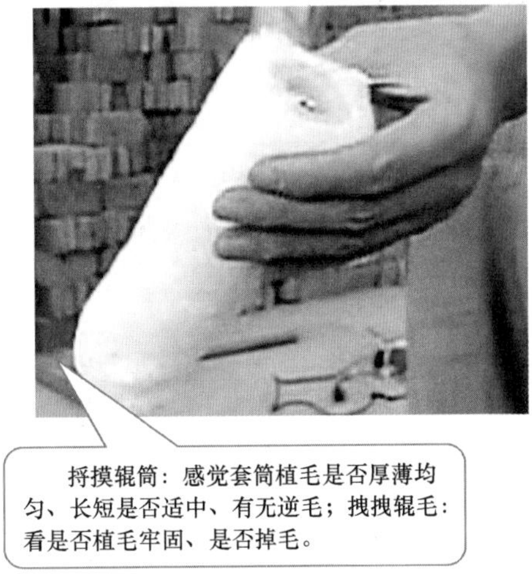

捋摸辊筒：感觉套筒植毛是否厚薄均匀、长短是否适中、有无逆毛；拽拽辊毛：看是否植毛牢固、是否掉毛。

图 4-24　辊筒的选购之检查辊毛

（2）羊毛刷　羊毛刷有长柄和短柄之分，如图 4-21 所示。羊毛刷主要用于排刷乳胶漆使面层达到平整、光洁、美观的装饰效果。短柄羊毛刷的规格为 4 寸，长柄羊毛刷的规格为 4～12 寸，施工时多选 4 寸羊毛刷。

购买质量好的羊毛刷，有三个步骤：

1）看外观。一看塑料包装纸：包装纸上应该写明厂名、厂址、联系电话、使用说明等，且应该密封包装；二看镀锌白铁皮和刷柄：镀锌白铁皮紧固得好且无翘皮、针刺等，刷柄平整、表面光滑、无毛刺、无弯曲。

2）检查羊毛弹性，如图 4-25 所示。一定要选择弹性好的羊毛刷。

3）检查羊毛，如图 4-26 所示。撕除外包装纸，右手握住羊毛刷空刷几下，选择手感好的羊毛刷。质量好的羊毛刷，羊毛长短适中、有光泽、无掉毛、逆毛。

（3）棕毛油漆刷　棕毛油漆刷，如图 4-27 所示。在刷涂施工过程中，主要用于清扫灰尘。棕毛油漆刷一般用 3 寸、4 寸等规格。

选购优质的棕毛油漆刷，其方法可参见羊毛刷的选购。

（4）除尘布　除尘布，又称粘尘纱布，如图 4-28 所示。经它揩擦后的基层表面不残留油污、尘粒等异物，能提高乳胶漆、油漆的附着力，使施涂表面更加美观、光洁。

购买除尘布时，要选择正规厂家生产的产品，这样才有质量保证。

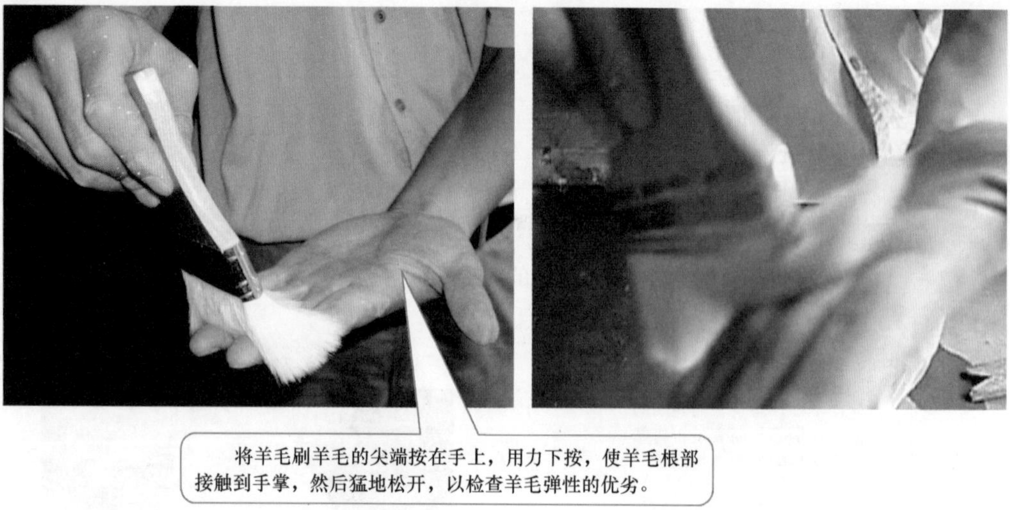

将羊毛刷羊毛的尖端按在手上，用力下按，使羊毛根部接触到手掌，然后猛地松开，以检查羊毛弹性的优劣。

图 4-25　羊毛刷选购之检查羊毛弹性

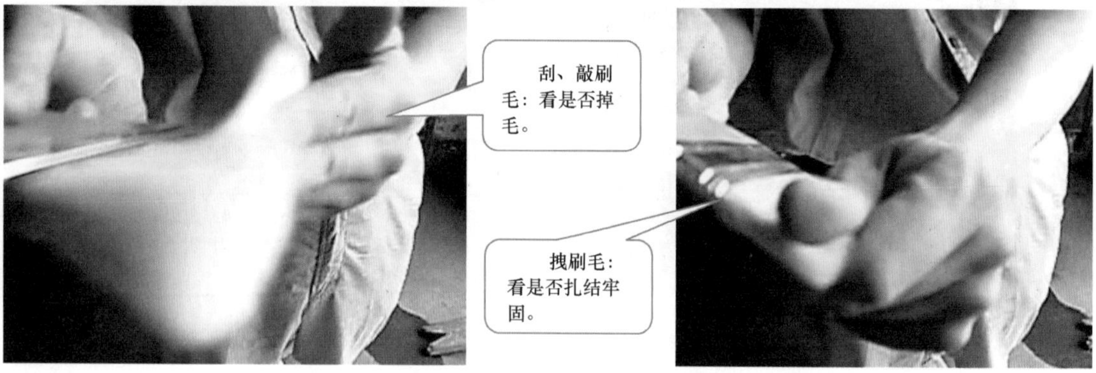

刮、敲刷毛：看是否掉毛。
拽刷毛：看是否扎结牢固。

图 4-26　羊毛刷选购时检查羊毛

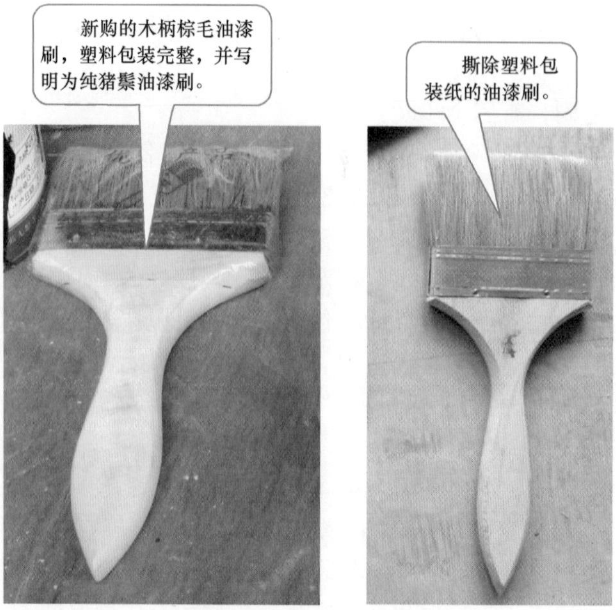

新购的木柄棕毛油漆刷，塑料包装完整，并写明为纯猪鬃油漆刷。
撕除塑料包装纸的油漆刷。

图 4-27　棕毛油漆刷

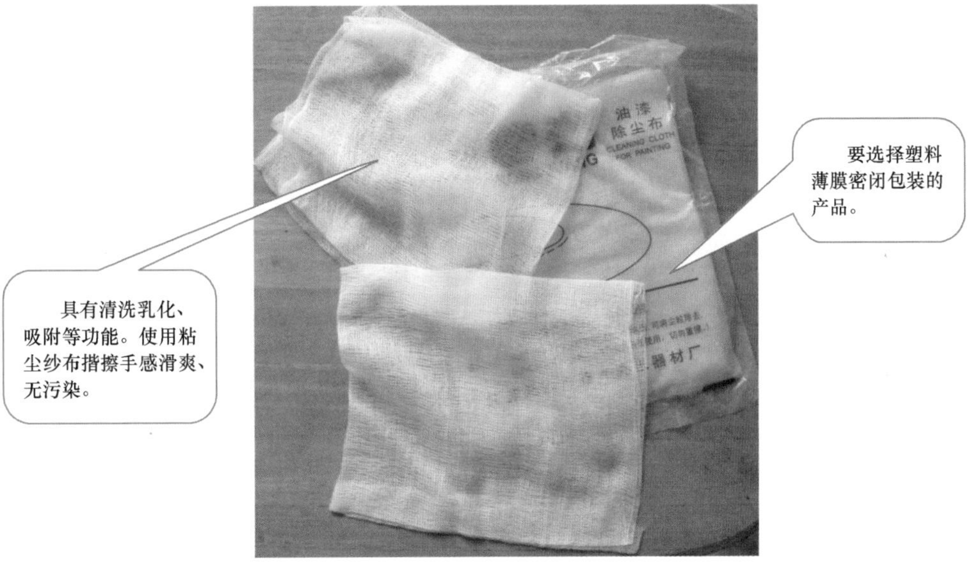

要选择塑料薄膜密闭包装的产品。
具有清洗乳化、吸附等功能。使用粘尘纱布揩擦手感滑爽、无污染。
油漆
除尘布

图 4-28　除尘布

(5) 登高脚手架　在刷涂施工中，常需要用登高脚手架来完成墙、顶等高处的施工，在工地上常见铝合金人字合梯架设的脚手架、自制木高凳。人字合梯架登高脚手板，如图 4-29 所示，它占空间大且架设麻烦，多用于大型工地施工；自制木高凳，如图 4-30 所示，它具有质轻、移动方便、成本低廉等特点，小型（如家装）施工工地上多采用。

选用强度高、质轻，有一定宽度、长度，厚50mm的落叶松木板做脚手板。
人字合梯一般有5档、7档、9档、11档等多种类型。每档间距300～350mm。墙、顶门窗等部位都使用5档或7档。

图 4-29　人字合梯架登高脚手板

工地上，常准备高矮两种木凳。高凳用于顶棚，矮凳用于墙、门窗等处。

图 4-30　自制木高凳

典型工作过程二　刷涂施工前技术准备

上述工作准备完成后，即可进入石膏板吊顶现场施工，由于需要登高施工，提醒施工人员注意安全。

一、不同基层刷涂施工工艺顺序及工艺要求

按施工质量要求，施涂乳胶漆可分为：普通施涂，即“1 底 2 面”；中级施涂，即“2 底 2 面或 2 底 3 面”；高级施涂，即“3 底 3 面或 3 底 4 面”三个级别。“底”表示腻子层，“面”表示乳胶漆层。等级越高，其施涂工序就越复杂，要求也越精细。而不同种类的乳胶漆在不同的基层面上刷涂，也各有不同的操作工序。因此，装饰工程施工规范对施涂工序作了明确的规定。下面分别介绍在水泥砂浆抹灰面、混凝土基层上和石膏板面基层上这三个级别的施涂工艺顺序及工艺要求。

1. 水泥砂浆抹灰面、混凝土基层

1）水泥砂浆抹灰面、混凝土基层室内墙面和顶棚表面上乳胶漆施涂的工艺顺序如下：

① 普通施涂（“1 底 2 面”）的工艺顺序为：清扫→基层检查→水泥砂浆填补缝隙、局部修补→铲除突起物、磨平→满刮第一遍腻子→磨平、清理基层→刷涂第一遍乳胶漆→刷涂第二遍乳胶漆。

② 中级施涂（“2 底 2 面或 2 底 3 面”）较复杂的工艺顺序为：清扫→基层检查→水泥砂浆填补缝隙、局部修补→磨平→满刮第一遍腻子→磨平、清理→满刮第二遍腻子→磨平、清理→刷涂第一遍乳胶漆→复补腻子→磨平（光）→刷涂第二遍乳胶漆。

③ 高级施涂（“3 底 3 面或 3 底 4 面”）复杂的工艺顺序为：清扫→基层检查→水泥砂浆填补缝隙、局部修补→铲除突起物、磨平→满刮第一遍腻子→磨平、清理→满刮第二遍腻子→磨平、清理→刮第三遍腻子找平→磨平、清理→施涂封闭底料→刷涂第一遍乳胶漆→复补腻子→磨平（光）→刷涂第二遍乳胶漆→磨平（光）、清理→刷涂第三遍乳胶漆。

2）水泥砂浆抹灰面、混凝土基层室内墙面和顶棚表面上，乳胶漆中级施涂的工艺要求如下：

① 清扫。即将基层清扫干净，显现基层细小缺陷，如麻面、油污等。该施工过程是准确进行基层检查的重要一步。

② 基层检查。基层状况影响乳胶漆施涂以及涂饰后漆膜的性能、装饰质量，因此在施工前必须对墙面、顶棚、隔墙等基层进行全面检查：包括检查基层表面的平整度；检查基层是否有裂缝、麻面、气孔、脱壳、分离、粉化、翻沫、硬化不良、脆弱以及沾污脱膜剂、油类物质等；检查石膏板和木板面钉子是否外露，板材有无脱胶、反翘，基层含水率和 pH 值等。

③ 填补缝隙、局部修补等基层处理。在刮腻子前，用水泥砂浆对各种缝隙（如电线管槽等缝隙）进行填补、修整并养护处理，是使乳胶漆表面美观的重要一道工序。如只在刮腻子同时用粉料乳液腻子将各种缝隙一起刮嵌填平，则会出现：一是缝隙处腻子层比其他部

位厚而迟迟不干，影响第二遍腻子施工，从而影响工期进度；二是缝隙处腻子干缩时间长而导致其四周出现细小裂缝，影响施涂质量。

④ 磨平、清理基层。磨平、清理上道工序留在基层上的滴溅物和痕迹，再次使基层平整、无污物，确保能顺利刮抹腻子。

⑤ 满刮第一遍腻子。通过用糊状腻子，对所有墙、顶面实施刮抹，完成基层的初步找平，是确保基层最终平整的一道重要工序，必须认真对待。

⑥ 磨平、清理。用较粗的水砂纸打磨干透后的腻子层，使基层逐渐趋于平整。清理干净基层面（即在其表面上显露出打磨后留下的交错砂痕），确保与第二遍腻子有很好的黏结。这是基层初步找平的一道辅助工序。

⑦ 满刮第二遍腻子。这是墙面基层再次找平的过程，是确保墙面基本平整以及阴阳角垂直、方正的一道关键工序。大面积刮抹相对较为容易，但阴阳角等细部的刮抹修整，需要工人有较高的技术和较好的耐性。

⑧ 磨平、清理。用较细砂纸打磨干透后的腻子层，清理干净后，即出现基层基本平整，阴阳角基本垂直、方正的光洁表面，这是对墙面基层再次找平的一道辅助工序。

⑨ 刷涂第一遍乳胶漆。要保证每个地方都施涂到乳胶漆，是初步施涂的过程，此道工序会发现厚薄不均等面层缺陷。

⑩ 复补腻子。第一遍乳胶漆干后，用腻子修补施涂过程中发现的厚薄不均、局部低洼等问题，之后基层会更加平整。

⑪ 磨平（光）、清理。用较细的水砂纸，轻轻砂磨乳胶漆及复补腻子的流坠物、疙瘩等堆砌物。

⑫ 刷涂第二遍乳胶漆。对基层所有部位满刷乳胶漆一遍，这是使面层光洁、美观的关键施工工序，对乳胶漆和施涂工具都有严格要求，最能体现工人的技术水平、耐心和细心。

2. 石膏板面基层

1）石膏板面基层表面上乳胶漆施涂的工艺顺序为：石膏板面清理、检查→自攻螺钉钉帽防锈处理→板缝处理→铲除突起物、磨平→满刮第一遍腻子→磨平、清理→满刮第二遍腻子→磨平、清理→刷 901 胶水溶液→刷涂第一遍乳胶漆→复补腻子→磨平（光）→刷涂第二遍乳胶漆→磨平（光）→刷涂第三遍乳胶漆。

2）石膏板面基层上乳胶漆施工工艺要求如下：

① 石膏板面清理修补。基层清扫、基层检查同抹灰基层刷涂施工工序。

② 自攻螺钉钉帽防锈处理。在刮腻子前用防锈材料对自攻螺钉做防锈处理，至关重要。若在刮腻子前不做防锈处理，当刮抹腻子时，腻子中的水分就会与钉帽接触而致使其生锈，锈斑外露会影响面层美观。

③ 板缝处理。在刮抹腻子前，必须用石膏粉乳液腻子填嵌平整石膏板与板、板与墙面之间的 10mm 左右的伸缩缝；然后在嵌平后的缝隙处用纸带裱贴进行绷缝处理，才能有效防止施工后在面层上出现裂缝。板缝处理是施工前必要的一道工序，否则将直接影响施工后的面层质量。

④ 铲除突起物、磨平→满刮第一遍腻子→磨平、清理→满刮第二遍腻子→磨平、清理与滚涂施工工序相同。内容详见抹灰基层乳胶漆施涂的工艺要求。

⑤ 刷 901 胶水溶液。将稀释后的 901 胶水溶液满刷基层，要求不漏刷，既以提高基层的黏附力，也可代替高级乳胶漆封闭底料，起到封闭底料的作用。

⑥ 刷涂第一遍乳胶漆→复补腻子→磨平（光）与滚涂施工工序相同。内容详见抹灰基层乳胶漆施涂的工艺要求。

⑦ 刷涂第二遍乳胶漆→磨平（光）→刷涂第三遍乳胶漆与抹灰基层高级涂饰施工工序相同。

二、刷涂施工前基层检查

（1）抹灰面基层的检查　对新建建筑物的墙面、顶面及隔墙等基层表面的裂缝、麻面、气孔、粉化、翻沫以及沾污脱膜剂、油类物质等的检查完全可以凭借目测完成，而基层平整度、黏结情况等则需借助仪器来完成。

1）基层平整度的检查。用于检查基层平整度的直尺，俗称 2m 靠尺。检查时，用 2m 靠尺在被检查的基层上，通过直尺在不同方向上的摆放、移置（水平、垂直、不同角度的倾斜），用眼睛观察靠尺与基层间的空隙，如图 4-31 所示。

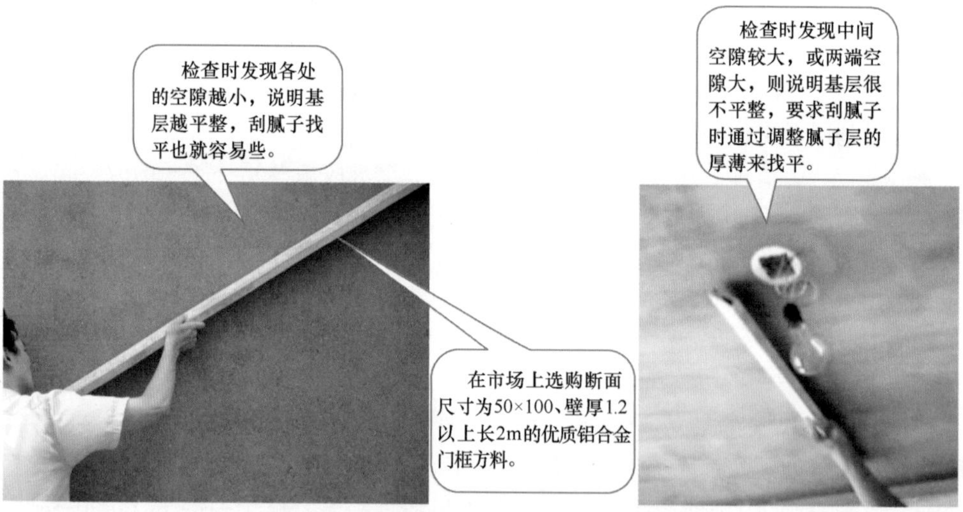

图 4-31　用靠尺检查墙、顶棚基层平整度

2）基层黏结情况。常用中小型的锤子、钻头等工具检查水泥砂浆抹灰面基层与砖墙、混凝土墙体底层之间的黏结情况。用锤子、钻头检查时，常用方法是用手轻松握住锤子手柄或钻头，轻轻敲击水泥砂浆抹灰面基层，如图 4-32 所示。还可以用右手轻轻握住锤子手柄或钻头，从基层的一边水平或垂直拖动至另一边，当听到同一种清脆划痕声音，说明基层与底层的黏结牢固；当听到局部有较响的声音，说明此处有空鼓现象。

（2）石膏板材和木质板面基层检查　完全可以凭借目测完成。如目测石膏板材和木板面是否有钉子外露、板材脱胶、反翘等现象。

（3）基层上水泥砂浆流痕等堆溅凸起物　其清理方法，如图 4-33 所示。

（4）基层露出钢筋　用凿子剔凿钢筋周围的少量混凝土，再将外露钢筋去除或敲进基层，最后用水泥砂浆嵌抹平整、养护。

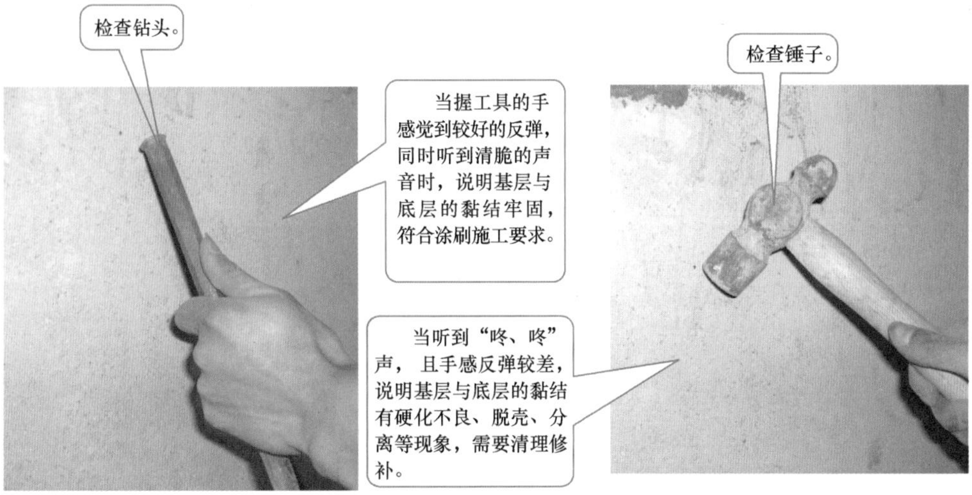

图 4-32　用锤子、钻头进行基层检查

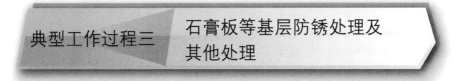

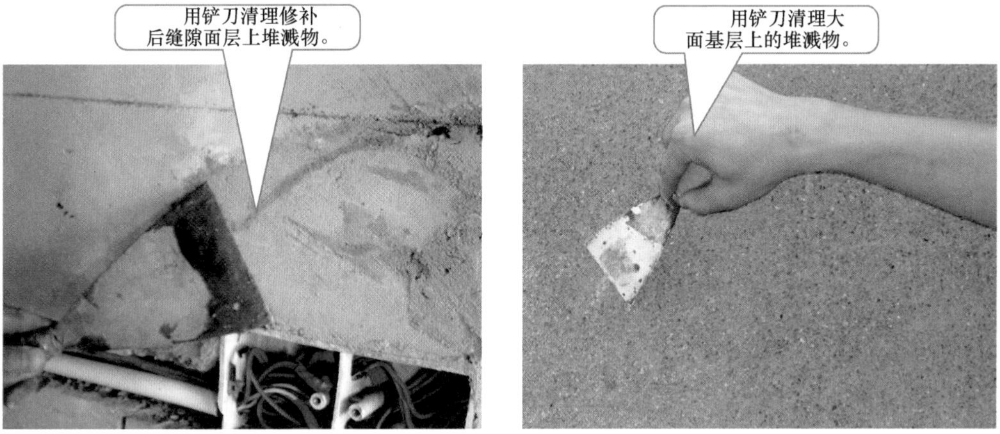

图 4-33　基层堆溅物处理

（5）基层表面有油脂、密封胶等　用碱水洗擦或化学试剂清除。

（6）基层上粉末状粘贴物　用扫把在墙面上做“S”形运动，清扫大面积基层面；用棕毛刷、钢丝刷清扫拐角处。

典型工作过程三　石膏板等基层防锈处理及其他处理

在目前的装修中，石膏板吊顶、隔墙等施工相当普遍，它是一种用黑自攻螺钉将纸面石膏板固定在轻钢龙骨上的施工工艺，要求黑自攻螺钉旋进石膏板内 3mm，如图 4-34 所示。经验表明，石膏板基层钉眼防锈尤为重要，要在刮腻子前，对所有钉眼进行必要的防锈处理，否则，若日后黑自攻螺钉受潮而锈迹外露，将严重影响装修效果。

一、石膏板基层防锈处理

面层检查处理后，即可对钉眼进行处理。若发现石膏板基层自攻螺钉外露，用工具将外露钉旋进石膏板内3mm，钉眼防锈方法有两种：

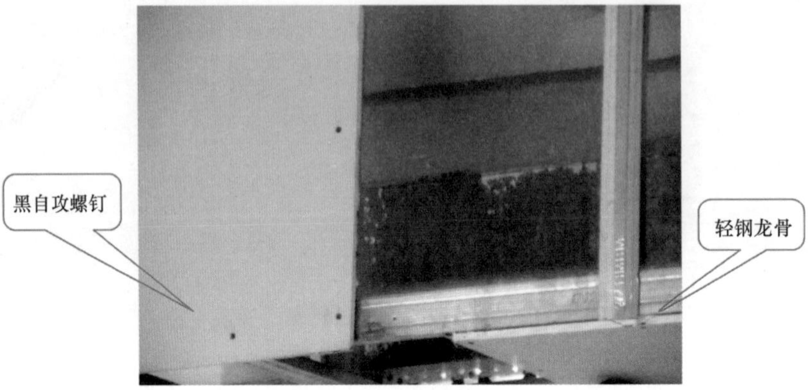

图 4-34　轻钢龙骨石膏板吊顶解构图

1. 防锈漆防锈方法（图 4-35）

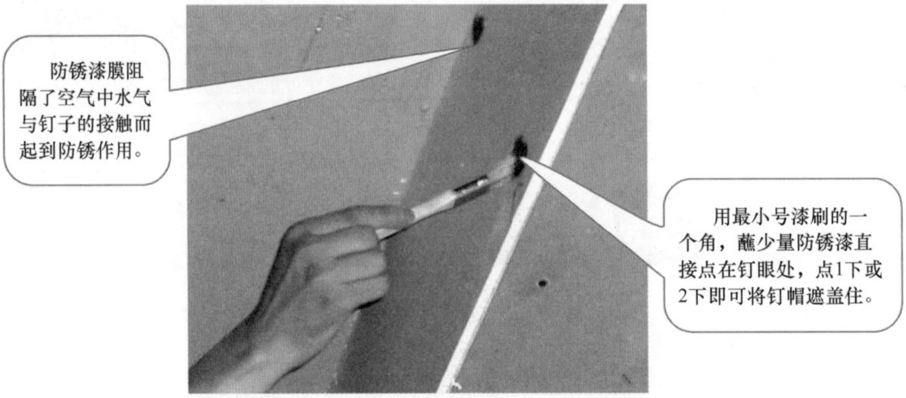

防锈漆膜阻隔了空气中水气与钉子的接触而起到防锈作用。
用最小号漆刷的一个角，蘸少量防锈漆直接点在钉眼处，点1下或2下即可将钉帽遮盖住。

图 4-35　石膏板基层钉眼防锈漆防锈处理

这种方法一定要点涂仔细、不宜快。因为漆刷棕毛较粗、较硬，在点防锈漆过程中，由于自攻螺钉钉帽上“十”字口细小且深，往往造成“十”字口内点漆不完全，有细小局部未被点上防锈漆而暴露在空气中。当刮抹腻子时，钉帽上未被点上防锈漆的细小局部就会接触到腻子中的水分而开始生锈，但由于其锈斑极小又不会很快穿透腻子层、乳胶漆面层而显露出来，可是竣工验收一段时间后，随着锈斑的逐渐变大而显现在乳胶漆表面上，影响面层美观。

2. 防锈腻子防锈方法

需要现场配制防锈腻子，随调随用，一般分四步来完成，方法及具体步骤，如图 4-36所示。

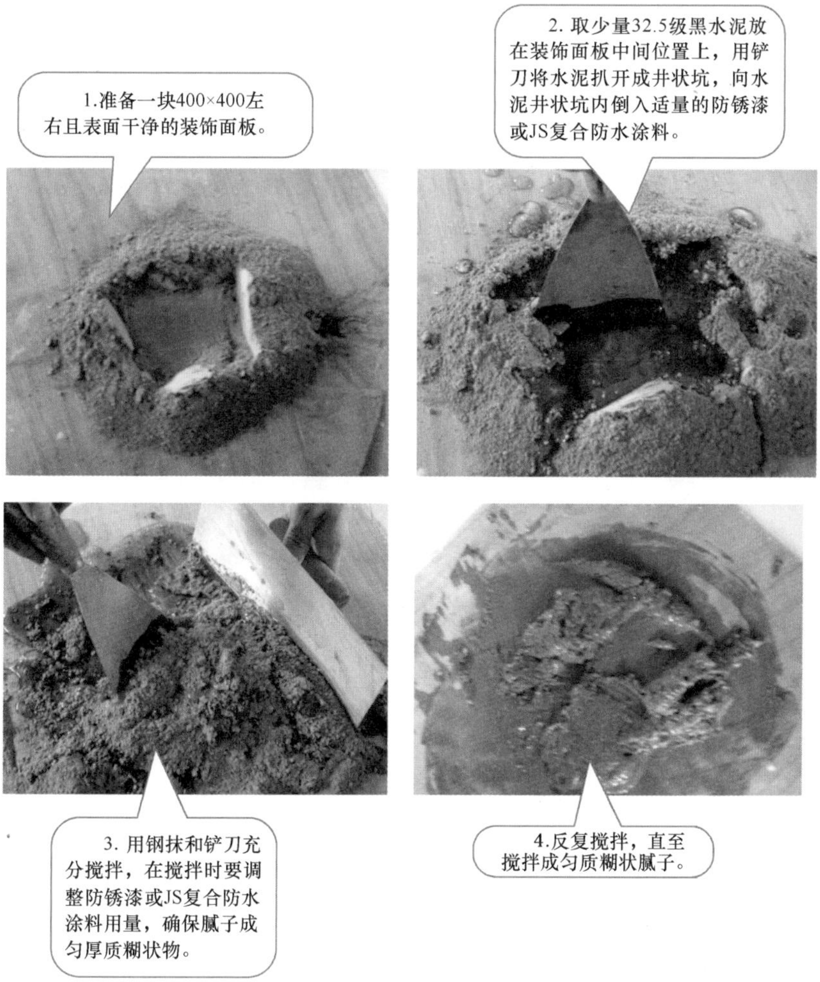

1.准备一块400×400左右且表面干净的装饰面板。
2. 取少量32.5级黑水泥放在装饰面板中间位置上，用铲刀将水泥扒开成井状坑，向水泥井状坑内倒入适量的防锈漆或JS复合防水涂料。
3. 用钢抹和铲刀充分搅拌，在搅拌时要调整防锈漆或JS复合防水涂料用量，确保腻子成匀厚质糊状物。
4.反复搅拌，直至搅拌成匀质糊状腻子。

图 4-36　防锈水泥腻子调配方法与步骤

防锈腻子调完后，即可进行钉眼防锈施工，方法及防锈处理完后的顶面效果，如图4-37 所示。由于这种防锈施工效果好、施工方便，所以目前工地上大多选用此种防锈方法。

腻子刮抹完后立即清理干净装饰面板，继续调配腻子进行其他钉眼防锈处理直至完工。

二、石膏板材和木质板面基层的其他处理

（1）基层面上有油污　若油污面大时，要换掉该板。

（2）基层面水泥砂浆等喷溅凸起物　用铲刀、刮刀等清除，方法如图 4-33 所示，但注意不要损坏纸面石膏。

（3）木质板材基层脱胶、反翘　重新施胶打钉钉牢，用小钻子或小铁钉尖头将外露钉敲进板内并刮嵌油性腻子防锈。

（4）表面粉末状黏附物　用毛刷、扫帚及吸尘器清理。

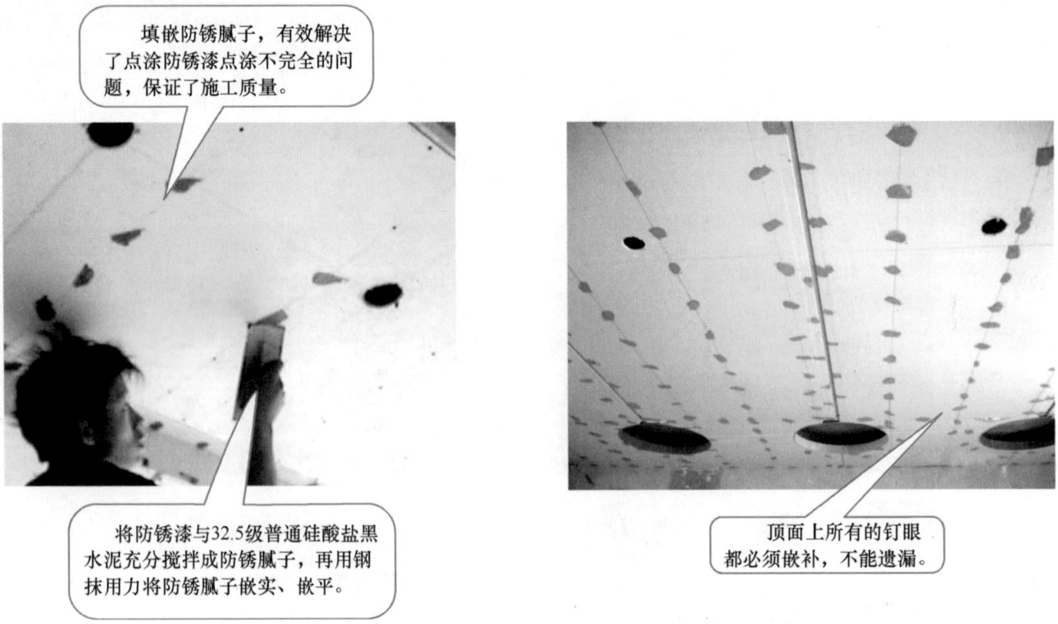

填嵌防锈腻子，有效解决了点涂防锈漆点涂不完全的问题，保证了施工质量。
将防锈漆与32.5级普通硅酸盐黑水泥充分搅拌成防锈腻子，再用钢抹用力将防锈腻子嵌实、嵌平。
顶面上所有的钉眼都必须嵌补，不能遗漏。

图 4-37　石膏板基层钉眼防锈腻子防锈处理及顶面效果

典型工作过程四　不同基层缝隙处理

石膏板基层和水泥砂浆抹灰面上缝隙处理的好坏将直接影响刷涂面层的装饰效果。其中，石膏板基层缝隙包括石膏板之间、石膏板与墙柱面之间的伸缩缝，阴阳角的对接缝等；水泥砂浆抹灰面基层面的缝隙包括墙面线槽缝隙、电源插座开关盒周圈缝隙、门窗套与墙接缝处缝隙等。石膏板基层缝隙处理相对水泥砂浆抹灰面基层要复杂些。下面分别介绍不同的缝隙处理。

一、石膏板顶棚基层缝隙处理

等防锈漆或防锈水泥腻子干燥后，用 150 号砂纸砂磨平流坠、疙瘩，才能进行石膏板顶棚基层缝隙处理。需按“配制石膏粉乳液腻子→石膏粉乳液腻子嵌缝施工→抗裂湿强白纸带绷缝施工”的工序进行，下面以石膏板造型顶棚为例介绍石膏板基层缝隙处理方法与步骤。

1. 配制石膏粉乳液腻子

塑形的腻子有现场配制的石膏粉乳液腻子和市场有售石膏板专用嵌缝腻子。现场配制的石膏乳液腻子是目前嵌缝的首选用料，其配制、施工方法如下：

1）石膏乳液腻子配料和比例如下：

901 胶∶石膏粉∶化学浆糊（浓度 2%）= 1∶3∶适量或 901 胶∶石膏粉 = 1∶2.5

2）石膏乳液腻子配制方法与步骤，如图 4-38 所示。

石膏乳液腻子一次不宜配制过多，应随用随配、配完即用，否则，会因其迅速干硬而失去功效造成浪费。在第二次配制腻子前必须铲掉并清理干净装饰面板及工具上所有石膏腻子。

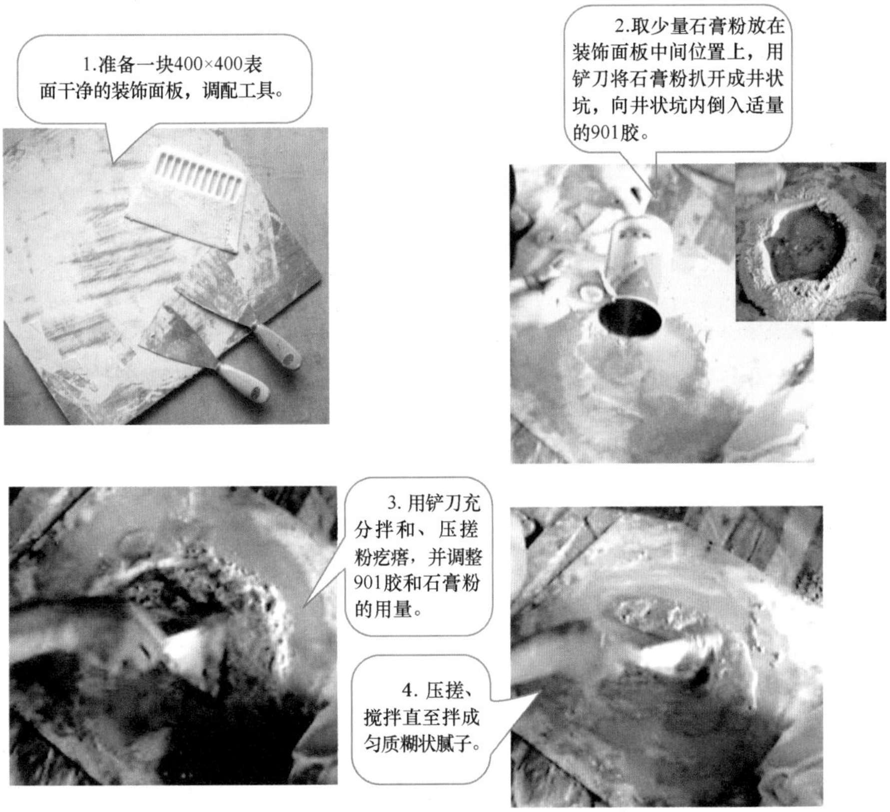

1.准备一块400×400表面干净的装饰面板，调配工具。
2.取少量石膏粉放在装饰面板中间位置上，用铲刀将石膏粉扒开成井状坑，向井状坑内倒入适量的901胶。
3. 用铲刀充分拌和、压搓粉疙瘩，并调整901胶和石膏粉的用量。
4. 压搓、搅拌直至拌成匀质糊状腻子。

图 4-38　石膏乳液腻子配制方法与步骤

2. 石膏粉乳液腻子嵌缝施工

1）造型顶棚石膏板间伸缩缝嵌缝施工的方法与步骤，如图 4-39 所示。

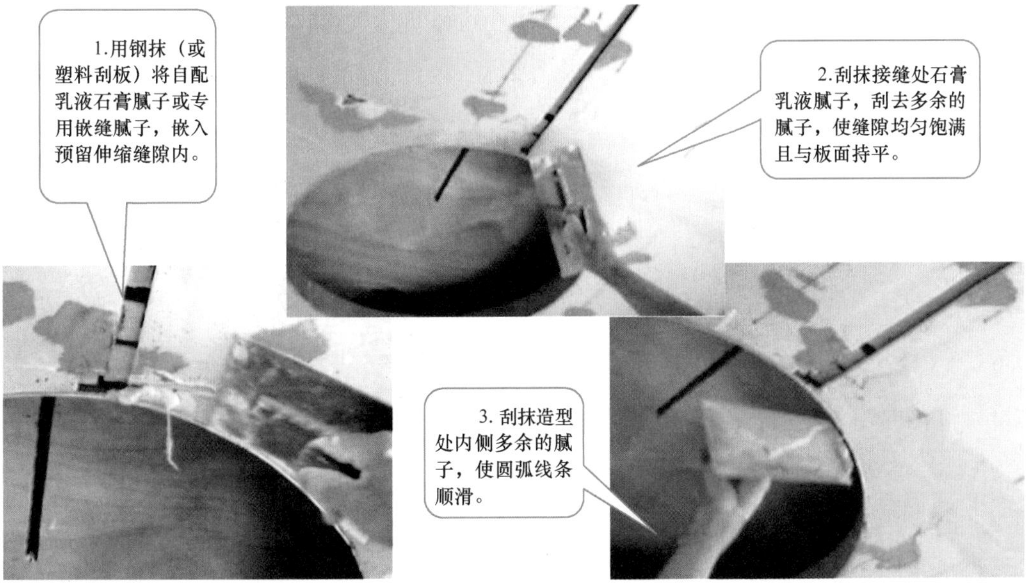

1.用钢抹（或塑料刮板）将自配乳液石膏腻子或专用嵌缝腻子，嵌入预留伸缩缝隙内。
2.刮抹接缝处石膏乳液腻子，刮去多余的腻子，使缝隙均匀饱满且与板面持平。
3. 刮抹造型处内侧多余的腻子，使圆弧线条顺滑。

图 4-39　石膏板顶棚造型处伸缩缝嵌缝施工的方法与步骤

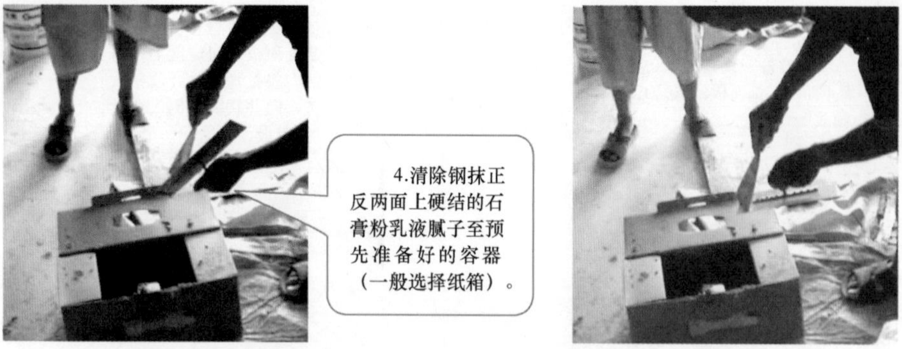
4.清除钢抹正
反两面上硬结的石
膏粉乳液腻子至预
先准备好的容器
（一般选择纸箱）。

图 4-39　石膏板顶棚造型处伸缩缝嵌缝施工的方法与步骤（续）

2）石膏板顶棚与墙面的伸缩缝嵌缝施工步骤同造型顶棚石膏板间伸缩缝嵌缝施工，方法如图 4-40 所示。

用钢抹的尖角将
石膏粉乳液腻子用力
填嵌在顶棚与墙面的
伸缩缝处。

图 4-40　石膏板顶棚与墙面的伸缩缝嵌缝施工

3）顶棚与柱面的伸缩缝嵌缝施工步骤同造型顶棚石膏板间伸缩缝嵌缝施工，方法如图 4-41 所示。

用钢抹的尖角
将石膏粉乳液腻子
用力填嵌在顶棚与
柱面的伸缩缝处。

图 4-41　石膏板顶棚与柱面的伸缩缝嵌缝施工

3. 抗裂湿强白纸带绷缝施工

嵌实、刮平伸缩缝后，在伸缩缝处的腻子层表面上裱贴一条抗裂湿强白纸带进行施工，称为绷缝施工。抗裂湿强白纸带绷缝施工包括平整面上和阴、阳角处的绷缝施工。

(1) 平整面上绷缝施工　平整面上绷缝施工方法如下：

1) 平整面湿带绷缝法。就是嵌实、抹平石膏板基层上所有缝隙并养护1d，等腻子干燥后，铲除并磨平嵌缝处的腻子凸起物，然后进行湿带绷缝，方法如图4-42所示。

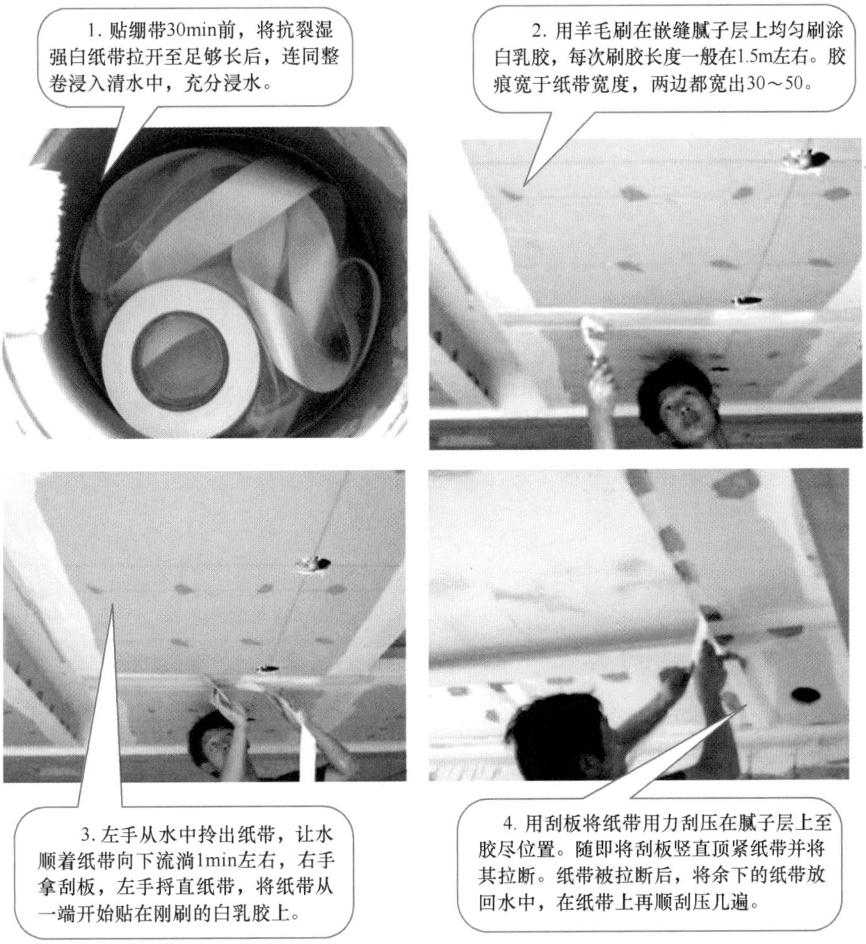

图4-42　石膏板平面接缝处湿带绷缝法

这样就完成第一段纸带的湿绷缝施工。紧接着，重复以上四步一段接着一段地进行绷缝施工，直至裱贴完所有缝隙。一段接着一段裱帖纸带时，纸带的段间接头空隙不能超过3mm。湿带绷缝法适用于工程量较大的工程，可两人或三人同时施工。

平整面上湿带绷缝施工后表面效果，如图4-43所示。

2) 平整面干带绷缝法。就是用石膏粉乳液腻子嵌实、抹平两、三条缝隙后，趁腻子半干，进行干带绷缝施工，具体方法步骤如下：

① 量取、截断纸带。根据刮抹腻子后的缝隙长度，量取、截断长于缝隙长度的纸带。

② 裱帖纸带。在抗裂湿强白纸带或穿孔牛皮纸带背面均匀涂适量白乳胶后，从缝隙腻子层上的一端开始将其贴至另一端，随即用干净刮板在纸带上用力顺刮压两、三遍，以确保纸带与腻子层之间黏结密实、牢固无空隙。

③ 刮抹腻子。将两条或三条缝隙裱贴、压实后，再用宽于纸带宽度的刮板在纸带上薄薄地敷刮一层乳液石膏腻子。

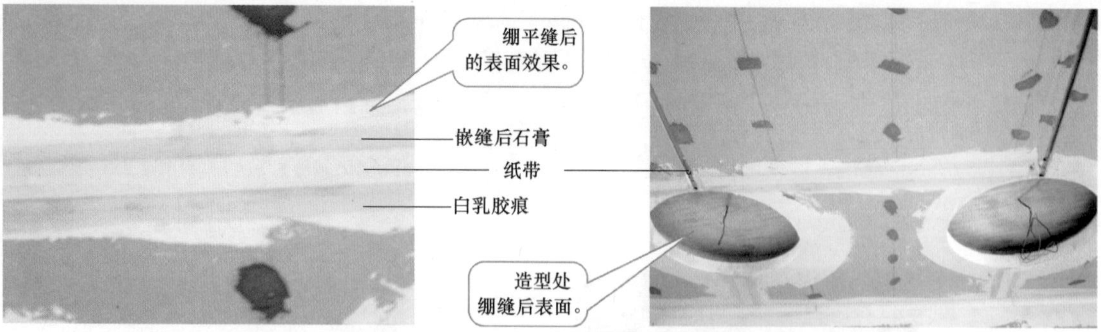

图 4-43　石膏板湿带绷缝后的表面效果

紧接着，重复以上三步一条缝接着一条缝地进行干带绷缝施工，直至裱贴完所有缝隙。此法适用于工程量较小的工程，可以一人施工，也可两人或三人分段同时施工。

（2）阴、阳角处的绷缝施工　阴、阳角处的绷缝施工方法如下：

1）阴角处湿带绷缝施工方法如图 4-44 所示。阳角处湿带绷缝施工方法与阴角处湿带绷缝施工方法和步骤大致相同，唯一不同的是纸带贴在阳角处调中的方向。阴、阳角处湿带绷缝施工后表面效果，如图 4-45 所示。

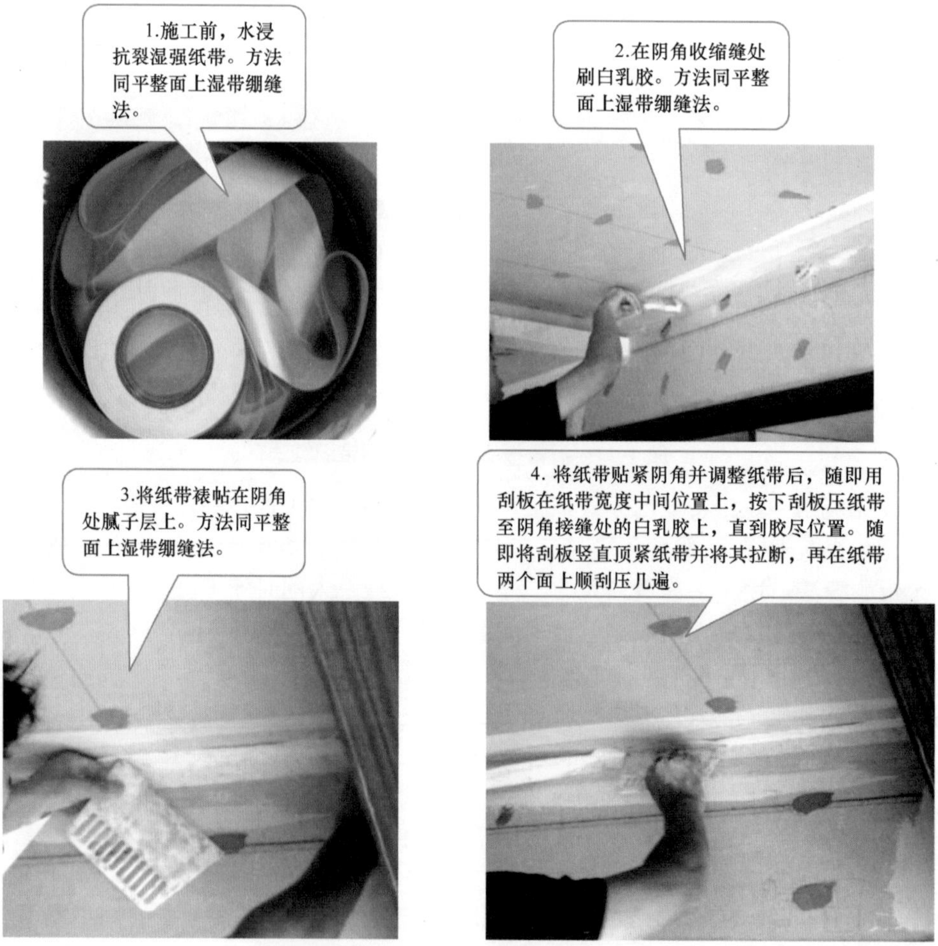

1.施工前，水浸抗裂湿强纸带。方法同平整面上湿带绷缝法。
2.在阴角收缩缝处刷白乳胶。方法同平整面上湿带绷缝法。
3.将纸带裱帖在阴角处腻子层上。方法同平整面上湿带绷缝法。
4. 将纸带贴紧阴角并调整纸带后，随即用刮板在纸带宽度中间位置上，按下刮板压纸带至阴角接缝处的白乳胶上，直到胶尽位置。随即将刮板竖直顶紧纸带并将其拉断，再在纸带两个面上顺刮压几遍。

图 4-44　石膏板阴角接缝干带绷缝法

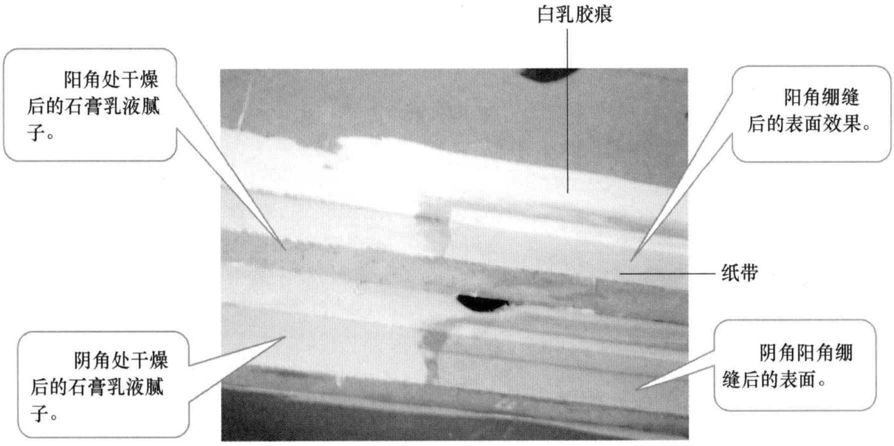

图 4-45　石膏板阴阳角处干带绷缝后的表面效果

2）阴角处干带绷缝施工方法如图 4-44 所示。但要注意干带、湿带裱帖的区别。阳角处干带绷缝施工方法与阴角处干带绷缝施工方法和步骤大致相同，只有纸带贴在阳角处调中的方向不同。

二、石膏板隔墙墙面、阴阳角处基层缝隙处理

1. 石膏板隔墙平整面上缝隙处理

1）纸带绷石膏板伸缩缝法同顶棚平整面缝隙处理方法。一面墙的绷缝施工应从墙的左端开始到右端结束。

2）金属装饰条绷石膏板伸缩缝法。金属装饰条为热镀锌钢材金属护角，3m/根，包括阴阳角、伸缩缝等金属收口条，施工方法如图 4-46 所示。

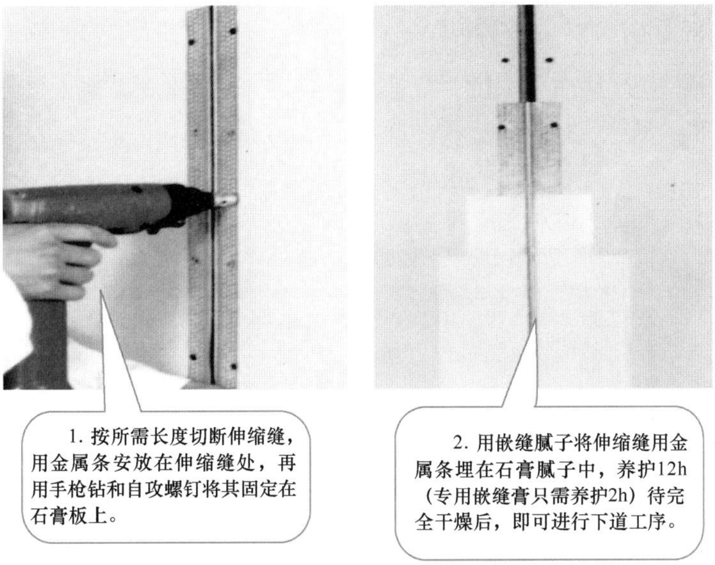

1. 按所需长度切断伸缩缝，用金属条安放在伸缩缝处，再用手枪钻和自攻螺钉将其固定在石膏板上。
2. 用嵌缝腻子将伸缩缝用金属条埋在石膏腻子中，养护12h（专用嵌缝膏只需养护2h）待完全干燥后，即可进行下道工序。

图 4-46　金属装饰条绷石膏板伸缩缝法

2. 石膏板隔墙阴阳角处缝隙处理

石膏板隔墙阴阳角处缝隙处理目前有三种方法：

1）纸带绷石膏板隔墙阴阳角缝法同顶棚阴阳角处缝隙处理方法。

2）金属护纸带绷石膏板隔墙阴阳角缝法。金属护纸带由高质量交错纤维拉毛纸及镀锌钢条组成，其方法和抗裂湿强纸带施工方法一样。

3）塑料装饰条绷石膏板隔墙阴阳角缝法。阳角绷缝施工方法，如图 4-47 所示。

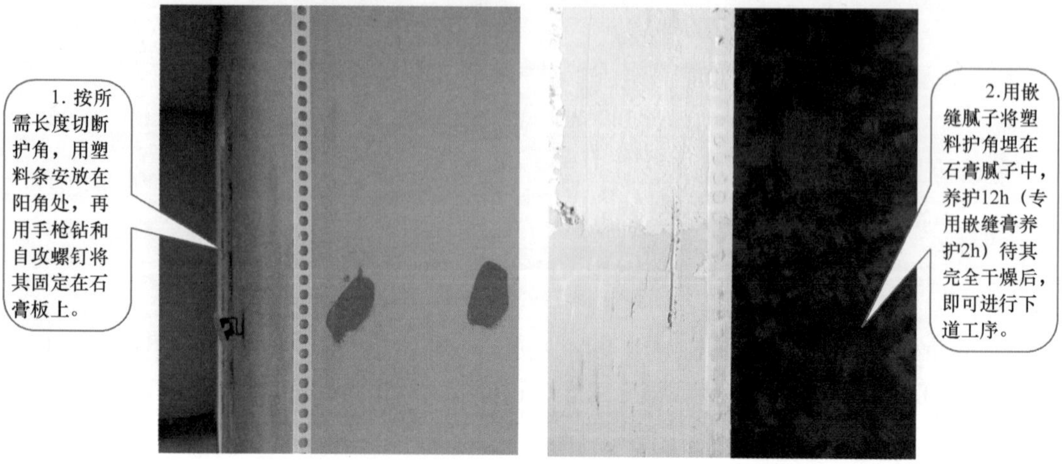

1. 按所需长度切断护角，用塑料条安放在阳角处，再用手枪钻和自攻螺钉将其固定在石膏板上。
2.用嵌缝腻子将塑料护角埋在石膏腻子中，养护12h（专用嵌缝膏养护2h）待其完全干燥后，即可进行下道工序。

图 4-47　塑料护角条绷石膏板阳角缝

三、水泥砂浆抹灰面基层缝隙处理

水泥砂浆抹灰面基层缝隙是指已用水泥砂浆对电线管槽、插座、开关的电源盒等处进行缝隙处理后留下的细小缝隙或局部的“凹凸不平”，这类缝隙常用乳液滑石粉腻子或石膏缝乳液腻子进行处理，不得使用纤维素大白粉（老粉）腻子。乳液腻子按“配制腻子→嵌缝施工”的工序进行。

1. 配制腻子

（1）滑石粉乳液腻子　腻子配料和比例如下：

石膏粉∶滑石粉∶化学浆糊（浓度 2%）∶901 胶∶白乳胶 = 1∶5∶1.5∶1.5∶1

（2）石膏粉乳液腻子　同石膏板顶棚缝隙处理用的腻子。

2. 缝隙处理

缝隙不同，填嵌方法有所不同：

1）电源插座、开关盒周圈和电线管槽处缝隙。施工方法如图 4-48 所示。

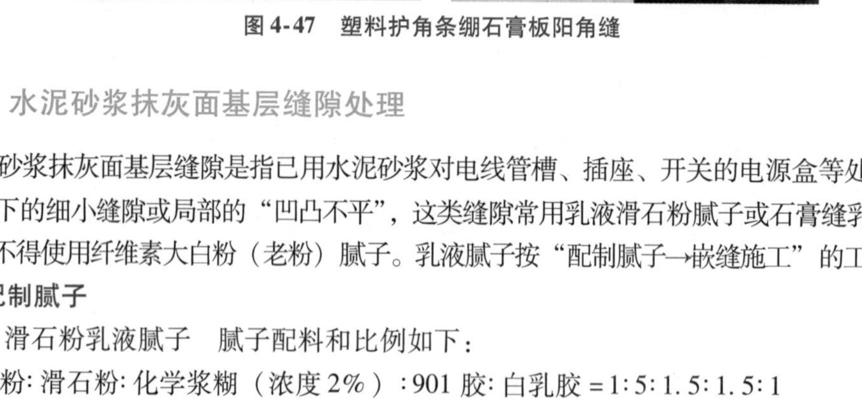

刮嵌该处缝隙，用钢抹（或塑料刮板）横平竖直用力刮抹几次，将腻子填嵌进缝隙。
电线管道及开关盒周围处缝隙，要求面层刮抹平整。

图 4-48　电源插座、开关盒周圈和电线管槽处缝隙处理

2）门窗套与墙的接缝。施工方法如图 4-49 所示。

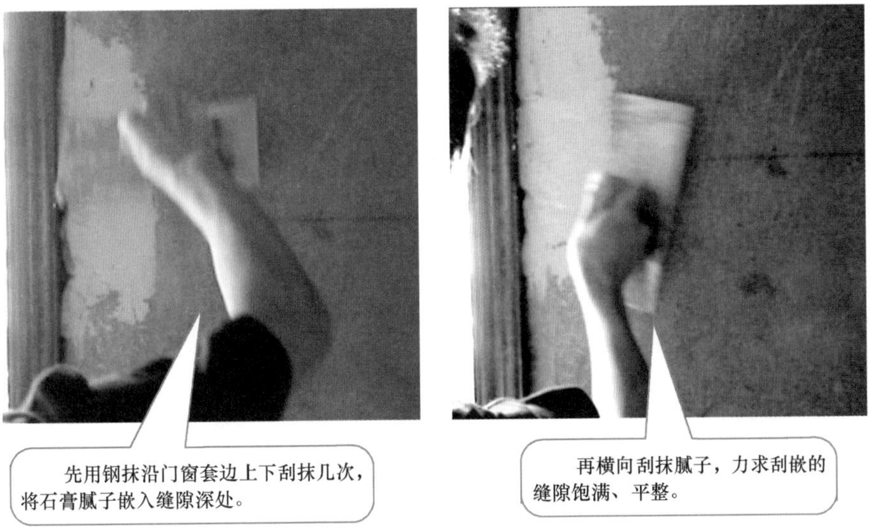

先用钢抹沿门窗套边上下刮抹几次，将石膏腻子嵌入缝隙深处。
再横向刮抹腻子，力求刮嵌的缝隙饱满、平整。

图 4-49　门窗套边与基层接缝的处理

典型工作过程五　不同基层满刮、砂磨腻子施工

基层刮腻子的一般先顶棚、再墙面、最后柱面。每个基层面必须按“刮腻子前准备→配腻子→基层再清理、处理→满刮腻子→清理工具→砂磨干燥腻子”六个工序进行施工。下面介绍墙、顶棚、柱面均为水泥砂浆抹灰面基层满刮腻子的施工方法与步骤。

一、水泥砂浆抹灰面顶棚满刮第一遍腻子

1. 刮腻子前准备

首先，在施工现场确定该项目是现场打制木门、窗套、木门、踢脚板等，还是厂家定制木门、窗套、木门、踢脚板等。如果是前者，刮抹腻子前需要对已施工的木门、窗套、木门、踢脚板等进行保护，若是后者，则无需该施工过程。下面详细介绍现场打制木门、窗套、木门、踢脚板等刮抹腻子、施涂乳胶漆的施工方法：

1）刮抹腻子时必须保证每个空间有足够的亮度，一般可在顶棚中央安装碘钨灯或 200W 白炽灯。如地面已铺设地砖，应用彩条遮雨布遮盖地砖面。

2）准备登高脚手架，工地上多选自制木高凳。如选择人字梯架设的登高脚手架，则需要两人配合架设。

3）贴美纹纸，满刮第一遍腻子前，必须对所有五金门锁、踢脚线等部位用美纹纸贴面保护，以防腻子对其表面造成污染。因为，这些部位的表面一旦受污染会很难清除干净，即便及时清除仍会留有印记，为后序的清水漆罩面施工带来麻烦（因为清水漆是透明的，很难掩盖污染印记）。

① 美纹纸裱贴五金、门锁，分三步进行，方法如图 4-50 所示。

② 美纹纸裱贴踢脚线，一般自左向右，直至裱贴完一项工程。方法如图 4-51 所示。

③ 美纹纸裱贴门窗套外侧面，方法如图 4-52 所示。

④ 美纹纸裱贴现场木制家具表面，方法同门窗套外侧面裱贴法。裱贴后的表面，如图 4-53 所示。

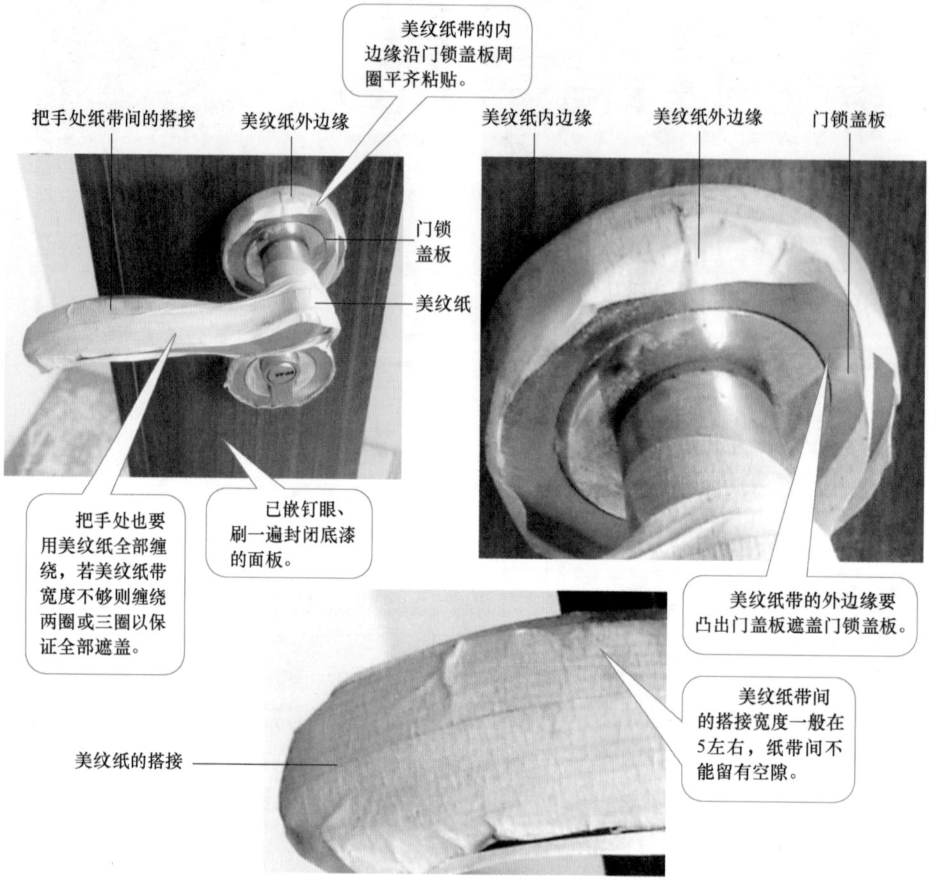

美纹纸带的内边缘沿门锁盖板周圈平齐粘贴。
把手处纸带间的搭接
美纹纸外边缘
美纹纸内边缘
美纹纸外边缘
门锁盖板
门锁盖板
美纹纸
把手处也要用美纹纸全部缠绕，若美纹纸带宽度不够则缠绕两圈或三圈以保证全部遮盖。
已嵌钉眼、刷一遍封闭底漆的面板。
美纹纸带的外边缘要凸出门盖板遮盖门锁盖板。
美纹纸带间的搭接宽度一般在5左右，纸带间不能留有空隙。
美纹纸的搭接

图 4-50　美纹纸裱贴五金门锁

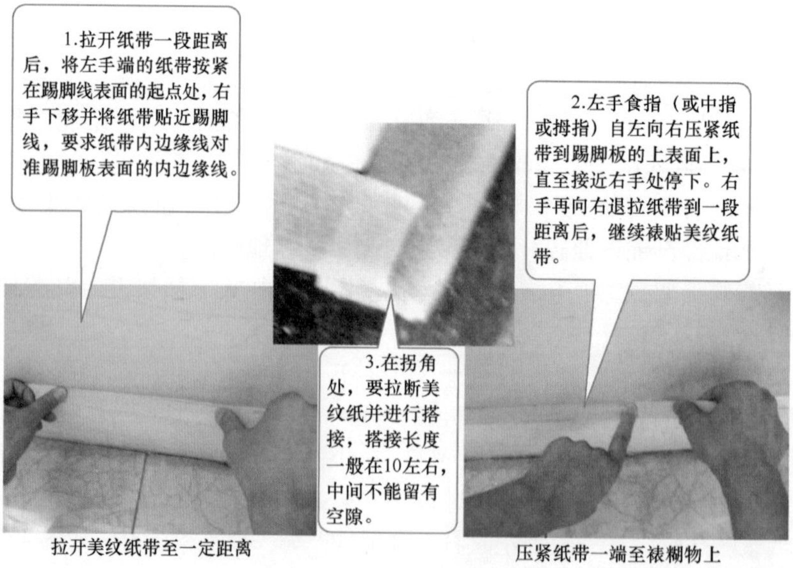

1.拉开纸带一段距离后，将左手端的纸带按紧在踢脚线表面的起点处，右手下移并将纸带贴近踢脚线，要求纸带内边缘线对准踢脚板表面的内边缘线。
2.左手食指（或中指或拇指）自左向右压紧纸带到踢脚板的上表面上，直至接近右手处停下。右手再向右退拉纸带到一段距离后，继续裱贴美纹纸带。
3.在拐角处，要拉断美纹纸并进行搭接，搭接长度一般在10左右，中间不能留有空隙。
拉开美纹纸带至一定距离
压紧纸带一端至裱糊物上

图 4-51　美纹纸裱贴踢脚板

拉开美纹纸，在门套线外侧面裱贴，保证纸带内边缘线与门窗套线侧面内边缘线对齐直至完成全部任务。

图 4-52　美纹纸裱贴门窗套外侧面

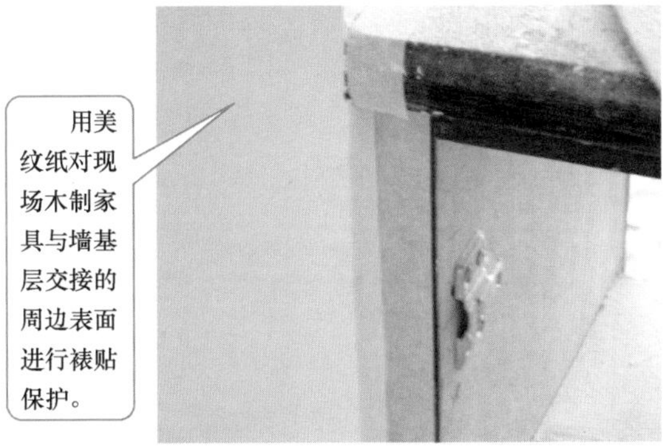

用美纹纸对现场木制家具与墙基层交接的周边表面进行裱贴保护。

图 4-53　美纹纸裱贴现场木制家具表面

4）安装电动搅拌器，分三步来完成，方法如图 4-54 所示。

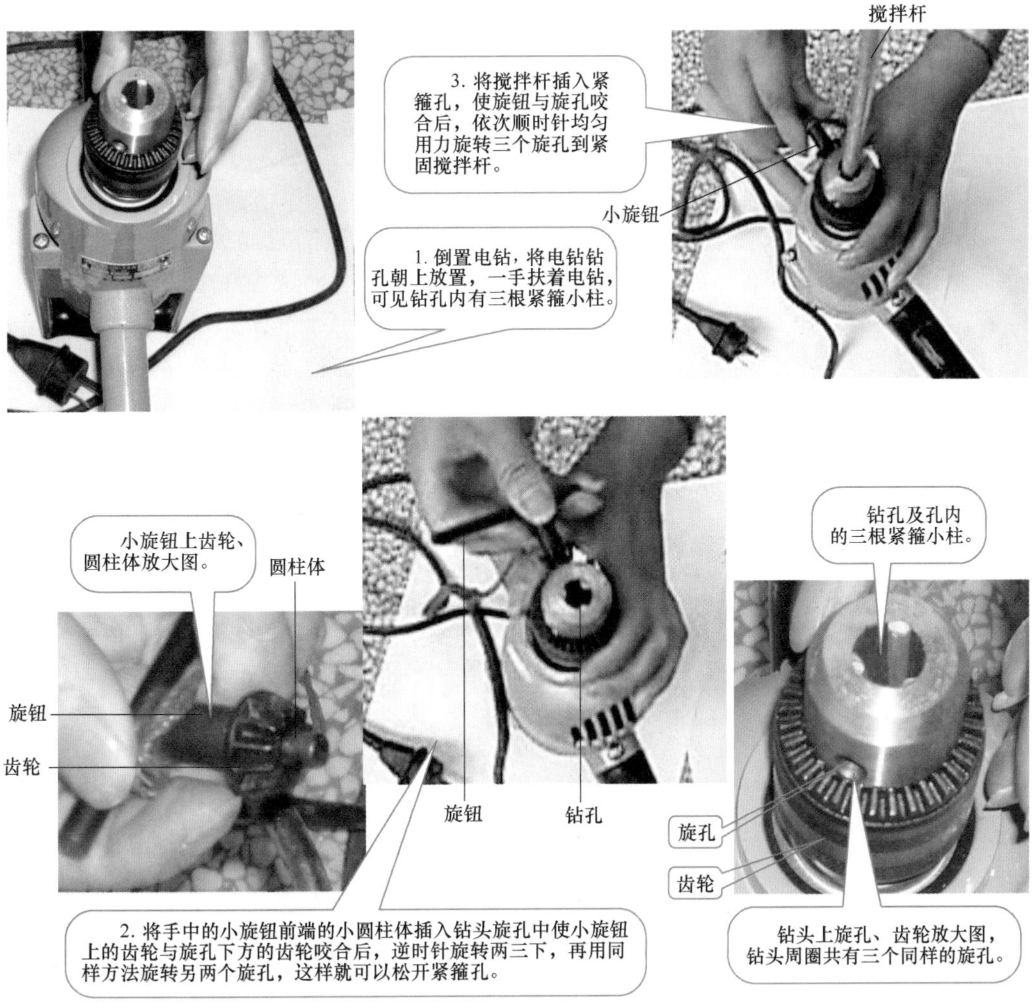

搅拌杆
3. 将搅拌杆插入紧箍孔，使旋钮与旋孔咬合后，依次顺时针均匀用力旋转三个旋孔到紧固搅拌杆。
小旋钮
1. 倒置电钻，将电钻钻孔朝上放置，一手扶着电钻，可见钻孔内有三根紧箍小柱。
小旋钮上齿轮、圆柱体放大图。
圆柱体
旋钮
齿轮
旋钮
钻孔
钻孔及孔内的三根紧箍小柱。
旋孔
齿轮
2. 将手中的小旋钮前端的小圆柱体插入钻头旋孔中使小旋钮上的齿轮与旋孔下方的齿轮咬合后，逆时针旋转两三下，再用同样方法旋转另两个旋孔，这样就可以松开紧箍孔。
钻头上旋孔、齿轮放大图，钻头周圈共有三个同样的旋孔。

图 4-54　安装电动搅拌器

5）基层再清理、处理。尽管已完成了基层处理，但是在处理过程中可能会遗留少量突起物未被清理掉，或可能会出现新的基层裂缝等质量缺陷，再加上刷涂施工对基层质量要求高，所以在刮腻子前，必须进行基层再清理、处理工作，以确保高质量的施工。

① 基层再清理，方法如图4-55所示。

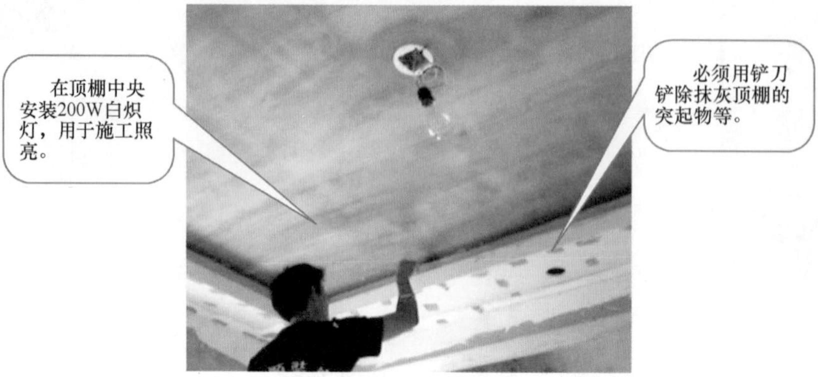

在顶棚中央安装200W白炽灯，用于施工照亮。
必须用铲刀铲除抹灰顶棚的突起物等。

图4-55 顶棚基层再清理

② 顶棚楼板间新的裂缝处理，必须先嵌缝，再贴抗裂湿强纸带，方法同本项目石膏板缝处理。

除以上准备工序外，还要注意天气变化，尽量避开阴雨天刮抹腻子。

2. 配腻子

一般情况下顶棚的误差较墙面大，刮抹水泥抹灰面平顶需较厚腻子层，一般至少厚10mm，甚至局部厚30mm，这需要腻子层质轻、坚硬、牢固，而这些特性只有石膏粉乳液腻子具备。所以，要选用“石膏粉+少量白水泥、滑石粉乳液腻子”来塑型。

（1）石膏粉+少量白水泥、滑石粉乳液腻子的配料及比例　石膏粉：滑石粉：32.5级白水泥：901胶：化学浆糊（浓度2%）：醋酸乙烯乳液（质量分数）=5：2：1：1.5：1.5：1

（2）腻子配制方法　腻子配制过程主要是配制羧甲基纤维素液、腻子备料、电动搅拌成腻子。

1）配制羧甲基纤维素液，实际施工时羧甲基纤维素液需要量大，要选择大容器才能满足至少一天施工的要求。分两步来完成配制，方法如图4-56所示。

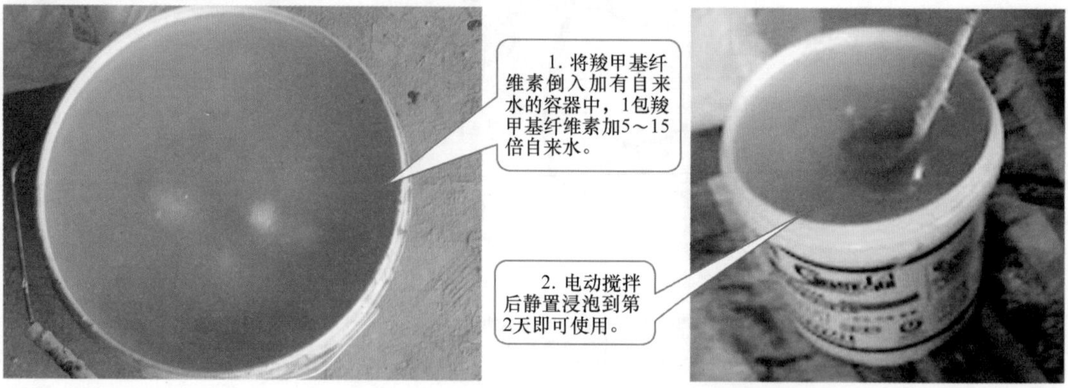

1. 将羧甲基纤维素倒入加有自来水的容器中，1包羧甲基纤维素加5～15倍自来水。
2. 电动搅拌后静置浸泡到第2天即可使用。

图4-56 配制羧甲基纤维素液

2）腻子备料，方法如图 4-57 所示。

一般是先将901胶水和羧甲基纤维素水溶液倒入容器中，接着再倒入所需粉料。
将所需901胶水、浸泡后的羧甲基纤维素液和粉料按比例装入容器中。

图 4-57　石膏乳液腻子备料

3）电动搅拌成腻子。目前，工地上搅拌腻子，已经使用电动搅拌代替传统的手工搅拌，电动搅拌腻子一般分五步来完成，方法如图 4-58 所示。

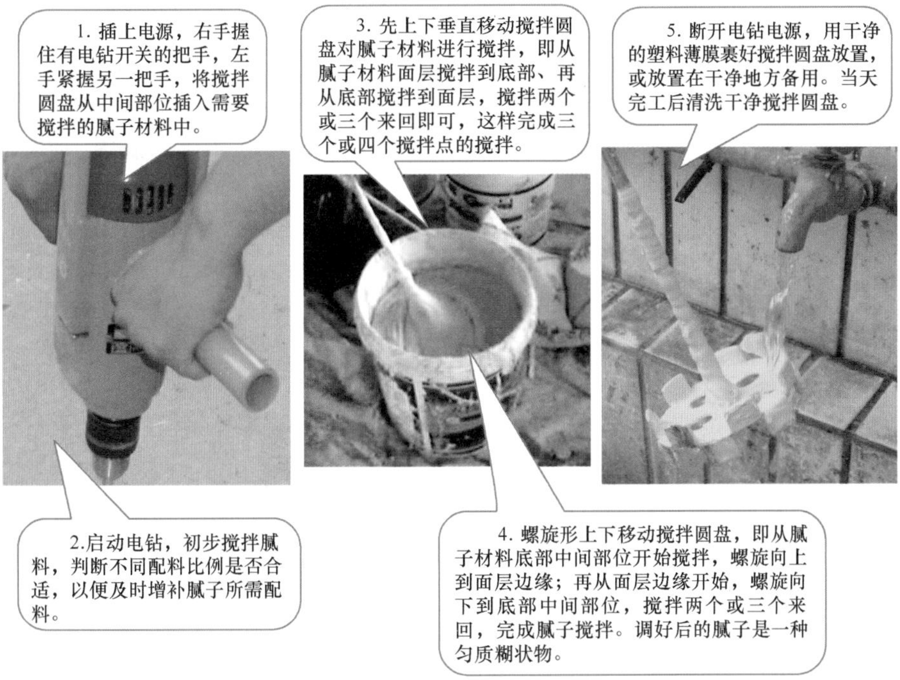

1. 插上电源，右手握住有电钻开关的把手，左手紧握另一把手，将搅拌圆盘从中间部位插入需要搅拌的腻子材料中。
3. 先上下垂直移动搅拌圆盘对腻子材料进行搅拌，即从腻子材料面层搅拌到底部、再从底部搅拌到面层，搅拌两个或三个来回即可，这样完成三个或四个搅拌点的搅拌。
5. 断开电钻电源，用干净的塑料薄膜裹好搅拌圆盘放置，或放置在干净地方备用。当天完工后清洗干净搅拌圆盘。
2.启动电钻，初步搅拌腻料，判断不同配料比例是否合适，以便及时增补腻子所需配料。
4. 螺旋形上下移动搅拌圆盘，即从腻子材料底部中间部位开始搅拌，螺旋向上到面层边缘；再从面层边缘开始，螺旋向下到底部中间部位，搅拌两个或三个来回，完成腻子搅拌。调好后的腻子是一种匀质糊状物。

图 4-58　电动搅拌器搅拌成石膏乳液腻子方法

3. 顶棚满刮第一遍腻子

顶棚满刮腻子的原则是：先细部、后大面、再细部。即初步刮抹细部后，开始刮抹大面积，大面积刮抹完成后，再修整细部，这样就完成满刮第一遍腻子的施工。

第一遍满刮腻子，分四步完成，其施工方法如图 4-59 所示。

1.站上高凳，从顶面的一个阴角处开始向中间堆抹腻子，要求用塑料刮板快速将石膏乳液腻子堆抹于顶面上，且将阴角处腻子刮平，直至顶棚有一定面积的腻子层。
2.两手握紧1m长且干净的铝合金刮尺，伸直手臂将尺放在腻子层上的阴角线处，接着弯曲手臂向面前用力拖刮至一定距离。再后退一步重复上述动作刮压下一处至高凳另一端。多次刮压至刮完该片顶面。
下一处刮压时要适当重叠上一处，两处重叠宽度控制在刮尺宽的1/2～1/3。
3.经过上一步操作，铝合金刮尺上会有较多石膏乳液腻子而影响继续刮抹，此时必须清掉靠尺上的腻子至料桶中，才能进行下步工序。
4.两手握紧已清理干净的铝合金刮尺，反向站立，伸直手臂将尺放在腻子层的一端上，进行反向刮抹多次刮压至阴角线处。直至该片顶面基本平整。

图 4-59　抹灰基层平顶面满刮第一遍腻子

重复上述刮抹腻子的四个步骤，直至施工完整个顶面。顶面与墙及细部的交接处用塑料刮板辅以半片塑料刮板进行连接修补施工。

最后，得到如图 4-60 所示的有明显局部露底现象的顶饰面效果。这是因为第一遍满刮腻子是初步找平过程，腻子层不宜过厚，所以遮不住顶棚的外凸处而出现露底。

4. 清理工具

当顶棚所有腻子刮完后，必须彻底清理靠尺等工具，方法如图 4-61 所示。

清理工具完工后，第一遍满刮腻子施工结束。在等待顶棚腻子干燥的过程中，即可进行水泥砂浆抹灰墙面基层的刮腻子施工。

二、水泥砂浆抹灰面墙基层满刮第一遍腻子

水泥砂浆抹灰墙面满刮腻子施工包括阴角处刮抹和大面积墙面刮抹。水泥砂浆抹灰墙面上的刮腻子，一般先进行墙面阴角处的满刮腻子施工，后进行大面积墙面刮抹。

图 4-60　满刮第一遍腻子后的平顶

用铲刀清铲铝合金刮尺的四个面。

图 4-61　清理铝合金刮尺

1. 墙面上所有阴角线处腻子刮抹施工

墙面上所有阴角线处包括门窗套线交界处、踢脚线与墙面交界处、墙面阴角等，是细部刮抹。

（1）刮腻子前准备

1）刮抹腻子需再次检查已使用一段时间后的白炽灯、登高脚手架、各处的美纹纸裱贴情况、电动搅拌器是否符合施工要求。

2）基层再清理、处理。在刮腻子前，必须进行基层再清理、处理，以确保施工的高质量。方法如图 4-62 所示。

除如图 4-61 所示基层再清理、处理，还要铲除门、窗套等阴角处因填补缝隙后留下的腻子疙瘩等突起物，并清理干净。填嵌新出现的缝隙。

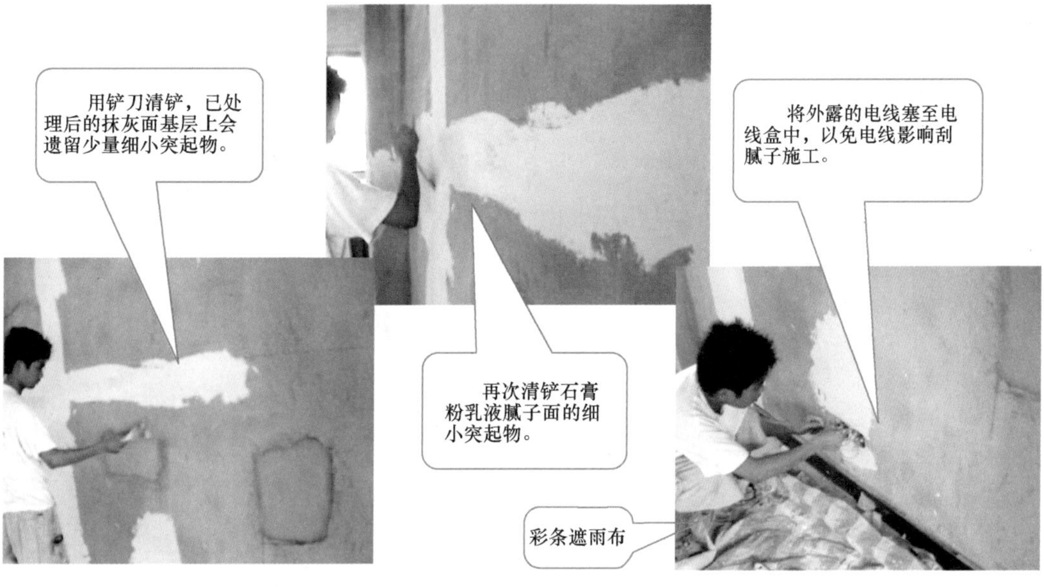

用铲刀清铲，已处理后的抹灰面基层上会遗留少量细小突起物。
将外露的电线塞至电线盒中，以免电线影响刮腻子施工。
再次清铲石膏粉乳液腻子面的细小突起物。
彩条遮雨布

图 4-62　基层再清理、处理

（2）配腻子

1）腻子的配料及比例。由于阴角要求垂直方正，需要用石膏乳液腻子来塑型，所以可以采用顶棚腻子，也可另配腻子，其配制比例与配料如下：

石膏粉：滑石粉：901 胶：羧甲基纤维素溶液（浓度 2%）（质量分数）= 3：1：1：1

2）配制方法同顶棚腻子配制。

（3）满刮第一遍腻子　由于目前新建毛坯房的基层平整度较高，所以第一遍满刮腻子，只需薄刮即可完成初步找平，下面介绍不同阴角处腻子刮抹的方法与步骤。

1）门、窗套线与墙面交接处的阴角满刮第一遍腻子，左窗套线边阴角腻子刮抹施工的方法与步骤如图 4-63 所示。

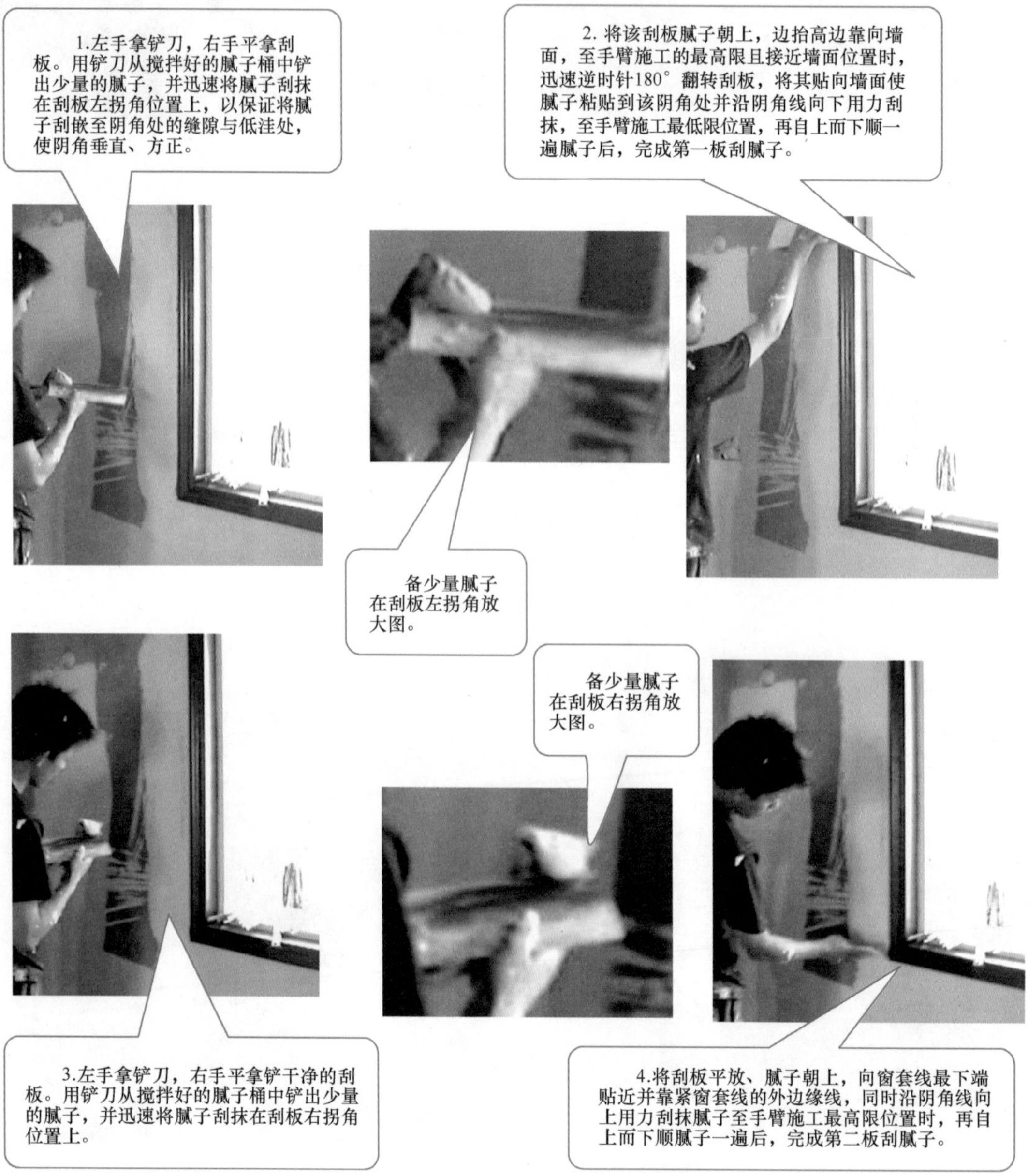

1.左手拿铲刀，右手平拿刮板。用铲刀从搅拌好的腻子桶中铲出少量的腻子，并迅速将腻子刮抹在刮板左拐角位置上，以保证将腻子刮嵌至阴角处的缝隙与低洼处，使阴角垂直、方正。
2. 将该刮板腻子朝上，边抬高边靠向墙面，至手臂施工的最高限且接近墙面位置时，迅速逆时针180° 翻转刮板，将其贴向墙面使腻子粘贴到该阴角处并沿阴角线向下用力刮抹，至手臂施工最低限位置，再自上而下顺一遍腻子后，完成第一板刮腻子。
备少量腻子在刮板左拐角放大图。
备少量腻子在刮板右拐角放大图。
3.左手拿铲刀，右手平拿铲干净的刮板。用铲刀从搅拌好的腻子桶中铲出少量的腻子，并迅速将腻子刮抹在刮板右拐角位置上。
4.将刮板平放、腻子朝上，向窗套线最下端贴近并靠紧窗套线的外边缘线，同时沿阴角线向上用力刮抹腻子至手臂施工最高限位置时，再自上而下顺腻子一遍后，完成第二板刮腻子。

图 4-63　左窗套线与墙基层阴角腻子刮抹

完成图 4-63 四步的施工后，清理干净刮板，重复第一、二步的施工操作；接着，再次清理干净刮板，重复第三、四步的施工操作，直至左窗套线边阴角腻子的刮抹基本达到施工要求。

清理刮板后，进行右窗套线边阴角腻子的刮抹，其施工方法与刮抹左窗套线边阴角腻子方法一样，只是施工方向与之相反；接下来，参照左右窗套线边阴角刮抹腻子施工方法，来完成上下窗套线边阴角刮抹腻子的施工，直至完成一个窗套四个边线的阴角腻子刮抹。再清理刮板，完成一个下窗套边所有边线阴角腻子的刮抹施工。用同样方法完成门套边阴角刮抹，直至完成所有门窗套线边阴角腻子的刮抹。

2）踢脚线与墙面交界处的阴角满刮第一遍腻子，一般情况下，在一面墙上是从踢脚线的两端向中部刮抹的，要分三步来完成。从踢脚线左拐角开始刮抹腻子的施工方法与步骤如图 4-64 所示。

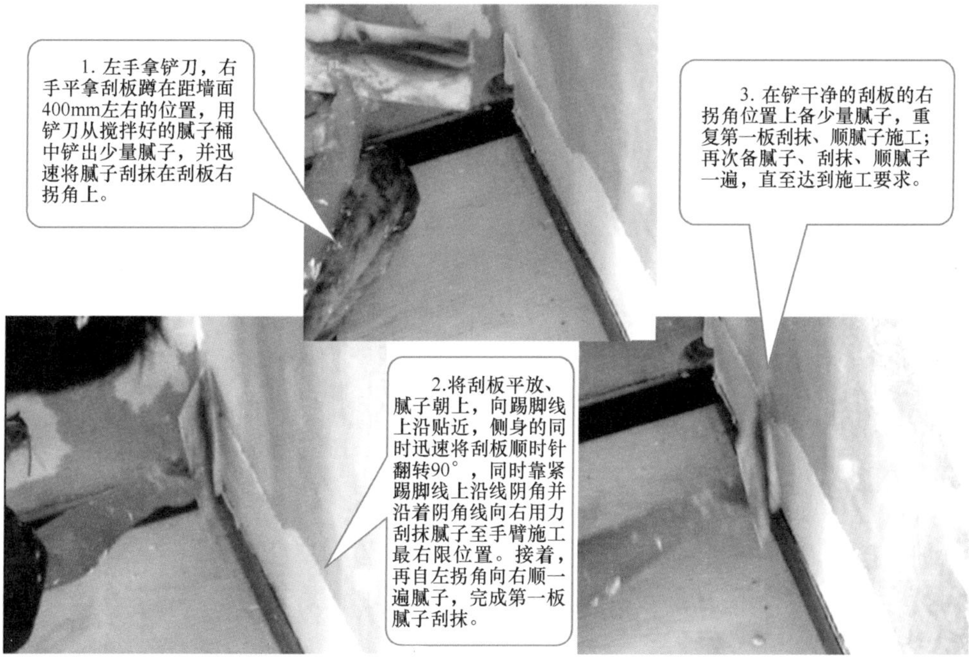

1. 左手拿铲刀，右手平拿刮板蹲在距墙面400mm左右的位置，用铲刀从搅拌好的腻子桶中铲出少量腻子，并迅速将腻子刮抹在刮板右拐角上。
3. 在铲干净的刮板的右拐角位置上备少量腻子，重复第一板刮抹、顺腻子施工；再次备腻子、刮抹、顺腻子一遍，直至达到施工要求。
2.将刮板平放、腻子朝上，向踢脚线上沿贴近，侧身的同时迅速将刮板顺时针翻转90°，同时靠紧踢脚线上沿线阴角并沿着阴角线向右用力刮抹腻子至手臂施工最右限位置。接着，再自左拐角向右顺一遍腻子，完成第一板腻子刮抹。

图 4-64　踢脚线阴角向右刮抹第一遍腻子

3）墙面阴角满刮第一遍腻子，一般情况下，在进行墙面阴角刮腻子施工时，应先从墙阴角线两端开始向中部施工。一种情况是在顶棚施工结束后，紧接着使用顶棚腻子刮抹墙面阴角；另一种情况是在刮抹踢脚线与墙面交界处阴角施工结束后的同时，进行墙面阴角腻子的刮抹，具体方法及步骤如图 4-65 所示。

将腻子刮抹在刮板右拐角位置上，重复第一板刮抹腻子的方法，完成在阴角处左墙面上的第一板腻子的刮抹。

为保证第二天墙面大面积刮抹施工，注意一定要在第一天收工前完成该墙面两个阴角和踢脚线阴角的腻子刮抹，并要清理干净所有的刮抹工具以备第二天使用。

2. 大面积抹灰墙面满刮第一遍腻子

（1）腻子的配料及比例　抹灰墙面常使用以下三种腻子。腻子的选用由乳胶漆的种类

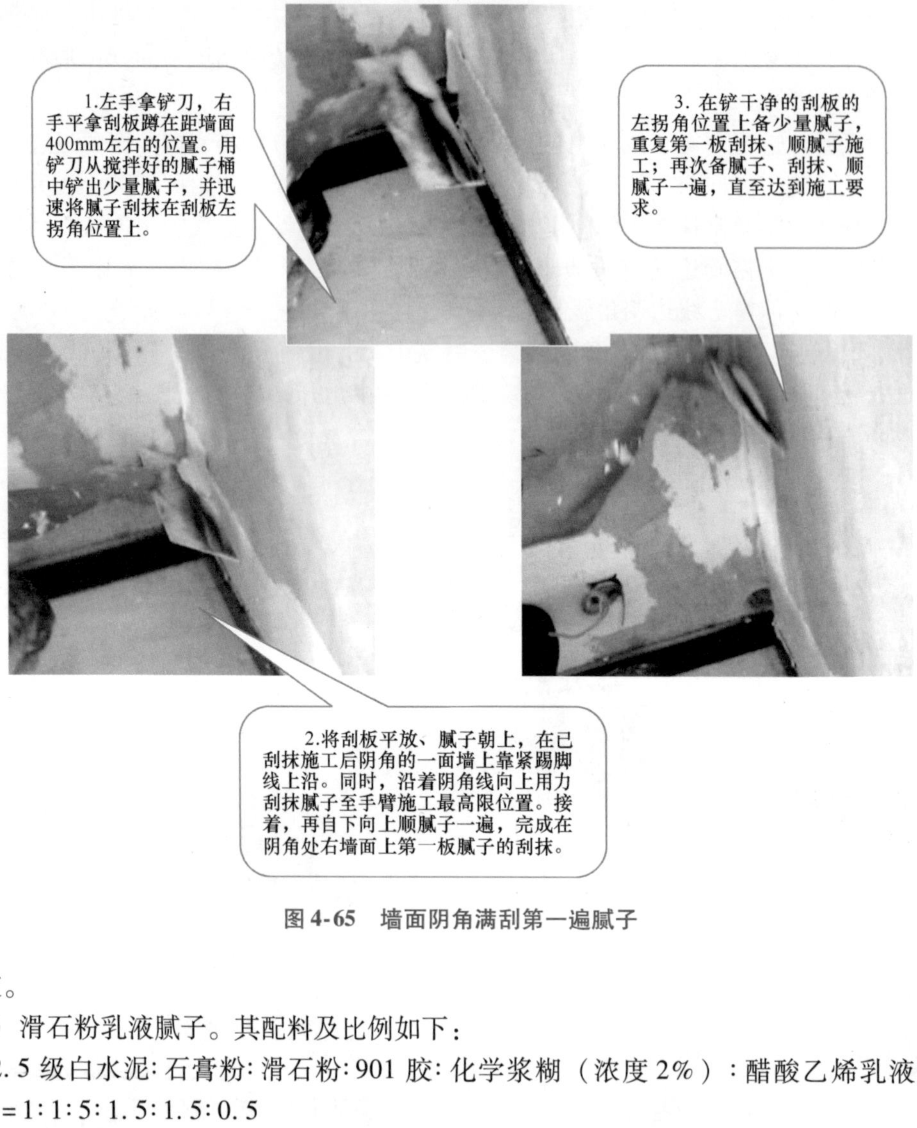

1.左手拿铲刀，右手平拿刮板蹲在距墙面400mm左右的位置。用铲刀从搅拌好的腻子桶中铲出少量腻子，并迅速将腻子刮抹在刮板左拐角位置上。
3. 在铲干净的刮板的左拐角位置上备少量腻子，重复第一板刮抹、顺腻子施工；再次备腻子、刮抹、顺腻子一遍，直至达到施工要求。
2.将刮板平放、腻子朝上，在已刮抹施工后阴角的一面墙上靠紧踢脚线上沿。同时，沿着阴角线向上用力刮抹腻子至手臂施工最高限位置。接着，再自下向上顺腻子一遍，完成在阴角处右墙面上第一板腻子的刮抹。

图 4-65　墙面阴角满刮第一遍腻子

来决定。

1）滑石粉乳液腻子。其配料及比例如下：

32.5 级白水泥: 石膏粉: 滑石粉: 901 胶: 化学浆糊（浓度 2%）: 醋酸乙烯乳液（质量分数）= 1: 1: 5: 1.5: 1.5: 0.5

该种腻子适于中档乳胶漆的第一遍封底用，适用于不同基层的内墙。腻子砂磨较容易。

2）白水泥乳液腻子。其配料及比例如下：

32.5 级白水泥: 聚醋酸乙烯乳液（白乳胶）: 901 胶: 2% 羧甲基纤维素溶液 = 6: 0.5: 1.5: 1

该种腻子适用于高档、彩色乳胶漆的第一遍封底用，适用于抹灰基层的内墙。腻子砂磨困难，对涂膜保护好。

3）专用内墙补土（高档乳胶漆都配备）。其配料比例如下：

施工时用 10: 1 水与聚醋酸乙烯（白乳胶）的稀释液将专用腻子调匀即可实施刮抹。

该种腻子适用于高档、彩色乳胶漆的第一遍封底用，适用于不同基层的内外墙。

（2）配制方法　同顶棚腻子配制。

（3）满刮第一遍腻子　大面上刮腻子常用三种方法：横向刮抹、竖向刮抹、弧形刮抹。下面具体介绍刮腻子的方法。

1）竖向刮抹的施工方法与步骤如下：

① 第一板腻子的刮抹。竖向刮抹第一板腻子的方法与步骤，如图 4-66 所示。

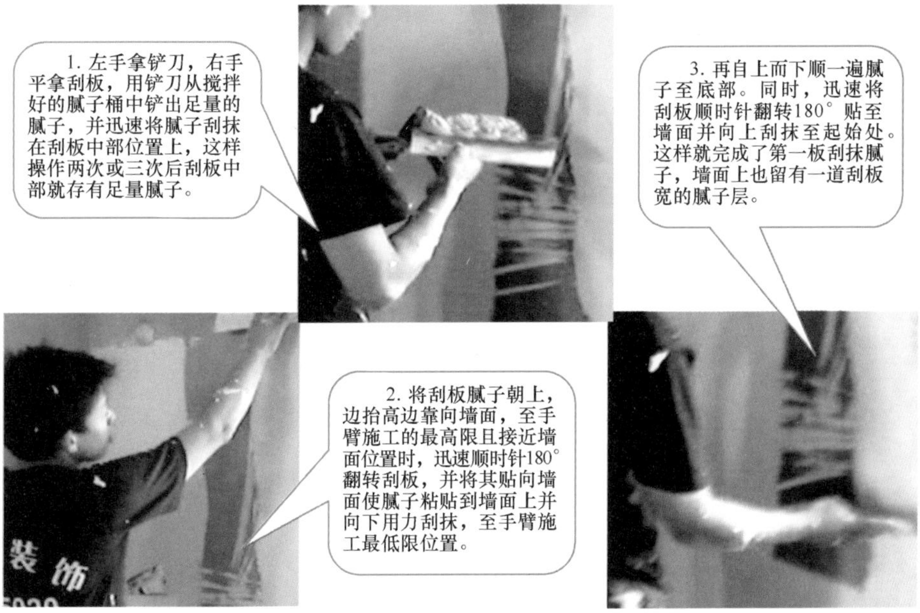

1. 左手拿铲刀，右手平拿刮板，用铲刀从搅拌好的腻子桶中铲出足量的腻子，并迅速将腻子刮抹在刮板中部位置上，这样操作两次或三次后刮板中部就存有足量腻子。
2. 将刮板腻子朝上，边抬高边靠向墙面，至手臂施工的最高限且接近墙面位置时，迅速顺时针180°翻转刮板，并将其贴向墙面使腻子粘贴到墙面上并向下用力刮抹，至手臂施工最低限位置。
3. 再自上而下顺一遍腻子至底部。同时，迅速将刮板顺时针翻转180°贴至墙面并向上刮抹至起始处。这样就完成了第一板刮抹腻子，墙面上也留有一道刮板宽的腻子层。
装 饰

图 4-66　墙面竖向刮抹腻子

② 第二板腻子的刮抹。利用刮板上刮抹完第一板后剩余的腻子，用同样的方法紧挨第一板腻子的边上刮抹完第二板腻子，注意两遍腻子层间的搭接的宽度在 50mm 左右。此时，墙面上会留下宽 350mm 左右的腻子层。

③ 第三板腻子的刮抹。刮抹完第二板后，刮板上的腻子量已经很少且分散，这时需将刮板上少量腻子重新集聚在刮板中部，其方法如图 4-67 所示，以填抹腻子到刚才未抹到或低洼处。等刮板上腻子填抹完后，即刻用该刮板自上而下、再自下而上地刮抹腻子重叠处和腻子层其他部分，以防止腻子层局部过厚。这样就完成第三板腻子的刮抹，此时的腻子层显得较为平整。

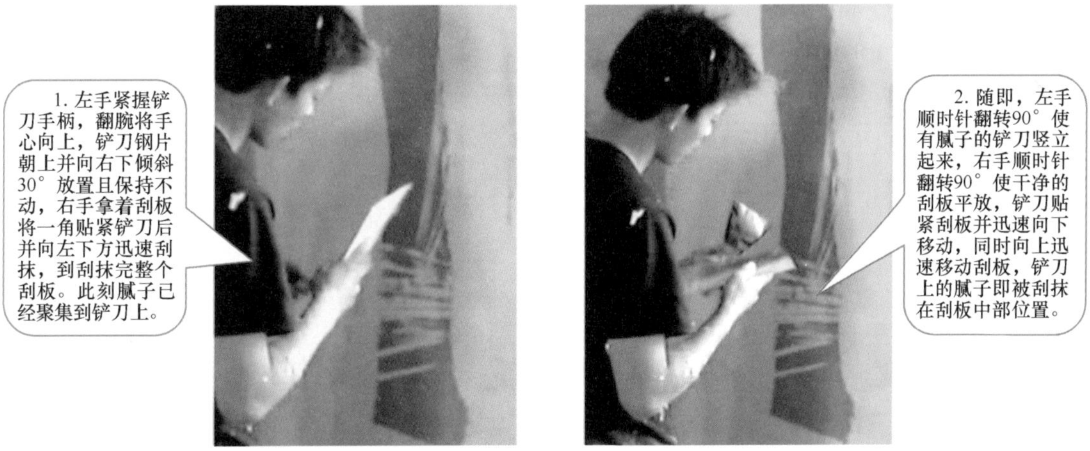

1. 左手紧握铲刀手柄，翻腕将手心向上，铲刀钢片朝上并向右下倾斜30°放置且保持不动，右手拿着刮板将一角贴紧铲刀后并向左下方迅速刮抹，到刮抹完整个刮板。此刻腻子已经聚集到铲刀上。
2. 随即，左手顺时针翻转90°使有腻子的铲刀竖立起来，右手顺时针翻转90°使干净的刮板平放，铲刀贴紧刮板并迅速向下移动，同时向上迅速移动刮板，铲刀上的腻子即被刮抹在刮板中部位置。

图 4-67　集聚刮板上少量腻子的方法

④ 清理刮板。第三板刮抹完毕，让铲刀保持不动，将刮板贴紧铲刀后快速向下运动刮抹，刮板上的腻子就会留在铲刀上。这样，在刮板正面、背面各刮抹一次，刮板上极少量腻子就会留在铲刀上，此时，就完成了刮板的清理，而留在铲刀上极少量的腻子，则会被铲刀带着插入腻子料桶中重新铲出足量腻子，开始下一轮的腻子刮抹施工。

2）横向刮抹的施工方法与步骤如下：

① 第一板腻子的刮抹。横向刮抹第一板腻子的方法与步骤，如图4-68所示。

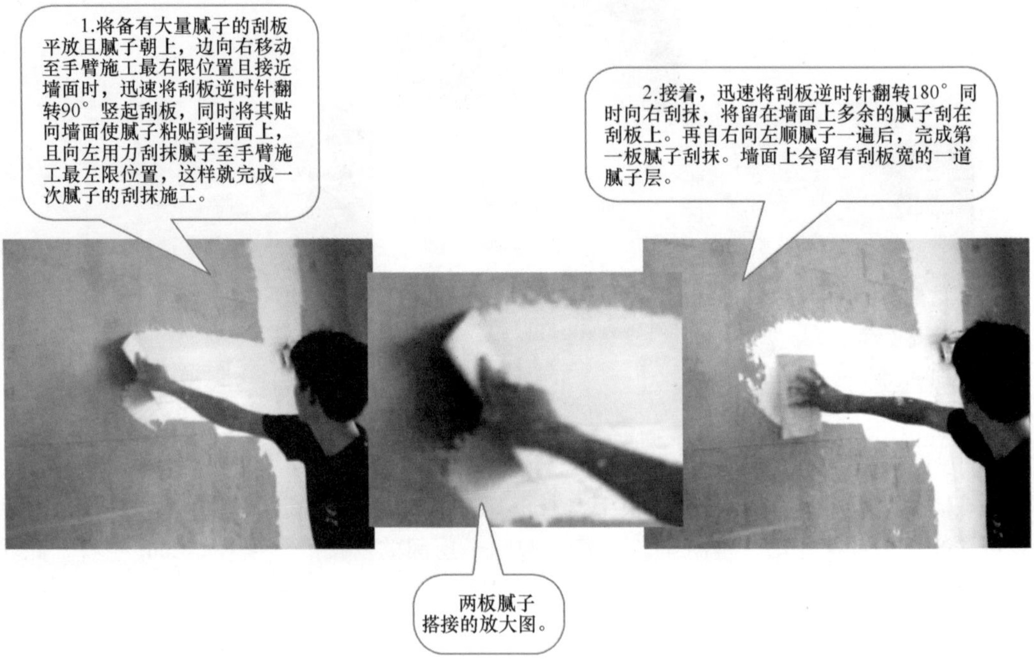
1.将备有大量腻子的刮板平放且腻子朝上，边向右移动至手臂施工最右限位置且接近墙面时，迅速将刮板逆时针翻转90°竖起刮板，同时将其贴向墙面使腻子粘贴到墙面上，且向左用力刮抹腻子至手臂施工最左限位置，这样就完成一次腻子的刮抹施工。
2.接着，迅速将刮板逆时针翻转180°同时向右刮抹，将留在墙面上多余的腻子刮在刮板上。再自右向左顺腻子一遍后，完成第一板腻子刮抹。墙面上会留有刮板宽的一道腻子层。
两板腻子搭接的放大图。

图4-68 墙面横向刮腻子

② 第二板腻子的刮抹。利用刮板上刮抹完第一板后剩余的腻子，用同样的方法紧挨第一板腻子的边上刮抹完第二板腻子，注意两遍腻子层间的搭接的宽度在50mm左右。此时，墙面上会留下宽350mm左右的腻子层。

③ 第三板腻子的刮抹。重聚刮板上腻子并填抹至刚才未抹到处或低洼处，方法同竖向刮抹。等刮板上腻子填抹完后，即刻用该刮板从左向右、从右向左顺腻子各一遍，刮抹重叠处和腻子层其他部分，使腻子层显得较为平整，完成第三板刮抹腻子。

④ 清理刮板。方法同竖向刮抹。

横向刮抹适用于大面积墙面施工，尤其适用于第一遍满刮腻子。第一遍横向刮抹未完成的墙面效果，如图4-69所示。

3）弧形刮抹。刮抹大面积墙面过程中，当出现如图4-70所示的情形，此时可采用弧形刮抹法。

墙面腻子弧形刮抹方法与步骤如下：

① 第一板腻子的刮抹。墙面上第一板弧形刮抹的方法与步骤，如图4-71所示。

② 第二板腻子的刮抹。利用刮板上刮抹完第一板后剩余的腻子，用同样的方法在原处迅速重复一遍第一板刮抹腻子、顺腻子的施工操作。

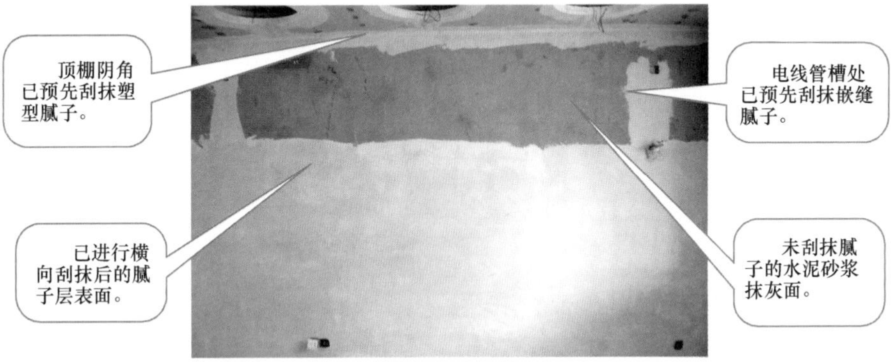

顶棚阴角已预先刮抹塑型腻子。
电线管槽处已预先刮抹嵌缝腻子。
已进行横向刮抹后的腻子层表面。
未刮抹腻子的水泥砂浆抹灰面。

图 4-69　第一遍横向刮抹未完成的墙面效果

在刮抹腻子过程中，出现在腻子中间剩下一块抹灰面需要刮抹腻子时，往往会采用弧形刮抹。

图 4-70　可采用弧形刮抹腻子前的基层

③ 第三板腻子的刮抹。重聚刮板上少量腻子并填抹至刚才未抹到处或低洼处，方法同竖向刮抹。等刮板上腻子填抹完后，即刻用该刮板再次顺一遍周围的腻子层，使腻子层显得较为平整，完成第三板刮抹。这时墙面上会出现较为平整、光亮的腻子层。

④ 清理刮板。方法同竖向刮抹。

根据施工具体情况，对墙面上不同部位可采用不同的刮抹方法，这几种方法可以单独或结合使用。墙面阴角、门窗套竖边与墙面交接处等主要采用竖向刮抹；顶棚阴角、墙面踢脚处、门窗套横边与墙面交接处等主要采用横向刮抹；小面积墙面（如窗间墙）、柱面主要采用竖向刮抹方法；大面积墙面常采用横向、竖向、弧形综合刮抹。

一面墙完工后再刮抹另一面墙，面积较大时，可两人同时刮抹一面墙，也可两人或三人每人一面墙同时施工。总之，要依具体工作量和工作界面来定，直至第一遍满刮腻子结束。

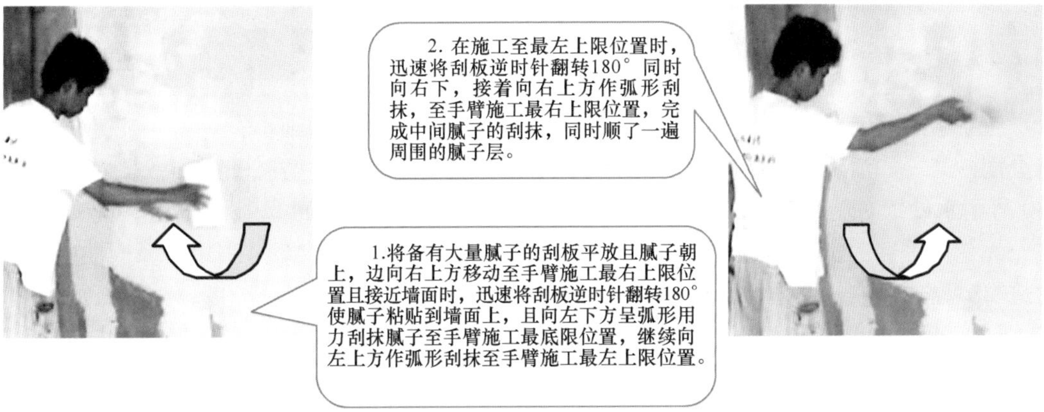

2. 在施工至最左上限位置时，迅速将刮板逆时针翻转180° 同时向右下，接着向右上方作弧形刮抹，至手臂施工最右上限位置，完成中间腻子的刮抹，同时顺了一遍周围的腻子层。
1.将备有大量腻子的刮板平放且腻子朝上，边向右上方移动至手臂施工最右上限位置且接近墙面时，迅速将刮板逆时针翻转180° 使腻子粘贴到墙面上，且向左下方呈弧形用力刮抹腻子至手臂施工最底限位置，继续向左上方作弧形刮抹至手臂施工最左上限位置。

图 4-71　墙面弧形刮腻子

3. 柱面及墙、柱面阳角的第一遍满刮腻子

柱面及墙、柱面阳角的第一遍满刮腻子方法同墙面。

这样就完成了所有顶、墙柱面的第一遍满刮腻子，养护 1 ~2d 待腻子层干透后即可进行砂磨腻子。

三、铲除第一遍腻子突起物、砂磨、清理基层

1. 墙面、顶面等大面

在满刮第一遍腻子后，在拐角处、腻子搭接处等地方常会留下一些腻子粉疙瘩和条状突起物等。一般情况下，一个 15m^2 房间的 4 面墙，一个熟练工人从早上 7 时开始到下午 3 时即可满刮一遍腻子，在气温高、不下雨的情况下，第二天早上即可用铲刀铲除较大的突起物并清理基层，方法如图 4-72 所示。若遇阴雨天需等天晴腻子层干透。

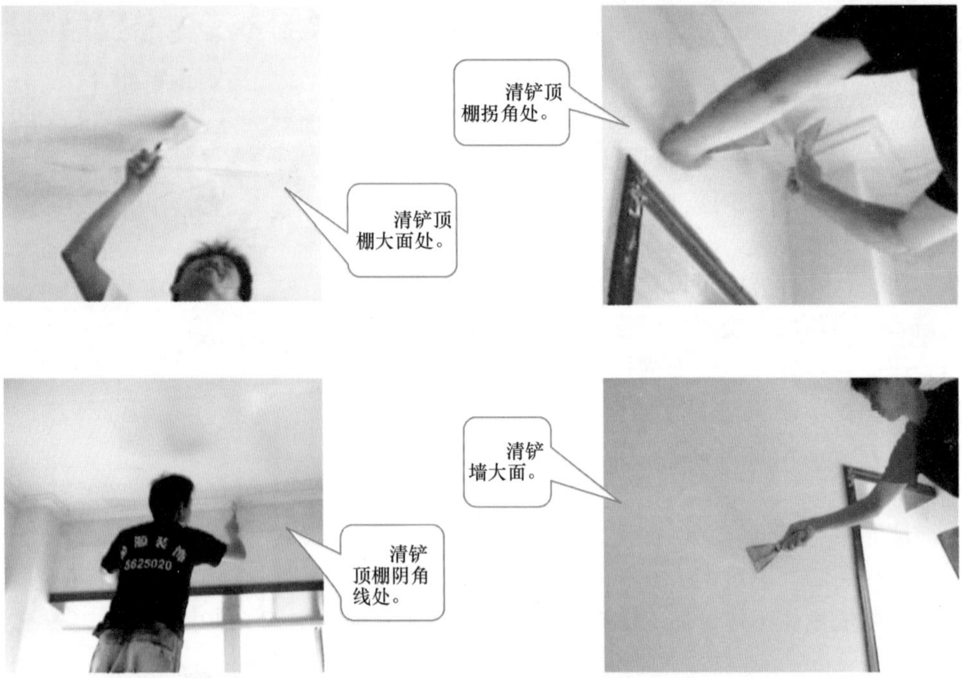
清铲顶
棚拐角处。
清铲顶
棚大面处。
清铲
墙大面。
清铲
顶棚阴角
线处。

图 4-72　铲除第一遍腻子突起物、清理基层

腻子层干透后，即可进行砂磨。如果腻子层较平整且突起物细小，只需清铲突起物而无需全面砂磨。如清铲后突起物还较为明显且数量众多，则需要砂磨腻子层，就是用夹纸板夹 180 号耐水砂纸对墙面、顶面、阴阳角进行全面砂磨，要求用力砂磨高出部分，使大面较平整、无疙瘩等突起物，但注意不要磨穿腻子层漏出水泥砂浆；砂磨过程中要及时更换砂纸，边进行砂磨边用刷子清理。下面介绍砂磨的具体方法：

（1）准备耐水砂纸　将耐水砂纸折裁成需要的形状，以便放入夹纸板中。方法如图 4-73 所示。

（2）夹纸板夹耐水砂纸　用夹纸板将剪裁好的砂纸夹牢、夹紧，以方便砂磨，具体方法如图 4-74 所示。

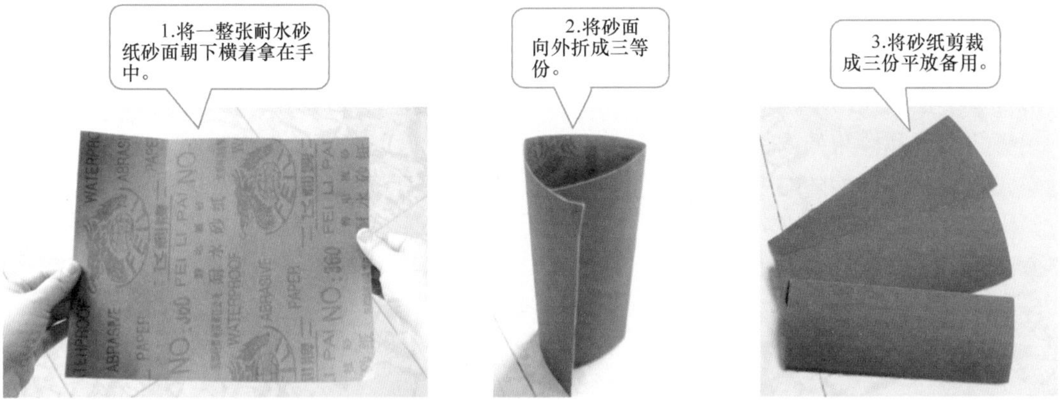

1.将一整张耐水砂纸砂面朝下横着拿在手中。
2.将砂面向外折成三等份。
3.将砂纸剪裁成三份平放备用。

图 4-73　折裁耐水砂纸

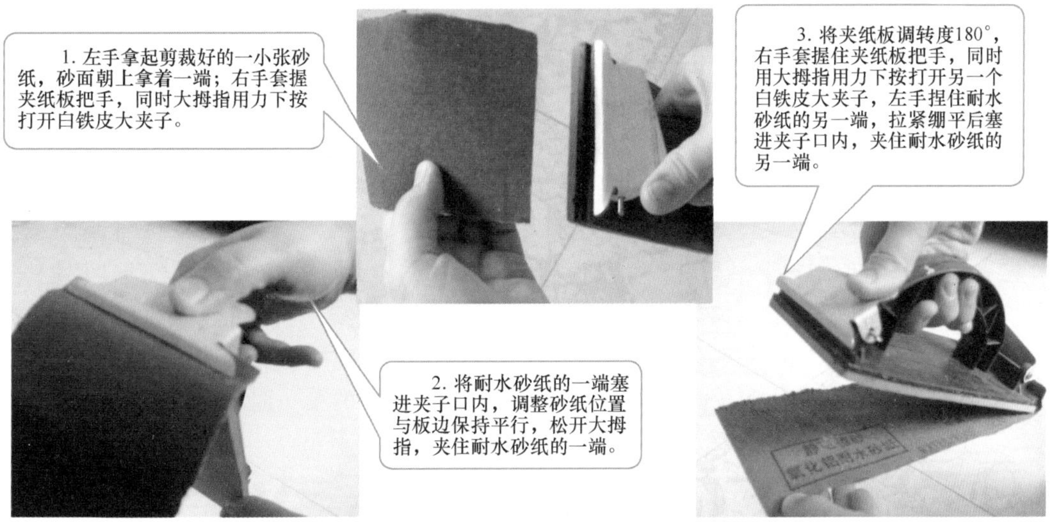

1. 左手拿起剪裁好的一小张砂纸，砂面朝上拿着一端；右手套握夹纸板把手，同时大拇指用力下按打开白铁皮大夹子。
2. 将耐水砂纸的一端塞进夹子口内，调整砂纸位置与板边保持平行，松开大拇指，夹住耐水砂纸的一端。
3. 将夹纸板调转度180°，右手套握住夹纸板把手，同时用大拇指用力下按打开另一个白铁皮大夹子，左手捏住耐水砂纸的另一端，拉紧绷平后塞进夹子口内，夹住耐水砂纸的另一端。

图 4-74　夹纸板夹耐水砂纸

（3）砂磨　操作人员先戴上口罩、帽子、防护眼镜等，即可用装好的夹纸板砂磨。不同部位的砂磨，如图 4-75 所示。

砂磨后用棕刷清掸浮尘，并目测检查基层，如有局部漏砂或接茬、流坠等突出部分未砂平，应进行局部砂磨直至满足施工要求。

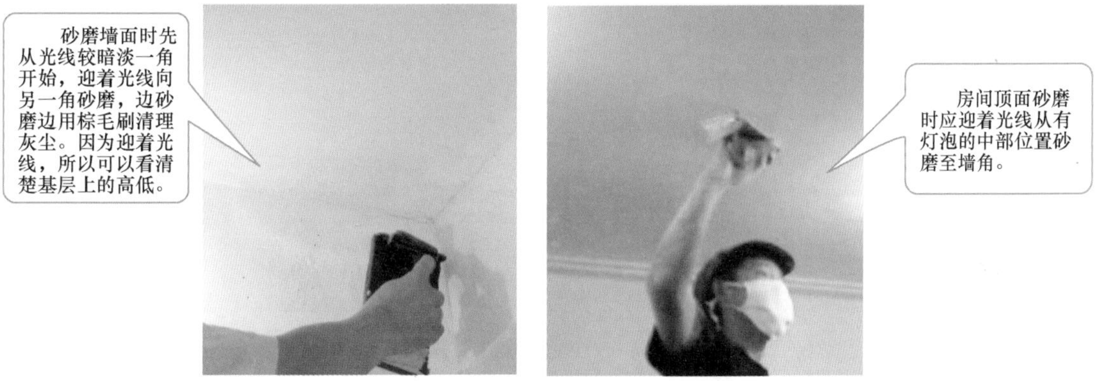

砂磨墙面时先从光线较暗淡一角开始，迎着光线向另一角砂磨，边砂磨边用棕毛刷清理灰尘。因为迎着光线，所以可以看清楚基层上的高低。
房间顶面砂磨时应迎着光线从有灯泡的中部位置砂磨至墙角。

图 4-75　夹纸板夹耐水砂纸砂磨墙顶面

2. 顶棚阴角、柱面及其阳角、墙面阴阳角

这些部位属于细部砂磨，需用手握砂纸砂磨。砂磨前将整张砂纸一裁为四，每块对折后用拇指及小指夹住两端，另外三指摊平按在砂纸上。在造型顶棚阴阳角、柱面阳角、墙面阴阳角等凹凸区和棱角处的物体表面，机动地来回打磨。砂磨时，要根据砂磨对象，利用手中的空穴和手指的伸缩随时变换砂磨。

大柱面应用夹纸板夹砂纸砂磨，方法同墙面砂磨；小柱面砂磨时，应该手握砂纸，运用手掌两块肌肉紧贴墙面以检查基层平整度，由近至远推进，砂磨时做到了磨检同步。

磨平、清理干净所有基层面后，即可刮抹第二遍腻子。

四、水泥砂浆抹灰面刮抹第二遍腻子

第二遍刮抹腻子，同样也是先刮抹细部、后刮抹大面、再刮抹细部。

1. 水泥砂浆抹灰面顶棚

水泥砂浆抹灰面顶棚的施工顺序是先刮顶棚阴角线，后刮抹大面。

（1）刮腻子前准备

1）刮抹腻子需再次检查已使用一段时间后的白炽灯、登高脚手架、各处的美纹纸裱贴情况、电动搅拌器、工具、用具等是否符合施工要求，并及时修整或更换。检查材料是否够用，要及时增补。

2）检查判断顶棚基层平整度，如果顶棚还不平整、尺寸偏差较大，则必须使用铝合金刮尺再满刮乳液石膏腻子一遍，如果顶棚抹灰基层相对平整，只需用塑料刮板（或钢抹）满刮即可。目前工地上的顶棚质量好，只需用塑料刮板（或钢抹）满刮即可。

（2）腻子的配料、比例及配制方法　同大面积抹灰墙面的第一遍用乳液滑石粉腻子。

（3）满刮腻子　具体施工方法，如图 4-76 所示。

图 4-76　平顶满刮第二遍腻子

经过上述四步的无数次重复直至完成所有平面顶棚第二遍腻子的刮抹。

2. 水泥砂浆抹灰面大面积墙面

1）刮腻子前准备。第一遍腻子砂磨后，如果基层基本达到石膏板样的平整度，就可以选择钢抹，如果基层局部还有明显的凹凸不平，则需选择塑料刮板。

2）腻子的配料、比例及配制方法同大面积抹灰墙面的第一遍用乳液滑石粉腻子。

3）满刮腻子。要求先刮抹阴角线后大面积墙面，自上而下一气呵成。具体方法如图4-77所示。

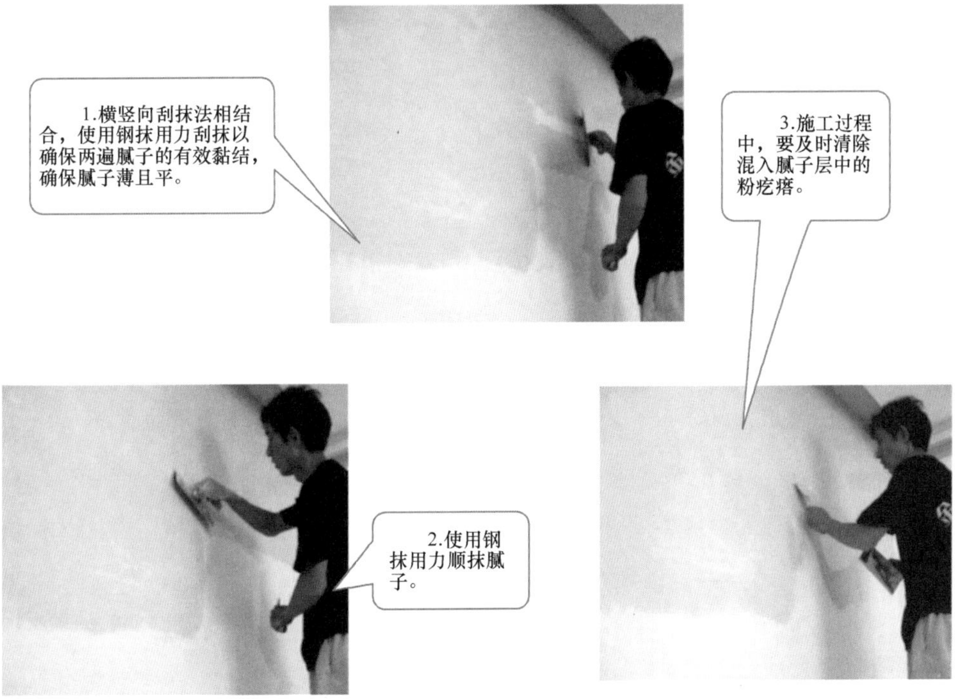

1.横竖向刮抹法相结合，使用钢抹用力刮抹以确保两遍腻子的有效黏结，确保腻子薄且平。
3.施工过程中，要及时清除混入腻子层中的粉疙瘩。
2.使用钢抹用力顺抹腻子。

图4-77　墙面满刮第二遍腻子

4）清理工具。经过多次配腻子和无数次重复刮抹、清理工具，直至完成所有墙面第二遍腻子的刮抹。

3. 柱面

先刮抹阳角、后刮抹大面。

（1）柱子阳角修整、找平　通过修整、找平柱子阳角使其垂直、方正。

1）刮腻子前准备。选用2m长边缘直顺的铝合金靠尺一根，或1.5m长表面光滑边缘直顺的干白松木条；塑料刮板和铲刀。

2）腻子的配料、比例及配制方法同石膏板嵌缝选用的石膏粉乳液腻子。

3）刮腻子。具体方法，如图4-78所示。

通过配腻子、重复图中刮抹工序、清理工具直至完成一个阳角线的修整、找平。用同样方法完成所有柱子阳角线的修整、找平。

（2）柱子大面　刮抹工序、施工方法与步骤同墙面刮抹方法。

1.在一人配制腻子的同时，另一人将靠尺贴在柱子的一条阳角线处，对齐该阳角线的最凸点，并以此为基准调整靠尺至铅垂后静止不动。
2. 将带有腻子的刮板紧贴着靠尺自上而下匀速平移刮抹两下或三下后，接着进行下一处，直至刮抹完整根靠尺。静置1min后轻轻拿开靠尺并清理干净，则柱面上就会留下较为平整的腻子层。

图 4-78　修整、找平柱面阳角

五、水泥砂浆抹灰面砂磨第二遍腻子

为确保高质量完成乳胶漆刷涂施工，要求基层必须更平整、阴阳角更顺直方正。所以，该遍腻子的砂磨应在“小太阳”灯或白炽灯的照射下进行。因为墙面、顶面上局部的凹凸不平及其阴阳角线的不顺直、方正等缺陷会在灯照下非常清楚地显现出来，此时就可以有针对性地进行打磨。具体施工步骤如下所述。

1. 砂磨前准备

除已经准备好的必要工具、用具，操作人员佩戴好口罩等防护用具外，还需准备如图 4-79、图 4-80 所示的工具和照具。砂磨块适合砂磨细小的阴角处。如图的照具适用于面积较大、层高较高的墙面砂磨，对于小面积墙面，只需左手拿着灯头使白炽灯泡朝上即可。

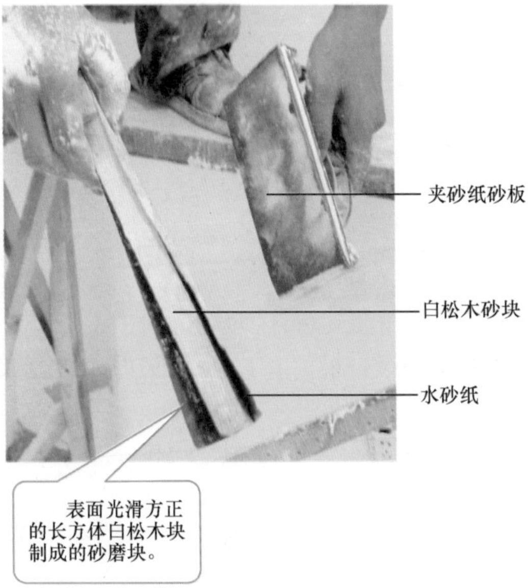

图 4-79　砂磨块

足够长的2.5mm²护套线配上螺口灯头，在灯头上悬紧200W白炽灯泡，并将其绑扎在细毛竹杆上。

图 4-80　辅以砂磨用的照具

2. 砂磨

1）顶、墙大面积砂磨。方法如图 4-81 所示。

2）墙、顶角处砂磨。方法如图 4-82 所示。

左手拿竹竿后端，右手拿夹纸砂板，边照边进行砂磨、清理。清理完，显现缺陷可继续砂磨到基本平整。
用砂磨顶面的方法，砂磨墙大面，要注意及时更换砂纸。

图 4-81　墙、顶大面处砂磨第二遍腻子

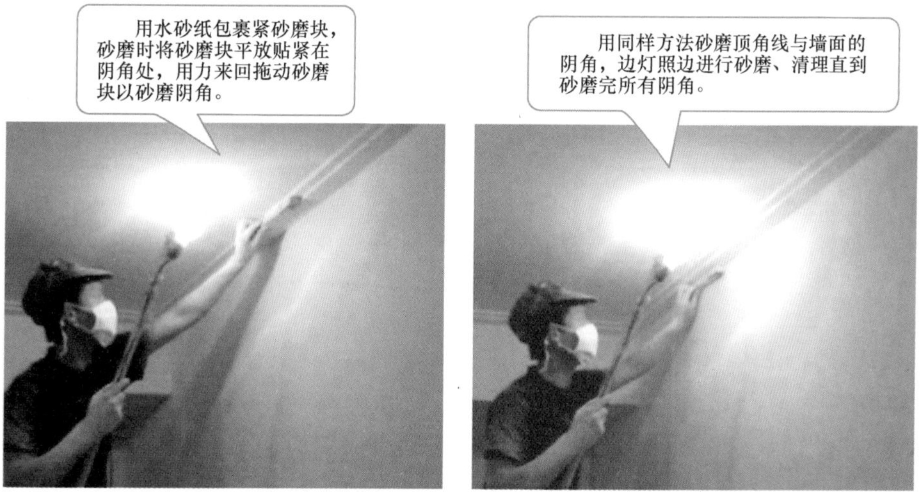

用水砂纸包裹紧砂磨块，砂磨时将砂磨块平放贴紧在阴角处，用力来回拖动砂磨块以砂磨阴角。
用同样方法砂磨顶角线与墙面的阴角，边灯照边进行砂磨、清理直到砂磨完所有阴角。

图 4-82　墙、顶角处砂磨第二遍腻子

六、水泥砂浆抹灰面局部找刮腻子、砂磨第三遍腻子

1. 第三遍局部找刮腻子

（1）顶面刮抹腻子　顶面刮抹腻子的施工工艺为刮抹前准备→腻子配制比例方法→顶面刮抹。

1）刮抹前准备。选用“小太阳”灯或 200W 白炽灯、塑料刮板、铲刀。

2）腻子配制比例、方法同第二遍腻子。

3）顶面刮抹。面积不是太大、顶棚光线比较充足的情况下，只需逆光进行第三遍局部

找平即可；当面积较大时，采用灯照施工，直至完工。

（2）墙面刮抹腻子　刮抹完顶棚，可接着刮抹墙面腻子。墙面刮抹腻子是在灯泡的平行强光照射下完成的，是选用“小太阳”灯还是200W白炽灯，要根据基层情况来定。

长5m左右、面积不大的墙面，在刮腻子前，可先将“小太阳”灯立在即将刮腻子的墙面一端，或左手拿200W白炽灯，且让灯泡尽可能远离自己但要侧照在墙面上。这时被照射的墙面上会很明显、很清晰地显现出局部的凹凸不平。因此，只要在阴影处适当加厚腻子层即可完成修补、找平刮腻子的工作，但要以1mm以内为宜，不可过厚。若此时的墙面还存在阴影，则等待第四遍刮腻子来解决。直至在灯光照射下墙面上不存在阴影为止。

很长、很高且面积大的墙面，“小太阳”灯发出的光线不可能照全整个墙面。因此，应在第三遍刮腻子前，用左手拿照具，边照边进行修补、找平刮腻子，如图4-81所示。直至灯光照射下墙面上不存在阴影即可。

（3）阴、阳角处刮腻子　阴、阳角处刮腻子是使阴、阳角更加顺直、方正的一道工序。

1）墙面阳角处刮腻子的施工方法及步骤如下：

① 刮抹前准备。除刮抹腻子必备的工具、用具外，还要选用小钢片刮板、铲刀灯工具。

② 腻子配料、比例及配制方法。用901胶∶石膏粉＝1∶2.5的配合比，将其拌和成石膏乳液腻子，配制方法与步骤见嵌缝腻子的配制。

③ 刮抹腻子。方法如图4-83所示。

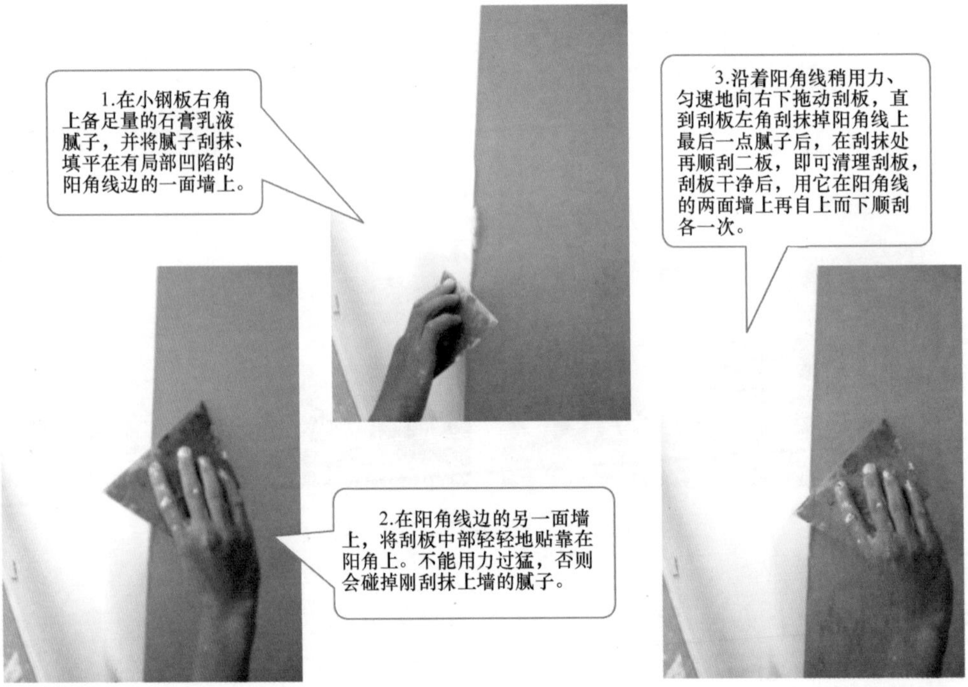

图4-83　墙面阳角刮抹第三遍腻子

如果此时的阳角还不垂直、方正，必须重复上述操作，直至达到目的。

通过上述的刮抹、修整，使原本不垂直、方正的阳角变得垂直、方正了。施工前后的对比，如图4-84所示。

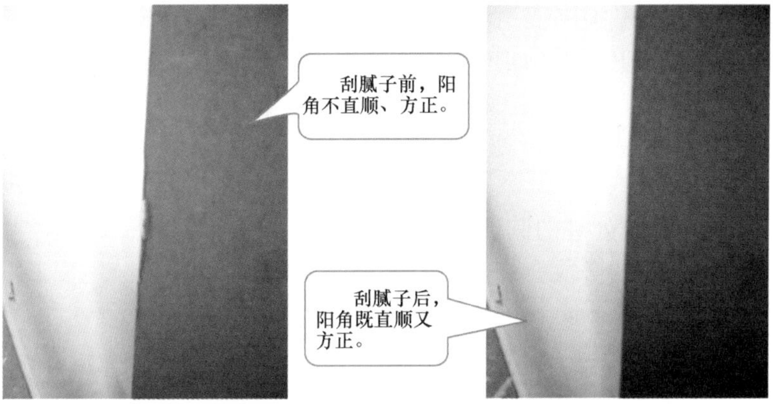

图 4-84　墙面阳角刮抹第三遍腻子前后比较

2）墙面阴角处刮腻子。使用小钢片刮板在有缺陷的地方进行局部刮抹，即哪里有缺陷就刮抹哪里，直至阴角垂直、方正。钢片刮腻子参见本项目用塑料刮板刮抹阴角腻子的方法。

用上述方法完成其他墙面、柱面、顶棚阴、阳角的第三遍刮腻子，直至施工结束。

2. 第三遍局部腻子砂磨

只要辅于灯光用 800 号砂纸轻轻砂磨局部腻子至平整光洁即可，如图 4-85 所示。为确保涂料施工时不被污染，要用刷子除尘干净。

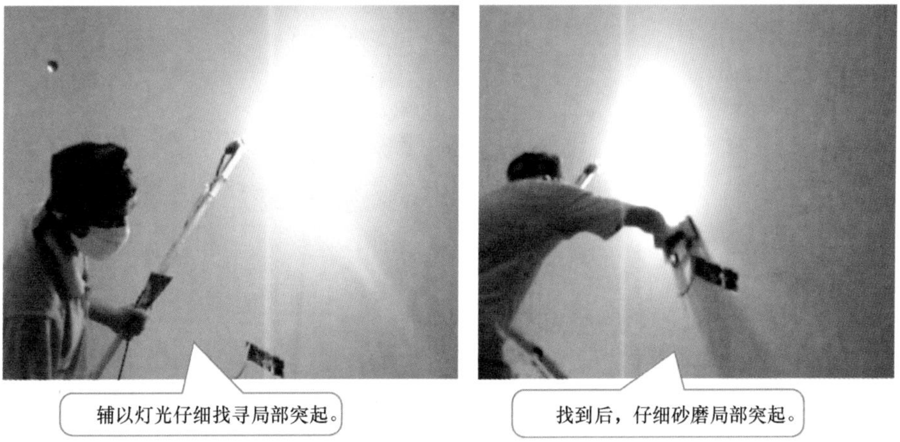

图 4-85　砂磨第三遍腻子

七、石膏板基层满刮腻子

目前，很多室内装修既有水泥砂浆抹灰顶棚，又会有石膏板顶棚。在施工过程中，两者既有相同之处又有不同之处，下面介绍石膏板顶棚满刮腻子的施工方法与步骤。

1. 刮腻子前准备

1）石膏板材基层表面较平整、墙角也较为垂直方正，刮腻子只要用塑料刮板、刚抹与铲刀配合刮抹找平施工即可满足质量要求，但修整阴角线时要选用塑料刮板和铲刀；造型大面刮抹选择钢抹和铲刀。

2）基层再清理、处理的过程如下：

① 检查黑自攻螺丝有无脱落或突出石膏板面的钉子，并将其敲进去后进行防锈处理，如图 4-86 所示。

图 4-86　检查石膏板时敲击外露钉

② 检查已经进行防锈处理的其他钉眼，并做出正确判定，需要重新防锈的必须重做。

③ 检查绷缝处理是否全部合格，一旦有纸带起泡、脱落等现象，须揭撕下来重新绷缝处理。

2. 腻子配料、比例与配制方法

腻子配料、比例与配制方法同大面积抹灰墙面的第一遍用乳液滑石粉腻子。

3. 刮抹腻子

第一遍满刮腻子的方法如图 4-87 所示。刮腻子之前用砂纸砂平再处理的防锈漆或防锈腻子的流坠、疙瘩等，但不能砂磨透防锈漆膜而露出铁钉。满刮腻子时，要薄刮以遮住防锈漆为宜，并初步找平。

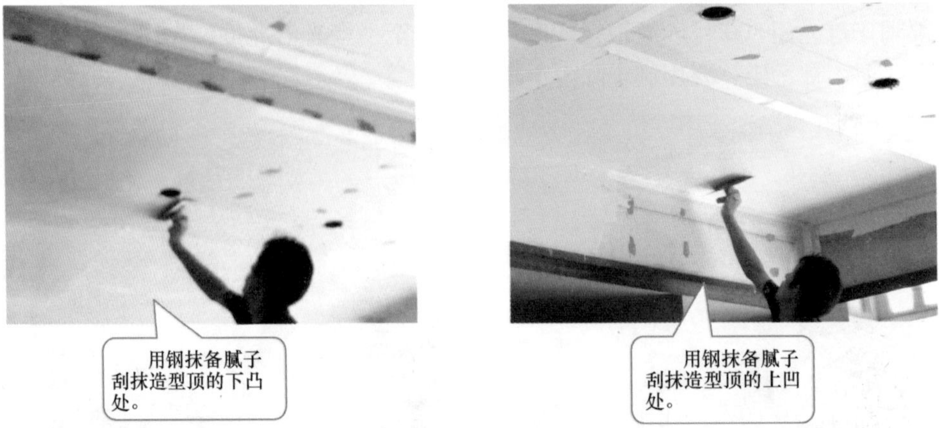

用钢抹备腻子刮抹造型顶的下凸处。
用钢抹备腻子刮抹造型顶的上凹处。

图 4-87　石膏板造型顶棚满刮第一遍腻子

4. 第一遍腻子砂磨

详见本项目水泥砂浆顶面砂磨。

5. 第二遍刮抹腻子

（1）弹施工水平基准线　施工前在紧靠顶棚下沿的墙面上，弹出一条基线并以此为基准刮抹腻子，保证顶棚较为平整，符合施工质量要求。方法如下：

1）弹线盒装色粉，方法如图 4-88 所示。

2）弹水平线。由于石膏板顶棚是找水平施工的，因此基层相对较平整，弹水平线方法如图 4-89 所示。用同样方法在墙上弹出其他水平线。

这种方法适用于小面积、短距离的基层。对于大面积顶棚，必须使用激光水平仪等高精度仪器来测定其施工的水平线。

3）刮腻子，方法如图 4-90 所示。

4）清理工具。

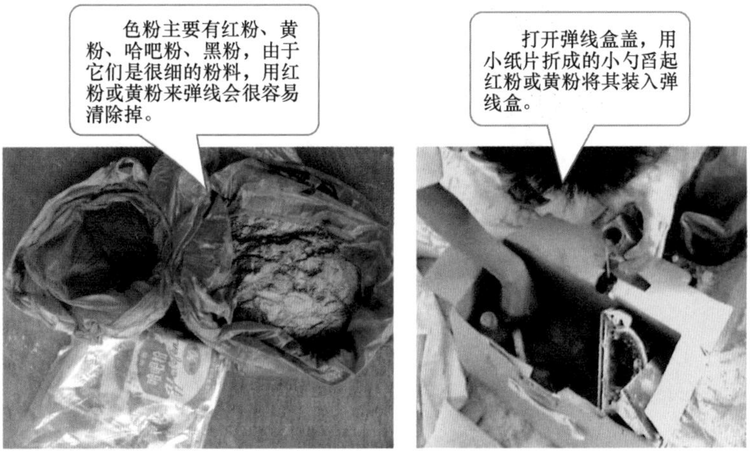

色粉主要有红粉、黄粉、哈吧粉、黑粉，由于它们是很细的粉料，用红粉或黄粉来弹线会很容易清除掉。
打开弹线盒盖，用小纸片折成的小勺舀起红粉或黄粉将其装入弹线盒。

图 4-88　弹线盒装色粉

1.一人手拿色线在一个顶角尽可能紧贴顶角线，另一人在墙的另一个顶角处将粉线紧贴顶角线。绷平粉线检查顶角线直顺度、顶棚水平度。施工经验表明，粉线应靠紧在顶角线向下1～2的位置上。
2.绷平粉线后，一人用拇指和食指捏住粉线轻轻拉起并猛地松开粉线，这样就在墙上弹出一条粉线，即刮抹顶棚的施工水平基准线。
石膏板顶棚
弹出后的粉线

图 4-89　弹施工水平线

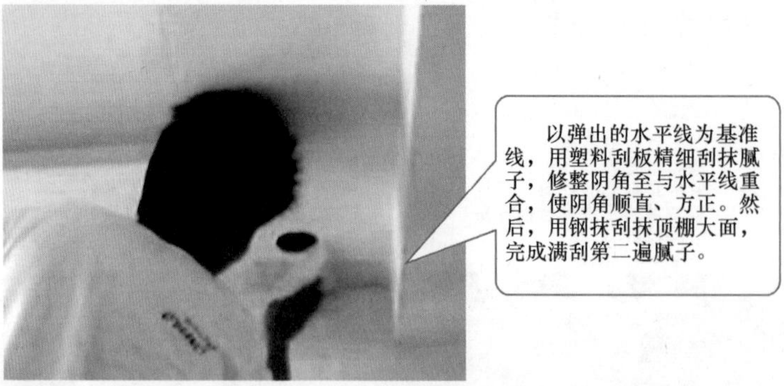

以弹出的水平线为基准线，用塑料刮板精细刮抹腻子，修整阴角至与水平线重合，使阴角顺直、方正。然后，用钢抹刮抹顶棚大面，完成满刮第二遍腻子。

图 4-90　弹线后从阴角修整开始刮抹第二遍腻子

6. 第二遍腻子砂磨

方法同水泥砂浆抹灰面顶棚第二遍腻子砂磨。

由于石膏板基层较为平整，一般只需刮抹、砂磨两遍腻子即可满足施工质量要求。砂磨后刷子除尘，等待施涂乳胶漆。

典型工作过程六　乳胶漆刷涂施工

腻子层达到施涂乳胶漆施工要求后，即可进行乳胶漆的刷涂施工。

一、白色乳胶漆刷涂施工（墙、顶、柱面、构造收口处）

1. 施工前乳胶漆质量再检验、内墙基层再检查等

（1）乳胶漆质量再检验　施工前，还需打开容器检验其质量，可以用下列方法：

1）打开容器，用一根洁净木辊搅拌乳胶漆以鉴别其质量，搅拌后观察是否均匀，有无沉淀、结块和絮凝的现象，若有以上现象，即为质量不合格。

2）通过直接观察乳胶漆的外观来鉴别涂料黏稠度，如看到涂料出现胶状体或结块的现象，表明可能出现增稠现象，需要稀释才能使用。

（2）内墙基层复查　在涂饰之前，还必须对基层等进行认真复查，确认是否符合乳胶漆施工的要求。包括以下内容：

1）检查基层是否有潮湿与结霜发霉现象。墙面潮湿和结霜发霉是影响涂料涂饰质量的首要因素。如有发霉现象，应采用稀释的防霉剂冲洗。

2）检查基层是否有丝状裂缝。由于水泥砂浆基层的干燥收缩，裂缝仍然会在干燥的腻子层面上出现，若高级平滑施工或此类裂缝较为严重，必须再次补腻子及打磨平整。

一定要先刷聚脂漆并保持通风三天后，再刷乳胶漆，否则乳胶漆易变黄。

2. 乳胶漆配料

1）乳胶漆使用前，须进行充分搅拌均匀，使用过程中也需不断搅拌乳胶漆，以防止其出现厚薄不均、填料结块、色泽不一致的情况。

2）黏度偏大时，可适量加入自来水稀释，但每桶的加水量要一致，否则会造成遮盖力的差异。除合成树脂乳液砂壁状涂料严禁加水外，其他可用自来水稀释新购涂料，也可用配套稀释液稀释。一般可加漆量的 20% ~30%，但要根据涂料的稀稠度以适量为主。

3）当乳胶漆出现稠度过大或因存放时间较久而呈“增稠”现象时，可通过搅拌降低稠度使其成流体状再使用；也可掺入不超过 80% 的专用稀释剂，同时参照其的使用说明。特别是有色彩的配料更需一次配足。

总之，以刷涂自如为准。黏度太小容易流淌，同时降低乳胶漆的遮盖力；黏度太大刷涂费力，且漆膜过厚，在干燥过程中容易起皱且费时。使用新漆刷乳胶漆时要稀些；毛刷用短后，乳胶漆可稍稠些。

3. 施涂第一遍乳胶漆

（1）在无造型平整墙面上刷涂　对于无造型平整墙面，刷涂时应遵循“先上后下、先左后右、先难后易、先线脚后大面、先阳台后墙面”的施涂原则。刷涂面积较大墙面时，为取得均匀一致的效果，应先上后下再左右，先刷线脚等难施工的地方，再涂刷大面。整个墙面的刷涂运笔方向和行程长短均应一致，接茬最好在分格处。常采用刮板刮压配合滚涂、刷涂施工，乳胶漆可稍稠些。

施涂方法、步骤如下：

1）新羊毛刷在使用前必须再处理：将毛刷在手掌和竖起的手指上来回刷几次后，再用手指来回拨动笔毛，使未粘牢的羊毛掉出，并拽出未完全脱落的羊毛，如图 4-26 所示。

2）使用前，应按如图 4-91 所示的方法处理刮板。

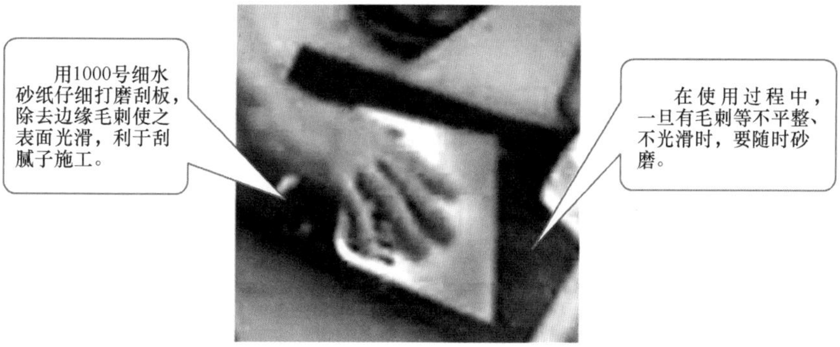

用1000号细水砂纸仔细打磨刮板，除去边缘毛刺使之表面光滑，利于刮腻子施工。
在使用过程中，一旦有毛刺等不平整、不光滑时，要随时砂磨。

图 4-91　砂磨塑料刮板

3）正确握刷。第一遍面漆，先用排笔刷涂，接着进行刮涂施工。涂刷前应掌握手握羊毛刷的方法，正确握刷，如图 4-92 所示。

4）施涂。刷涂时，应先涂刷不易被见到的墙角或门后等部位，并随时捏掉涂在墙面上的毛发。因为用处理后的新羊毛刷涂刷时，仍然会出现少量掉毛现象。等刷到不再掉毛时，再刷易见部位或墙的大面、重要部位等。

① 蘸料。左手拿装有乳胶漆的料桶，右手握羊毛刷，采用如图 4-92 所示的第二种握刷法蘸乳胶漆。羊毛刷伸入料筒时，则要把大拇指略松开一些，蘸足乳胶漆后捏紧羊毛刷手柄将其提出并在容器边轻轻地拍两下，使乳胶漆液集中在笔毛头部，并轻微垂直向下抖动两三下，使多余的乳胶漆滴回料筒中。

② 施涂。先刷涂，接着进行刮涂。方法如图 4-93 所示。刷涂时要求饰面平整；刮涂的目的是使乳胶漆有效黏结在腻子层上，确保涂层均匀、光滑。

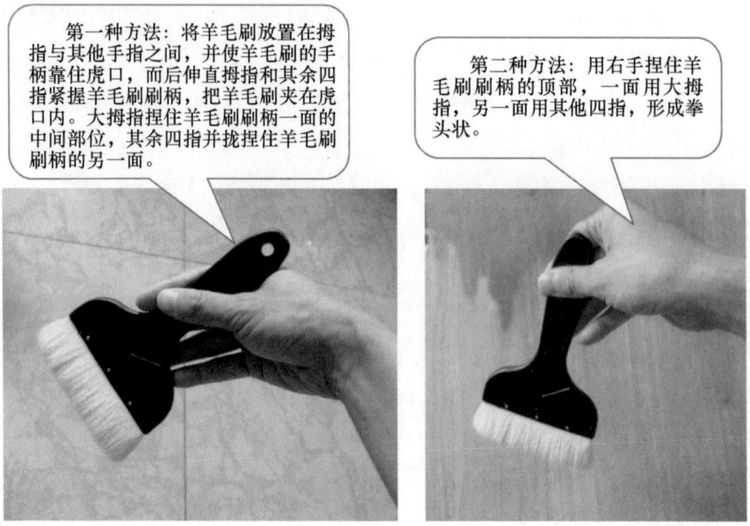

第一种方法：将羊毛刷放置在拇指与其他手指之间，并使羊毛刷的手柄靠住虎口，而后伸直拇指和其余四指紧握羊毛刷刷柄，把羊毛刷夹在虎口内。大拇指捏住羊毛刷刷柄一面的中间部位，其余四指并拢捏住羊毛刷刷柄的另一面。
第二种方法：用右手捏住羊毛刷刷柄的顶部，一面用大拇指，另一面用其他四指，形成拳头状。

图 4-92　羊毛刷的正确握刷法

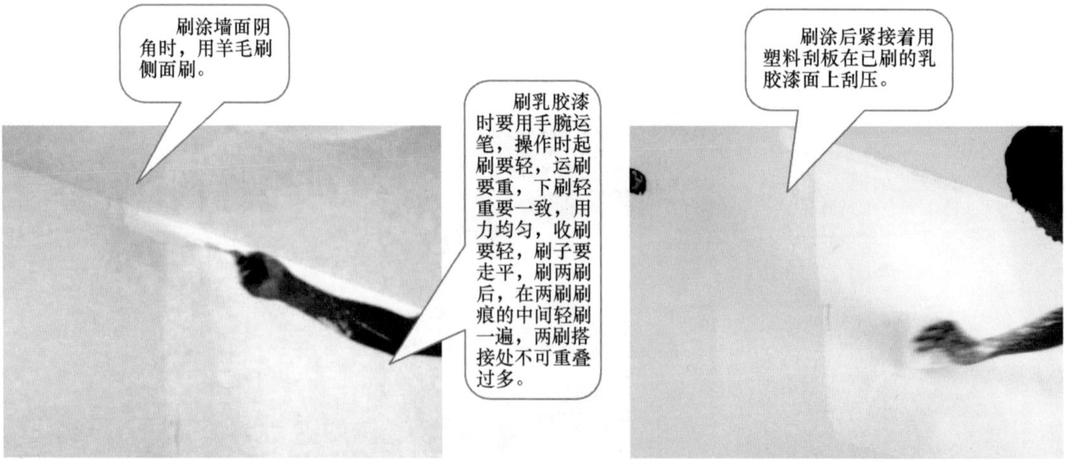

刷涂墙面阴角时，用羊毛刷侧面刷。
刷乳胶漆时要用手腕运笔，操作时起刷要轻，运刷要重，下刷轻重要一致，用力均匀，收刷要轻，刷子要走平，刷两刷后，在两刷刷痕的中间轻刷一遍，两刷搭接处不可重叠过多。
刷涂后紧接着用塑料刮板在已刷的乳胶漆面上刮压。

图 4-93　平整墙面上施涂乳胶漆

运用上述方法一片一片地刷涂和刮涂施工，直至完成任务。

（2）在既有一般造型面又有平整大面的墙面上刷涂　一般情况下，对既有一般造型面又有平整大面的墙面刷涂，应本着先刷涂造型处，后刷涂平整大面的大原则。造型处应自上而下刷涂，即先刷涂造型处上部平整墙面乳胶漆，当刷涂到有造型的墙面时，先从造型处施涂，再向造型处旁边墙面施涂。

施涂一般造型墙面时，造型处采用滚涂和刷涂配合施工，造型处旁边墙面采用滚（刷）涂和刮压配合施工，乳胶漆可稍稠些。

1）清扫基层。用棕毛刷再次清扫一遍造型处的大面与缝隙深处，不要漏扫任何部位，方法如图 4-94 所示。

2）造型处上部平整墙面。平整墙面的施涂，如图 4-93 所示。

3）造型处墙面、阴阳角等。一般采用先滚涂再刷涂的施工方法。

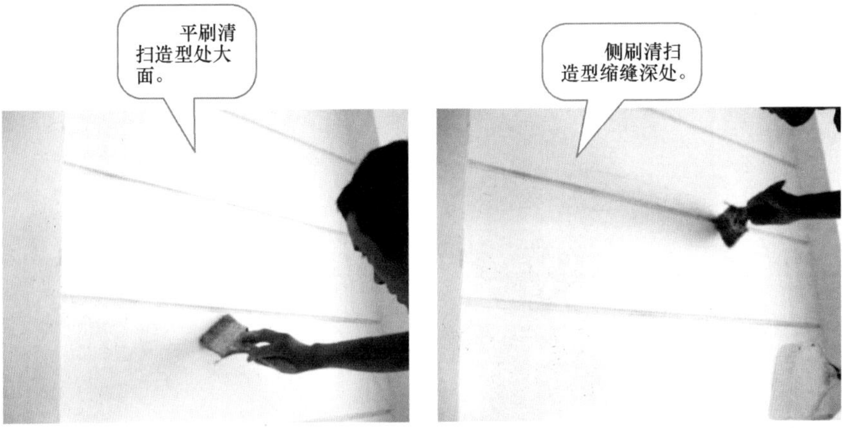

图 4-94 清扫墙面造型处

滚涂时，用辊筒蘸足乳胶漆在造型处大面上滚涂的步骤与方法，如图 4-95 所示。这样，可以使乳胶漆比较均匀的涂布在基层上。但千万不可以在一个地方多次来回滚涂，否则会出现咬底现象。

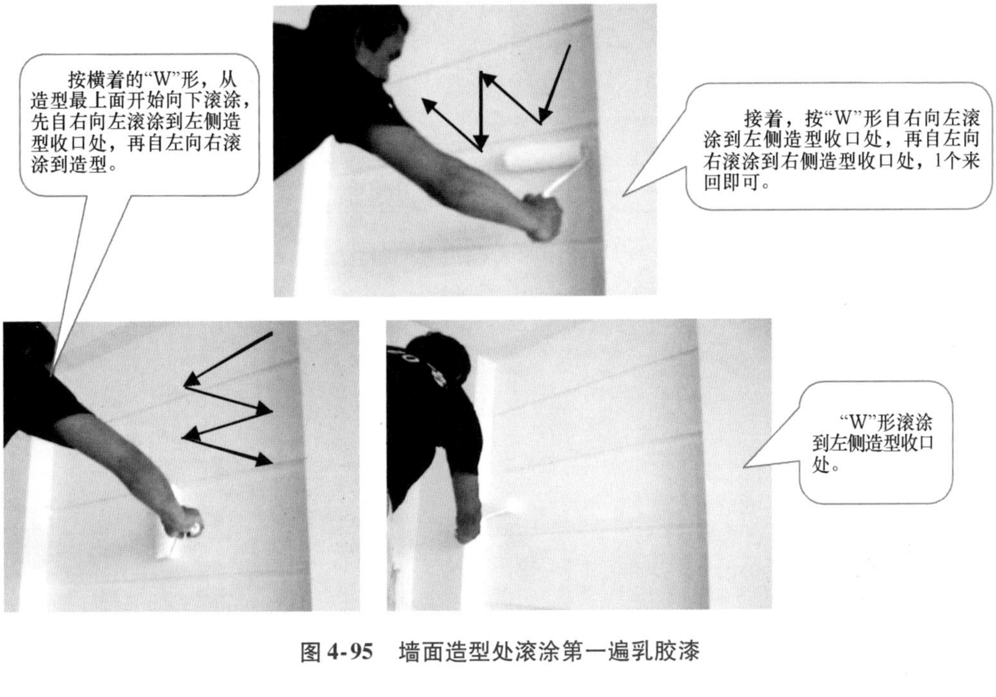

图 4-95 墙面造型处滚涂第一遍乳胶漆

刷涂时，应本着“自上而下、从左向右、先刷阴角再刷大面、边刷大面边侧刷缩缝”的刷涂原则，具体方法与步骤，如图 4-96 所示。

重复上述工序，完成造型墙面第一遍乳胶漆的施涂。

4）滚涂和刮涂配合施工造型处旁边墙面。采用滚涂和刮涂配合施工，施工方法如图 4-97 所示。

5）工具的清洗与养护。

1. 左手拎料桶，右手拿羊毛刷，将羊毛刷蘸足乳胶漆。
2.在未滚涂到的顶侧面用羊毛刷正刷，并刷涂均匀。
3. 在未滚涂到的阴角线用羊毛刷侧刷，并刷涂均匀。
4.侧刷缩缝深处，将滚涂时积留在缝隙深处的乳胶漆蘸干、刷匀。最后，刷匀大面。

图 4-96　墙面造型处刷涂第一遍乳胶漆

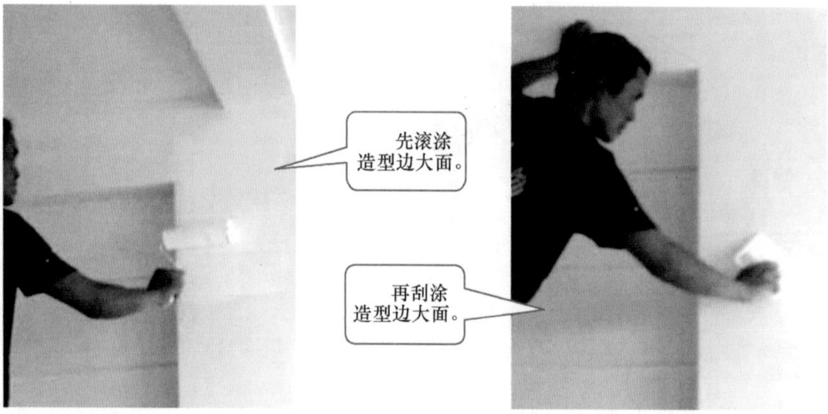

先滚涂造型边大面。
再刮涂造型边大面。

图 4-97　造型处边墙面施涂第一遍乳胶漆

① 羊毛刷的清洗与养护。若第二天继续施工，应在当天施工完后，用水冲洗干净，甩干捋平刷毛，平放阴干即可，不应长期将羊毛刷浸在水中或乳胶漆内，否则会破坏毛刷；另一方法是将刷毛中的余料挤出，在溶剂中清洗两三次，将刷子悬挂在盛有溶剂或水的密封容器里，将刷毛全部浸在液面以下，但不要接触容器底部，以免变形。若长期不用，必须彻底

洗净，晾干后用油纸包好，保存于干燥处。

② 辊筒、容器的清洗与养护。若第二天继续施工，清洗与养护的方法如图 4-98 所示；另一方法是将滚筒绒毛中的余料挤出，在溶剂中清洗两三次，甩干溶剂后将其挂在空桶中盖好桶盖。容器也不必清洗，只要用干净的塑料薄膜遮盖严实即可。当一项工程完工后，必须彻底洗净辊筒，特别要注意将其绒毛深处的乳胶漆清洗干净，否则会使绒毛板结，导致滚筒报废。清洗方法如图 4-99 所示。

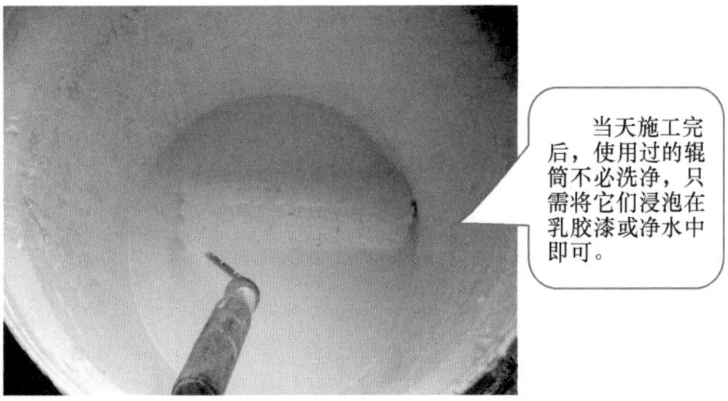

当天施工完后，使用过的辊筒不必洗净，只需将它们浸泡在乳胶漆或净水中即可。

图 4-98　第二天接着施工时滚筒的保存

首先，直接在水龙头下冲洗滚筒。
接着，边用手揉搓绒毛根部边冲洗滚筒。

图 4-99　一项工程施工结束时滚筒的清洗

滚筒清洗完毕后甩干筒套，或悬挂起来晾干，以免绒毛变形。干燥后把筒套的绒毛弄松，以免存放时绒毛互相缠结。存放时用牛皮纸将筒套包裹起来，牛皮纸要比筒套稍宽，将多余部分塞到筒套里。也可用塑料布包裹，但要打孔使空气流通，以防发霉。筒套应直立存放，否则绒毛会压出痕迹。滚筒应在干燥的条件下存放，羊毛滚筒要注意防虫蛀；合成纤维或塑料的滚筒要注意防老化。

（3）施涂有复杂造型墙面　参照一般造型墙面的施涂方法进行施涂，但造型细部只能用羊毛刷仔细地刷涂。

4. 砂磨第一遍乳胶漆

为保证第一遍乳胶漆表面的光洁、平整，为更好地涂刷面漆提供条件，一般情况下，施工温度在 25℃时 3h 后或 10℃时 8h 后，即可用 800 号以上细水砂纸打磨底漆，潮湿、低温天气要隔天打磨。打磨时不要使用打磨器，以手工轻握轻擦砂平刷痕，否则会砂破漆膜，影响质量。所以，要认真仔细地打磨，且不要有漏磨的地方。打磨方法同“顶棚阴阳角、柱面阳角、墙面阴阳角处砂磨”。阴角、缩缝处砂磨时，应将砂纸对折后将折痕处深入缝隙内仔细地轻轻砂磨。磨平后用刷子和除尘布擦拭干净。

5. 局部修补腻子

砂磨第一遍乳胶漆过程中，在一些拐角处会发现一些细小的缺陷或砂磨露腻子层，这时需要用腻子进行局部修补，如图 4-100 所示。

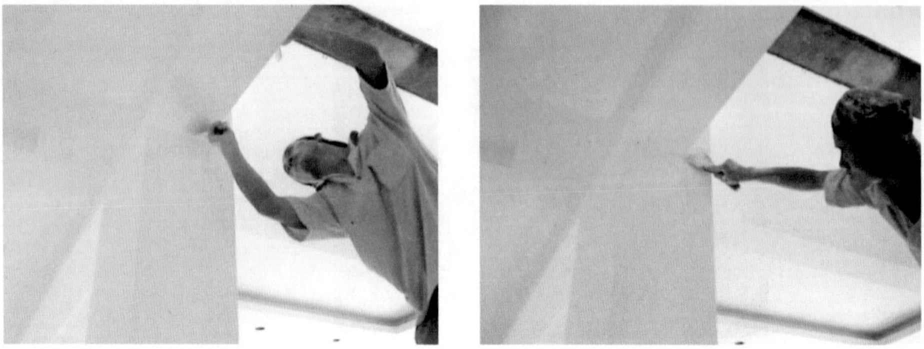

图 4-100　砂磨第一遍乳胶漆后局部修补腻子

6. 施涂第二遍乳胶漆

施涂第二遍的乳胶漆可稍稀些，以保持良好的流平度，若乳胶漆过稠会在刷涂后的面层上留下明显的刷痕，过稀则会形成面层上的流坠。

施涂平整墙面。采用辊筒和羊毛刷配合施工，方法如图 4-101 所示。

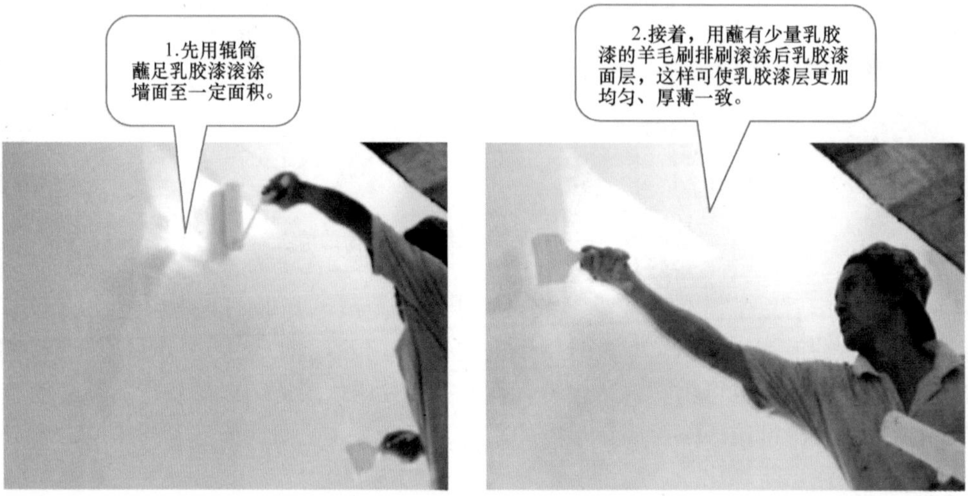

图 4-101　墙面施涂第二遍乳胶漆

施涂有造型墙面。施涂方法同施涂有造型墙面第一遍乳胶漆。

7. 砂磨第二遍乳胶漆

第二遍乳胶漆干燥后，用 1000 号细水砂纸仔细打磨第二遍乳胶漆，不能磨露腻子层。磨平、磨光滑后用除尘布擦拭干净乳胶漆面层。

8. 施涂第三遍乳胶漆

施涂墙面用第三遍乳胶漆可稍稀些，应用质量好的羊毛刷仔细排刷（注意不要留下明显刷痕），完成所有墙面刷涂。

二、彩色乳胶漆刷涂施工

施涂彩色乳胶漆的方法及工具使用和维护与白色乳胶漆的基本相同，不同的是基层腻子、乳胶漆质量优劣的鉴别和配制方法。

1. 基层腻子

使用白水泥乳液腻子或高档乳胶漆配备专用内墙补土。其配料及配合比例详见本项目典型工作过程五。

2. 彩色乳胶漆质量优劣的鉴别

除选购有质量保证书的产品外，还要在施工前打开料桶后再次鉴别其质量。

（1）一看水溶　彩色乳胶漆在经过一段时间的储存后，其中的花纹粒子会下沉，上面会有保护胶水溶液。这层保护胶水溶液，一般约占多彩涂料总量的1/4左右。凡质量好的彩色乳胶漆，保护胶水溶液呈无色或微黄色且较清晰；质量差的彩色乳胶漆，保护胶水溶液呈混浊状，明显地呈现与花纹彩粒同样的颜色，其主要问题不是彩色乳胶漆的稳定性差，就是储存期已过，不宜再使用。

（2）二看漂浮物　凡质量好的彩色乳胶漆，在保护胶水溶液的表面，通常是没有漂浮物的，即使有极少的彩粒漂浮物，也属正常；若漂浮物数量多，彩粒布满保护胶水溶液的表面，甚至有一定厚度，就属不正常，表明这种彩色乳胶漆质量差。

3. 配制的比例及方法

彩色乳胶漆，如稠度较大，应根据施工说明加水或用专用稀释剂稀释，一般加水量为涂料的0～10%，每桶加水量要一致；在使用前要充分摇动容器，使其充分混合均匀，然后打开容器，用木棍充分搅拌。注意不可使用电动搅拌器，以免破坏多彩颗粒。

典型工作过程七　乳胶漆刷涂饰面质量缺陷、整修、验收标准

乳胶漆施工完，业主验收前，施工人员需要按乳胶漆刷涂饰面质量验收标准检查饰面是否有缺陷，并进行交付前必要的整修。

一、乳胶漆刷涂饰面常见质量缺陷与整修

1. 涂层表面起皮

1）特征：如图4-102所示。

2）涂层表面起皮原因。

① 基层太光滑或不洁净，有油污、尘土或隔离剂未清除干净，或涂刷了互不相容的底油、底胶等，使乳胶漆附着不牢固。

② 涂层刷得较厚；乳胶漆胶黏力又低。

③ 腻子黏结强度不够，涂层胶性又大，形成外坚里松的现象，涂膜在温差或潮湿不均情况下，表层开裂而起皮。

3）预防措施与缺陷整修。

① 施工前，如基层太光滑，为了增加其附着力，可用粗砂纸打磨细小刷痕，然后清理干净；如有油污或隔离剂等，应用合适溶剂或5%～10%烧碱溶液涂刷一两遍，再用清水冲洗净；如若刷底漆或底胶，需要选择相配套的且材料性能必须与其相容；根据不同基层选用不同腻子，要求腻子与乳胶漆黏结强度能相互适应，不得使两者形成外坚里松的现象。

② 施工时，注意涂层不宜过厚。

③ 施工后，如出现涂层表面起皮的缺陷，应分析其产生原因，铲除脱皮及腻子，并进行必要的修补、砂磨后，再重新刷涂整面墙。

2. 刷涂涂层流坠

1）特征：如图4-103所示。

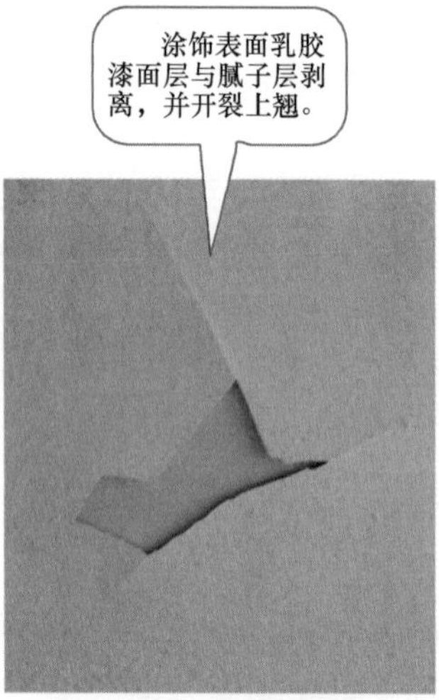

涂饰表面乳胶漆面层与腻子层剥离，并开裂上翘。

图4-102　涂层表面起皮

在被涂面上、阴角处或线脚的凹槽处的墙面上，有类似泪痕、泪珠状的突起物。

图4-103　流坠面层

2）刷涂涂层流坠原因。

① 基层或刷涂层面潮湿，难以吸附材料。

② 刷涂层厚薄不均。

③ 乳胶漆太稀。

3）预防措施与缺陷整修。

① 施工前，按施工要求对基层、腻子层进行检查，并保证其完全干燥后，遵照施工说明，按正确比例加水调配乳胶漆，并保证乳胶漆的稠度适中。

② 施工时，用刷力度要均匀，防止刷涂层厚薄不均，并时刻搅拌稀释后的乳胶漆以防止乳胶漆出现沉积而导致上下层稠度不一致。

③ 施工后，如出现流坠现象，应轻轻地铲平流坠，并用细砂纸进行打磨平整后，再重新刷涂一遍整面墙。

3. 涂膜干裂

1）特征：如图 4-104 所示。

2）涂膜干裂原因。

① 涂膜硬度过高，柔韧性较差。

② 涂膜质量不好，其中催干剂或挥发性物质过多，使涂膜干燥或影响成膜的结合力。

③ 涂层过厚，未干透。

④ 受大风吹袭或有害气体侵蚀（二氧化硫、氨气等）。

3）预防措施与缺陷整修。

① 施工前，选择质量有保证的乳胶漆。

② 施工时，每遍涂层不应过厚且厚薄均匀；大风时不应施工；室内施工时，如遇穿堂风应关闭门和窗户（溶剂性乳胶漆施工时应通风）；避免有害气体侵蚀。

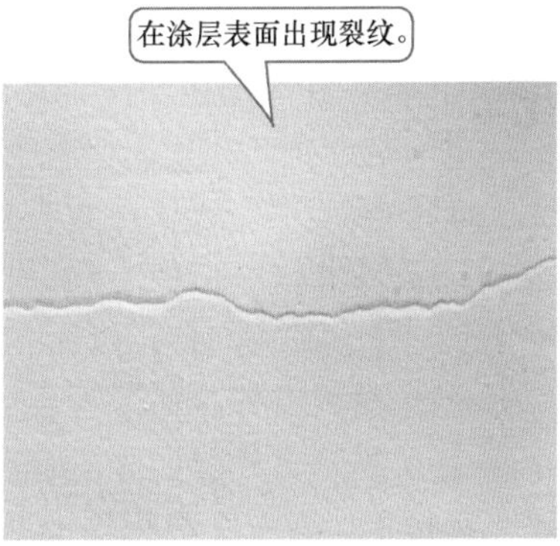

图 4-104　涂膜干裂面层

③ 施工后，如出现涂膜干裂，应铲除乳胶漆，重新按施工规范进行涂饰施工。

4. 乳胶漆表面咬底

1）特征：如图 4-105 所示。

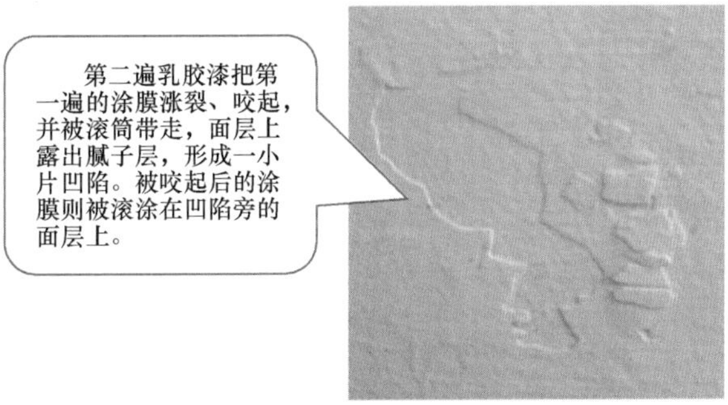

图 4-105　咬底面层

2）原因。

① 腻子层粉料过多、胶水少，黏性不够，一旦乳胶漆黏性偏大，就会造成涂层咬底。

② 第一遍乳胶漆未完全干透就滚涂第二遍，当辊筒滚过该处时会被粘起至辊筒上，形成咬底缺陷。

③ 反复滚涂一个地方，由于滚涂次数过多、时间过长造成底层乳胶漆湿润，再次滚过时会带走被浸湿的底层乳胶漆而形成咬底。

3）预防措施与缺陷整修。

① 施工前，按正确比例配制腻子，保证腻子有足够的黏结强度；充分搅拌乳胶漆至适当稠度（不稠不稀）。

② 施工时，要确保滚涂第二遍乳胶漆前第一遍已完全干透；不能反复滚涂一个地方、滚涂时间不能过长。

③ 施工后，如出现咬底，应局部铲除咬底处及周围松散处后，继续施涂第一遍乳胶漆

至墙面，待第一遍干透后，在咬底处按质量要求进行修补腻子与涂层齐平、咬合，待干燥磨平后施涂第二遍乳胶漆。

5. 饰面表面色泽不均匀或有接茬出现

1）特征：在涂层表面出现颜色、光泽不一或接茬刷痕明显的情况。

2）原因。

① 基层干湿不一致，导致吸附乳胶漆不匀，或受气候影响。

② 乳胶漆非同一厂家、同一批号产品，质量不一；施工时乳胶漆未再搅拌均匀，稠度不稳定。

③ 基层材料差异。如混凝土或砂浆龄期相差悬殊，湿度、碱度有明显差异。

④ 基层处理差异。如光滑程度不一，有明显接茬、光面、麻面等差异，涂刷乳胶漆后，由于光影作用，看上去显得墙面颜色深浅不均。

⑤ 施工接茬未留在分格缝或阴阳角处，造成颜色深浅不一致的现象。

⑥ 由于脚手架等遮挡、视线不良或反光造成操作困难而影响质量。

3）预防措施与缺陷整修。

① 施工前，检查基层，要保证干湿一致，若局部基层面不干又急于施涂时，必须采取热风吹干措施，使整个基层面干燥程度基本一致，再涂刷一道底胶封闭基层表面，使吸附乳胶漆的能力及条件一致；处理基层，要保证光滑程度一致，无明显接茬等；要保证基层材料湿度、碱度无明显差异；选用同一厂家、同一品种、同一批号的乳胶漆。

② 施工时，要选择较好的天气和环境施工；要经常对乳胶漆进行搅拌，保持乳胶漆稠度一致；如乳胶漆需进行稀释、掺其他物料，或采用双组分乳胶漆等需要在现场调配，必须准确按配合比进行称重和搅拌均匀，并按乳胶漆表干时间内正常用量一次配足，尽量减少调配次数；脚手架或其他物体影响施涂光线或视觉时，应改善施涂操作环境后再施工。

③ 施工后，如出现色泽不均匀，应判断造成的原因，并进行必要的清理修补后，选用同一厂家、同一品种、同一批号乳胶漆，重新施涂满墙面一遍或两遍，直至满意为止。

二、乳胶漆刷涂饰面质量自检标准与方法

1. 乳胶漆工程完工后质量自检标准

自检要符合施工验收规范《建筑装饰装修工程质量验收规范》（GB 50210—2001）的规定。

1）各分项工程的检验刮检查数量应按下列规定划分：室内乳胶漆工程同类乳胶漆涂饰的墙面每50间（大面积房间和走廊按涂饰面积30m^{2}为一间）应划分为一个检验批，不足50间也应划分为一个检验批；室内涂饰工程每个检验刮应至少抽查10%，并不得少于三间，不足三间时应全数检查。

2）涂饰工程应在涂层养护期满后进行质量验收。

3）水性乳胶漆涂饰工程所用乳胶漆的品种、型号和性能应符合设计要求。检验方法：检查产品合格证书、性能检测报告和进场验收纪录。

4）水性乳胶漆涂饰工程的颜色、图案应符合设计要求。检验方法：观察。

5）水性乳胶漆涂饰工程应涂饰均匀、黏结牢固，不得漏涂、透底、起皮和掉粉。检验方法：观察；手摸检查。

6）涂层与其他装修材料和设备衔接处应吻合，界面应清晰。检验方法：观察。

2. 一般涂饰工程项目等级质量标准和检验方法

要自检装饰面层是合格还是优良，就需要熟知项目等级的质量标准和检验方法，见表4-1。

表4-1　一般涂饰工程项目等级质量标准和检验方法

保证项目	质量标准						检验方法
	一般涂饰工程严禁掉粉、起皮、漏刷和透底						
基本项目	项次	项目	等级	普通	中级	高级	观察或用手轻触检查
	一	反碱咬色	合格	有少量，不超过五处	有轻微少量，不超过三处	明显处无	
			优良	有少量，不超过三处	有轻微少量，不超过一处	无	
	二	喷点刷纹	合格	2m正视无明显缺陷	2m正视喷点均匀，刷纹通顺	1.5m正视喷点均匀，刷纹通顺	
			优良	2m正视喷点均匀，刷纹通顺	1.5m正视喷点均匀，刷纹通顺	1.5m正斜视喷点均匀，刷纹通顺	
	三	流坠疙瘩溅沫	合格	有少量	有少量，不超过五处	明显处无	
			优良	有轻微少量	有轻微少量，不超过三处	无	
	四	颜色砂眼划痕	合格	—	颜色一致，有轻微少量砂眼、划痕	正视颜色一致	
			优良	—	颜色一致	正斜视颜色一致，无砂眼、无划痕	
	五	装饰线、分色线平直，（拉5m检查，不足5m拉通线检查）	合格	—	偏差不大于3mm	偏差不大于2mm	
			优良	—	偏差不大于2mm	偏差不大于1mm	
	六	门窗灯具等	合格	基本洁净	基本洁净	门窗洁净，灯具等基本洁净	
			优良	洁净	洁净	洁净	

注：本表第四项划痕，是指刮腻子打砂纸所遗留的痕迹。

另外，除表中项目外，还必须自检表面平整度、立面垂直度和阴阳角是否垂直、方正。

1）表面平整度除用2m托线板和楔形塞尺检查外，还有以下方法：

① 灯照。用光线很强、很亮的“小太阳”或日光灯斜照墙面，被照射的墙面上局部凹凸不平处会很明显、很清晰地显现。

② 目测。站在迎着光线的墙面一端，朝墙的另一端看去，墙面上局部凹凸不平处就会在逆光情况下很明显、很清晰地显现。

③ 手摸。将干净的手摊开轻触平放在被检墙面上，作弧形或圈形运动，可以通过手指肚和手掌的两块肌肉来感受检查到局部的凹凸不平。

2）立面垂直度用2m托线板和尺检查。

检查方法是将干净的托线板一边轻靠在被检墙面上，若托线板上线锤和板中间的标准线重叠居中，则说明墙立面垂直。当托线板上线锤不居中，偏离标准线，说明墙面有倾斜，然后用米尺量取偏差尺寸，就得出立面垂直度，并判定是否符合要求，是否在允许偏差范围内。

3）阴阳角垂直、方正，以工具检测为主、结合目测、手摸的方法。

① 阴阳角垂直检测是用2m托线板和尺检查。方法是将托线板一边靠在被检阴阳角线处，接下来的检查步骤同检查墙立面垂直度。

② 阴角方正检测是用200mm方尺检查。方法是将干净方尺的直角放在阴角处，看方尺直角能否触到阴角线。如能放得进阴角处，但方尺的直角触不到阴角线且有一段距离，则说明阴角小于直角，不方正；如能放得进，且方尺的直角能触到阴角线，但方尺的两边与墙的两边有距离，则说明阴角大于直角，不方正；如能放得进，且方尺的直角能触到阴角线，方尺的两边与墙的两边没有距离，正好吻合，则说明阴角等于直角，阴角方正。

③ 阳角方正检测是用200mm方尺检查。方法是将方尺的直角套在阳角处，方尺的直角不能触到阳角线且有一段距离，则说明阳角大于直角，不方正；相反，则表明阳角小于直角也不方正；只有正好吻合，才说明阳角等于直角，方正。

参 考 文 献

［1］陈永. 建筑油漆工技能［M］. 北京：机械工业出版社，2008.

［2］陈永. 家居装饰项目——施工图节选［M］. 北京：知识产权出版社，2011.

［3］陈永. 家居装饰项目——装饰设计与表现、材料、构造、预算［M］. 北京：知识产权出版社，2011.